黑龙江科技职业学院
工学结合课程改革教材

U0659520

动物疾病防治基本技术

DONGWU JIBING FANGZHI JIBEN JISHU

主　编◎孙洪梅

副主编◎蔡皓璠　李冬梅

北京师范大学出版集团
BEIJING NORMAL UNIVERSITY PUBLISHING GROUP
北京师范大学出版社

图书在版编目（CIP）数据

动物疾病防治基本技术 / 孙红梅主编. —— 北京 :北京师范大学出版社，2011.9（2016.6重印）
（全国高等职业教育畜牧兽医专业精品系列教材）
ISBN 978-7-303-13377-2

Ⅰ.①动… Ⅱ.①孙… Ⅲ.①动物疾病-防治-高等职业教育-教材 Ⅳ.①S858

中国版本图书馆 CIP 数据核字(2011)第 178172 号

营 销 中 心 电 话	010-62978190　62979006
北师大出版社科技与经管分社	http://jsws.bnupg.com
电 子 信 箱	kjjg@bnupg.com

出版发行：北京师范大学出版社 www.bnupg.com
　　　　　北京市海淀区新街口外大街 19 号
　　　　　邮政编码：100875

印　　刷：	北京京师印务有限公司
经　　销：	全国新华书店
开　　本：	787 mm×1092 mm　　1/16
印　　张：	15
字　　数：	288 千字
版　　次：	2011 年 9 月第 1 版
印　　次：	2016 年 6 月第 2 次印刷
定　　价：	29.80 元

策划编辑：宋淑玉	责任编辑：宋淑玉
美术编辑：高　霞	装帧设计：高　霞
责任较对：李　菡	责任印制：赵非非

内容简介

  本教材遵循我国高职高专院校兽医专业教学体系与课程设置模式及新型教材建设指导思想和原则，理论以"必需、够用"为度，突出常用技能知识。根据动物医学、畜牧兽医岗位的实际工作需要，以临床防治疾病的方法为载体，按典型工作任务，即防控及治疗病畜的方法分为四个学习情境，主要内容有防控动物疫病、药物治疗、外科手术治疗和物理治疗。

  本教材供高职高专院校动物医学专业、畜牧兽医专业教学使用，也可作为基层畜牧兽医工作者及广大养殖户的参考书。

序

　　教材是进行教学的基本工具，是人才培养方案的具体化。工学结合是将知识学习、能力训练与实际工作经历结合在一起的教学模式，通过工作实现学习，工与学是密切关联的。

　　工学结合特色教材是理论与实践相融合、多学科知识相融合的一体化课程的媒介，是教师指导学生学习如何工作及通过工作实现学习的指南和蓝图，其学习目标是培养完成综合性工作任务的职业能力。教材内容以工作（或项目）任务和过程问题为核心，相关专业知识和技能围绕解决问题、完成任务交织综合起来，随着任务和过程问题的复杂化，逐步提高学习专业知识和技能的深度和广度，掌握完成工作任务的过程规律和方法，培养职业人才的情感态度与价值观。

　　工学结合特色教材建设的前提是学习领域课程或项目课程的开发。课程开发的基础是职业工作（或项目）过程；通过对工作任务的职业情境进行教学归纳，进而创设适合教学的"学习情境"，并使之具体化。其内容的结构序化，要打破先理论后实践、先基础后应用的思维定势，主体内容展开顺序应由原来的"应用模式"，转变为从具体到一般、从应用到基础、从实践到理论的"建构模式"。教学应从问题开始而不是从知识结论开始，学生在自主计划、实施工作（或项目）任务的过程中主动建构自己的知识体系和能力体系，使学生获得成功就业的资格和能力，又要使其能够自行完成资格和能力的更新，即培养自行获取职业资格能力的能力。

　　黑龙江科技职业学院（原黑龙江畜牧兽医职业学院）一直注重课程改革和特色教材开发。早在建校初期就提出在教学内容上强调"密切与生产劳动相结合，面向地区，面向生产，面向农业"的人才培养原则；1965年提出"理论课要精，理论联系实际要活，学以致用要练"的教学革命三原则；20世纪70年代提出"制定教学计划突出实践教学，密切结合生产安排实践教学，加强队伍建设保障实践教学，完善评价机制，实现实践教学"的实践教学改革方向；20世纪90年代学院被确定为国家农业部能力本位教育试点校，开展能力本位的"模块教学"改革，形成模块化教学计划并得以实施，同时开展目标教学的研究工作，2003年畜牧兽医专业开发了一套能力本位的校本特色教材；2006年，学院建设省级示范性高职院校，以畜牧兽医、动物医学、动物防疫与检疫、生物制药四个专业为重点，以课程改革为突破口，开展全方位的建设与改革。以人才培养为根本，注重内涵建设，深化教育教学改革。按照体验认知、训练强化、顶岗熟练的能力培养规律，构建"两轮实践、双元育人"的人才培养模式，实现"校企合作与工学交替全程贯穿，能力教育与素质教育全程融合，教学进程与生产周期全程同步"。以校企合作为途径，工学结合为切入点，遵循由简单到复杂的认知规律和由初级到高级的职业能力成长规律，设计针对职业岗位能力提升的"体验认知——→训练强化——→顶岗熟练"递进式人才培养过程，打破传统学科界线，开发基于动物生产过程、疾病诊疗过程、疫病防制程序或产品加工过程为导向的课程体系。融合职业标准与行业标准，面向畜牧主导企业，面向畜牧现代技术，面向学生就业岗位开发专业课程，推行项目导向的"教、学、做一体化"教学模式和教学进程与生产周期统一的多学期、分段式的教学组织模式。通过课题立项的形式开展课程建设研究，开发工学结合的优质专业核心课程。如畜牧兽医专业根据岗位典型工作任务，以动物生产工作过程为导向，将职业素质和职业道德培养贯穿于教学过程，将家畜饲养工、家畜繁殖工、家禽繁殖工等职业标准与行业标准融入课程内容，突出职业素养和职业能力培养。构建了"双标融合"课程体系。动物医学专业与企业行业合作，参照兽医职业资格标准，针对兽医临床工作特点，以诊疗过程和典型工作任务为导向，打破"内外产传寄"的学科界线，进一步开发基于兽医工作过程的系统化课程体系。按照兽医行业"诊治防控检"工作过程开发学习领域，突出动物疾病诊治能力、疫病防控能力和动物及产品检疫检验能力的培养。同时，面向行业主导企业、面向行业现代技术、面向学生就业岗位，开发项目化课程。针对岗位能力设计项目、针对工作任务训练技能、针对岗位标准实施考核，项目化课程达到专业课的50%。

为进一步深化教育教学改革，推进基于工作过程的项目化课程改革，学院决定总结示范性高职院校建设成绩，固化建设改革成果，在多年来课程改革和校本教材开发的经验基础上，组织开发一批以重点建设专业核心课程为重点的工学结合特色校本教材。本套教材的开发，提炼了多年来工学结合的项目化教学改革成果，在教学内容组织上，根据学习领域设计教学内容，以符合教学要求的工作过程为基础，由简单到复杂，由单一到综合设计教学过程，以一个完整的、典型的、规范的、通用的工作过程（任务）为主线设计学习情境，按照实际岗位应用关系组织序化教学内容，使学生学习课程的过程变成基本符合岗位工作过程的工作过程。教材设计中，按项目教学"六步教学法"，充分体现课堂教学中资讯、计划、决策、实施、检查、评价六个教学阶段的内容。本套教材的编写，充分体现了"以学生为中心"、"教中学、学中做"的职业教育理念，强调以学生直接经验的形式来掌握融于各项实践行动中的知识、技能和技巧。本套教材的开发，对于固化示范院校建设成果，提高教学质量和师资队伍水平起着至关重要的作用，也是树立学院形象，扩大办学影响，提高办学知名度的有效途径。

此次特色教材的开发借鉴了国家示范性高职院校的建设成果，得到了兄弟院校专家的指导和支持，在此一并表示感谢！

黑龙江科技职业学院教材编审委员会

2011 年 5 月 24 日

黑龙江科技职业学院
工学结合课程改革教材编审委员会

本书编审委员会

主　编　孙洪梅（黑龙江科技职业学院）

副主编　蔡皓璠（黑龙江科技职业学院）
　　　　李冬梅（黑龙江科技职业学院）

参　编　李东齐（黑龙江科技职业学院）
　　　　张宪富（双城市康泰动物保健门诊）
　　　　刘巨波（双城市牧专兽医门诊）

主　审　侯继勇（黑龙江科技职业学院）

前 言

  本教材是在《关于加强高职高专教育教材建设的若干意见》、《关于全面提高高等职业教育教学质量的若干意见》、《全国高职高专院校相关专业课程体系及教材建设的研究》等文件精神的指导下编写的。

  在编写教材过程中，遵循我国高职高专院校兽医专业教学体系与课程设置模式及新型教材建设指导思想和原则，教材内容以过程性知识为主、陈述性知识为辅。本教材的特点一：根据高职高专的培养目标，遵循高等职业教育的教学规律，针对学生的特点和就业方向，注重对学生专业素质的培养和综合能力的提高，所有内容均最大限度地保证其科学性、针对性、应用性和实用性，并力求反映当代新知识、新方法和新技术。特点二：根据动物医学、畜牧兽医岗位的实际工作需要，以临床防治疾病的方法为载体，按典型工作任务，即临床防控及治疗病畜的方法分为四个学习情境，同时充分考虑学习情境的实用性、典型性、趣味性、可操作性以及可拓展性等因素，使学习任务对应实际工作任务的需要，并包含整个工作过程，针对行动顺序的每一个工作过程环节来编写相关的课程内容，实现实践技能与理论知识的有机结合。

  编写人员分工：李冬梅编写学习情境 1；孙洪梅编写学习情境 2；李东齐编写学习情境 3；蔡皓璠编写学习情境 4 及学习情境 2 中必备知识八至必备知识十一；张宪富、刘巨波参与本书技能部分的设计及素材收集。全书由孙洪梅统稿并校对。

  编写工作承蒙北京师范大学出版社的指导；教材由侯继勇教授主审，并对结构体系和内容等方面提出了宝贵意见；编者所在学校对编写工作给予了大力支持，且参与了本书的审核工作；同时也向"参考文献"的作者表示诚挚的谢意。

  由于编者水平有限，不足之处在所难免，恳请有关专家和读者批评指正。

编 者
2011 年 6 月

目　录

学习情境 1
防控动物疫病

●●●● 学习任务单

学习情境 1	防控动物疫病		学时	16
布置任务				
学习目标	1. 了解防控动物疫病的重要性、动物疫病的流行特点、动物疫病防控的基本措施。 2. 能建立动物档案，对动物疫病进行监控，预防动物疫病的发生。 3. 能对不同环境或不同区域进行合理的消毒，熟练掌握各种消毒技术。 4. 学会疫苗稀释方法和动物预防接种基本技术，并能熟练操作。 5. 学会动物传染病的一般调查方法。 6. 学会动物传染病病料的采取、包装和送检方法。 7. 学会对寄生虫病的驱虫和驱虫后粪便的处理工作。 8. 学会传染病动物尸体的运送及正确的处理方法。 9. 能根据养殖场的环境，制定合理的疫病防控措施，并严格执行。 10. 培养团队意识和自主分析问题的能力，培养吃苦耐劳的工作作风。			
任务描述	在规定的养殖场能够制定合理、全面的动物疫病防控措施，减少或者避免动物疫病的发生。 具体任务： 1. 建立养殖场疫病防疫制度。 2. 建立养殖场的常规消毒制度。 3. 完成养殖场的预防免疫工作。 4. 合理、有序地处理疫情突发事件。			
学时分配	资讯 2 学时　计划 2 学时　决策 2 学时　实施 8 学时　考核 1 学时　评价 1 学时			
提供资料	1. 葛兆宏. 动物传染病. 北京：中国农业出版社，2006 2. 张宏伟. 动物寄生虫病. 北京：中国农业出版社，2006			
对学生要求	1. 以小组为单位完成任务，体现团队合作精神。 2. 严格遵守养殖场的消毒制度，防止传播疾病。 3. 严格遵守操作规程，避免事故发生。 4. 严格遵守生产劳动纪律，爱护劳动工具。			

●●●●● 任务资讯单

学习情境 1	防控动物疫病
资讯方式	通过资讯引导，观看视频、到本课程的精品课网站、图书馆查询。向指导教师咨询。
资讯问题	1. 何为感染，感染的类型有哪些？动物传染病有什么特征？ 2. 传染病的病程经过分为哪几个阶段？各有哪些表现？潜伏期在传染病防治中的实践意义是什么？ 3. 传染病流行过程必须具备哪三个基本环节？各环节之间有什么联系？在防治动物传染病中有什么重要意义？ 4. 传染来源包括哪几类？为什么说患病动物是主要传染源，而病原携带者是更危险的传染源？ 5. 传染病的传播途径主要包括哪些内容？了解传染病的传播途径有何意义？ 6. 传染病流行过程的表现形式及其特点有哪些？ 7. 何谓传染病流行过程的季节性和周期性？ 8. 影响传染病流行过程的因素有哪些？ 9. 流行病学调查的目的、主要方法和内容有哪些？ 10. 消毒的目的是什么？常用的消毒方法和消毒剂有哪些？ 11. 杀虫和灭鼠的目的、意义、方法及常用的杀虫剂有哪些？ 12. 免疫接种的类型有哪些？其在防治动物传染病发生和流行中有什么重要意义？实际预防接种工作应注意哪些问题？ 13. 疫情报告和现场措施在扑灭传染病中有何作用？ 14. 隔离和封锁在实际扑灭传染病措施中有何作用？ 15. 传染病病料的采集、保存和运送方法有哪些？ 16. 合理处理传染病动物尸体的方法有哪些？
资讯引导	1. 在信息单中查询。 2. 进入动物疾病防治基本技术精品课网站查询。 3. 在相关教材和网站资讯中查询。

●●●● 相关信息单

【学习情境1】
防控动物疫病

项目1 预防动物疫病

任务1 建立动物档案(以牛场为例)

根据养殖场的环境和养殖规模建立合适的养殖档案。下面是一个养殖档案的基本模式(供参考)。

1. 绘制养殖场平面图

由畜禽养殖场自行绘制。

2. 填写养殖场免疫程序

由畜禽养殖场填写。

3. 填写生产记录(按日期变动记录)

圈舍号	时间	变动情况(数量)				存栏数	备注
		出生	调入	调出	死淘		

注:①圈舍号:填写畜禽饲养的圈、舍、栏的编号或名称。不分圈、舍、栏的此栏不填。②时间:填写出生、调入、调出和死淘的时间。③变动情况(数量):填写出生、调入、调出和死淘的数量。调入的需要在备注栏注明动物检疫合格证明编号,并将检疫证明原件粘贴在记录背面。调出的需要在备注栏注明详细的去向。死亡的需要在备注栏注明死亡和淘汰的原因。④存栏数:填写存栏总数,为上次存栏数和变动数量之和。

4. 填写饲料、饲料添加剂和兽药的使用记录

开始使用时间	投入产品名称	生产厂家	批号/加工日期	用量	停止使用时间	备注

注:①养殖场外购的饲料应在备注栏注明原料组成。②养殖场自加工的饲料在生产厂家栏填写自加工,并在备注栏写明使用的药物饲料添加剂的详细成分。

5. 填写消毒记录

日期	消毒场所	消毒药名称	用药剂量	消毒方法	操作员签字

注:①日期:填写实施消毒的时间。②消毒场所:填写圈舍、人员出入通道和附属设施等场所。③消

毒药名称：填写消毒药的化学名称。④用药剂量：填写消毒药的使用量和使用浓度。⑤消毒方法：填写熏蒸、喷洒、浸泡、焚烧等。

6. 填写免疫记录

时间	圈舍号	存栏数量	免疫数量	疫苗名称	疫苗生产厂	批号	免疫方法	免疫剂量	免疫人员	备注

注：①时间：填写实施免疫的时间。②圈舍号：填写动物饲养的圈、舍、栏的编号或名称。不分圈、舍、栏的此栏不填。③批号：填写疫苗的批号。④数量：填写同批次免疫畜禽的数量，单位为头、只。⑤免疫方法：填写免疫的具体方法，如喷雾、饮水、滴鼻点眼、注射部位等方法。⑥备注：记录本次免疫中未免疫动物的耳标号。

7. 填写诊疗记录

时间	畜禽标识编码	圈舍号	日龄	发病数	病因	诊疗人员	用药名称	用药方法	诊疗结果

注：①畜禽标识编码：填写15位畜禽标识编码中的标识顺序号，按批次统一填写。猪、牛、羊以外的畜禽养殖场此栏不填。②圈舍号：填写动物饲养的圈、舍、栏的编号或名称。不分圈、舍、栏的此栏不填。③诊疗人员：填写作出诊断结果的单位，如某某动物疫病预防控制中心。执业兽医填写执业兽医的姓名。④用药名称：填写使用药物的名称。⑤用药方法：填写药物使用的具体方法，如口服、肌肉注射、静脉注射等。

8. 填写防疫监测记录

采样日期	圈舍号	采样数量	监测项目	监测单位	监测结果	处理情况	备注

注：①圈舍号：填写动物饲养的圈、舍、栏的编号或名称。不分圈、舍、栏的此栏不填。②监测项目：填写具体的内容，如布氏杆菌病监测、口蹄疫免疫抗体监测。③监测单位：填写实施监测的单位名称，如某动物疫病预防控制中心。企业自行监测的填写自检。企业委托社会检测机构监测的填写受委托机构的名称。④监测结果：填写具体的监测结果，如阴性、阳性、抗体效价数等。⑤处理情况：填写针对监测结果对畜禽采取的处理方法。如针对结核病监测阳性牛的处理情况，可填写为对阳性牛全部予以扑杀。针对抗体效价低于正常保护水平，可填写为对畜禽进行重新免疫。

9. 填写病死畜禽(牛)无害化处理记录

日　　期	数　　量	处理或死亡原因	畜禽标识编码	处理方法	处理单位(或责任人)	备注

注：①日期：填写病死畜禽无害化处理的日期。②数量：填写同批次处理的病死畜禽的数量，单位为头(或只)。③处理或死亡原因：填写实施无害化处理的原因，如染疫、正常死亡、死因不明等。④畜

禽标识编码：填写 15 位畜禽标识编码中的标识顺序号，按批次统一填写。猪、牛、羊以外的畜禽养殖场此栏不填。⑤处理方法：填写《畜禽病害肉尸及其产品无害化处理规程》GB16548 规定的无害化处理方法。⑥处理单位或责任人：委托无害化处理场实施无害化处理的填写处理单位的名称；由本厂自行实施无害化处理的由实施无害化处理人员签字。

任务 2　消毒动物场（以鸡舍为例）

1. 消毒畜舍

步骤 1　机械清扫

用清水或消毒液喷洒畜舍地面、饲槽等，以免灰尘及病原体飞扬，随后对棚顶、墙壁、饲养用具、地面等清扫，彻底扫除粪便、垫草及残余饲料等污物，该污物按粪便消毒法处理。水泥地面的动物舍用清水彻底冲洗地面、粪槽（沟）和清粪工具等。

步骤 2　喷洒消毒

用 5％的来苏儿溶液对面积约为 500 m^2 的鸡舍进行药物喷洒消毒。消毒时按"先里后外、先上后下"的顺序喷洒为宜，即先由远门处开始，对天棚、墙壁、饲槽和地面按顺序均匀喷洒，后至门口。圈舍启用前，打开门窗通风，用清水洗刷饲槽、水槽等，消除药味。

配制药物　取来苏儿 5 份加入清水 95 份（最好用 50 ℃～60 ℃的温水配制），混合均匀即成。消毒液的用量一般按 1 000 mL/m^2 计算。

使用喷雾器　喷雾器有两种，一种是手动喷雾器，另一种是机动喷雾器。手动喷雾器有背携式、手压式两种，常用于小面积消毒。机动喷雾器有背携式、担架式两种，常用于大面积消毒。喷雾器在使用之前，要进行检查、调试，熟悉操作要领，具备一般使用和维护常识。装药时，消毒剂中的不溶性杂质和沉渣不能进入喷雾器。消毒剂不能装得太满，以八成为宜，否则，不易打气或造成筒身爆裂。打气时感觉有一定抵抗力（反弹力）时即可喷洒。消毒完成后，当喷雾器内压力很强时，先打开旁边的小螺丝放完气，再打开桶盖，倒出剩余的药液，用清水将喷管、喷头和筒体冲干净，晾干或擦干后放在通风、阴凉、干燥处保存。切忌阳光曝晒。喷雾器应经常维修保养。

步骤 3　蒸气消毒

常用福尔马林。测算畜舍空间，按每立方米用福尔马林 25 mL、水 12.5 mL、生石灰（或高锰酸钾）25 g，计算总用药量，舍内用具、物品适当摆开，密闭门窗，室内温度保持15 ℃～18 ℃以上。药物置于陶瓷容器内，用木棒搅拌，经几秒钟产生甲醛蒸气，人员立即离开，将门关闭。密闭熏蒸 12～24 小时后，打开门窗通风，待药味消散后动物再使进入。若急用畜舍，可用氨气中和甲醛气体，每立方米空间取氯化铵 5 g、生石灰 2 g，加入75 ℃的水 7.5 mL，混合于小桶内放入动物舍。也可用氨水代替，每立方米空间用 25％氨水 12.5 mL，中和 20～30 分钟，打开门窗通风 20～30 分钟，即可启用。

2. 消毒地面土壤

患病动物停留过的圈舍、运动场等，先清除粪便、垃圾和表土。小面积的地面土壤可用 10％的氢氧化钠、4％的福尔马林等喷洒。大面积的土壤可翻地，深度约 30 cm，在翻地的同时撒上干漂白粉，一般传染病按 0.5 kg/m^2，炭疽等芽孢杆菌性传染病按 5 kg/m^2，然后用水湿润，压平。

3. 消毒污水

兽医院、牧场、产房、隔离室、病厩以及农村屠宰动物的地方，经常有病原体污染的污水排出，如果这种污水不经处理任意外流，很容易使疫病散布出去，而给邻近的农牧场和居民造成很大的威胁。因此对污水的处理是很重要的。

污水的处理方法有沉淀法、过滤法、化学药品处理法等。比较实用的是化学药品处理法。方法是先将污水处理池的出水管用一闸门关闭，将污水引入污水池后，加入化学药品（如漂白粉或生石灰）进行消毒，消毒药的用量视污水量而定，一般 1 000 mL 污水用 2～5 g 漂白粉。

4. 消毒粪便

堆粪消毒　在距农牧场 100～200 m 以外的地方设一堆粪场，在地面挖一浅沟，深约 20 cm，宽约 1.5～2 m，长度不限，随粪便多少而定。先将非传染性的粪便或蒿秆等堆至 25 cm 厚，其上堆放欲消毒的粪便、垫草等，高达 1～1.5 m，如此堆放三个星期到三个月，即可用以肥田。当粪便较稀时，应加些杂草，太干时倒入稀粪或加水，使其不稀不干，以促其迅速发酵。此法适用于干固粪便的处理。

附：

处理粪便的其他方法还有以下几种，其中有效的方法是粪便生物热发酵。

1. 焚烧

此种方法是消灭一切病原微生物最有效的方法，故用于消毒最危险的传染病病畜的粪便（如炭疽、马脑脊髓炎、牛瘟等）。焚烧的方法是在地上挖一个壕，深 75 cm，宽 75～100 cm，在距壕底 40～50 cm 处加一层铁梁（要比较密些，否则粪便容易漏下），在铁梁下面放置木材等燃料，在铁梁上放置欲消毒的粪便。如果粪便太湿，可混合一些干草，以便迅速烧毁。此种方法的缺点是损失有用的肥料，并且需要用很多燃料，故此法除非必要很少应用。

2. 化学药品消毒

消毒粪便用的化学药品有含 2%～5% 有效氯的漂白粉溶液、20% 的石灰乳。但这种方法麻烦且难达到消毒的目的，故实践中不常用。

3. 掩埋

将污染的粪便与漂白粉或新鲜的生石灰混合，然后深埋于地下，埋的深度应达 2 m 左右，此种方法简而易行，在目前条件下较为实用。病原微生物可经地下水散布以及损失肥料是其缺点。

4. 生物热发酵

这是一种最常用的粪便消毒法。应用这种方法，能使非芽胞病原微生物污染的粪便变为无害，且不丧失肥料的应用价值。粪便的生物热消毒法通常有两种，一为发酵池法，一为堆粪法。发酵池法适用于饲养大量动物的农牧场，多用于稀薄粪便的发酵。其设备为距农牧场 200～250 m 以外，无居民、河流、水井的地方挖筑两个或两个以上的发酵池（池的数量与大小决定于每天运出的粪便数量）。池可筑成方形或圆形，池的边缘与池底用砖砌后再抹以水泥，使不透水。如果土质干固、地下水位低，可以不必用砖和水泥。使用时先在池底倒一层干粪，然后将每天清除出的粪便垫草等倒入池内，直到快满时，在粪便表面铺一层干粪或杂草，上面盖一层泥土封好，如条件允许，可用木板盖上，以利于发酵和保持卫生。粪便经用上述方法处理后，经过 1～3 个月即可掏出作肥料用。在此期间，每天所积的粪便可倒入另外的发酵池，如此轮换使用。

任务 3　驱虫(以驱猪线虫为例)

步骤 1　选择驱虫药

选择驱虫药的原则是选择广谱、高效、低毒、方便和廉价的药物。广谱是指驱除寄生虫的种类多；高效是指对寄生虫的成虫和幼虫都有高度的驱除效果；低毒是指治疗量不具有急性中毒、慢性中毒、致畸形和致突变作用；方便是指给药方法简便，适用于大群给药(如气雾、饲喂、饮水等)；廉价是指与其他同类药物相比价格低廉。治疗性驱虫应以药物高效为首选，兼顾其他；定期预防性驱虫应以广谱药物为首选，但主要还是依据当地主要寄生虫病选择高效驱虫药。

步骤 2　确定驱虫时间

一定要依据当地动物寄生虫病流行病学调查的结果来确定。常常可以选择两个时间，一是在虫体尚未成熟前，以减少虫卵对外界环境的污染；二是秋、冬季，有利于保护动物安全越冬。

步骤 3　驱虫

驱虫前应选择驱虫药，计算剂量，确定剂型、给药方法和疗程。对药品的生产单位、批号等加以记载。在进行大群驱虫之前，应先选出少部分动物做实验，观察药物效果及安全性。将动物的来源、健康情况、年龄、性别等逐头编号登记。为使驱虫药用量准确，要预先称重或用体重估测法计算体重。为了准确评定药效，在投药前应进行粪便检查，根据其结果(感染强度)搭配分组，使对照组与实验组的感染强度相接近。

投药前后 1～2 天，尤其是驱虫后 3～5 小时，应严密观察动物群，注意给药后的变化，如发现中毒应立即急救。驱虫后 3～5 天内使动物圈留，将粪便集中用生物热发酵处理。给药期间应加强饲养管理，役畜解除使役。

步骤 4　评定驱虫效果

驱虫后要进行驱虫效果评定，必要时进行第 2 次驱虫。驱虫效果主要通过以下内容的对比来评定：

发病与死亡　对比驱虫前后动物的发病率及死亡率。

营养状况　对比驱虫前后动物各种营养状况的比例。

临诊表现　观察驱虫后临诊症状的减轻与消失。

生产能力　对比驱虫前后的生产性能。

驱虫指标评定　一般可通过虫卵减少率和虫卵转阴率确定，必要时通过剖检计算出粗计驱虫率和精计驱虫率。

虫卵减少率＝(驱虫前 EPG－驱虫后 EPG)/驱虫前 EPG×100%(注：EPG＝每克粪便中的虫卵数)

虫卵转阴率＝虫卵转阴动物数/驱虫动物数×100%

粗计驱虫率＝(驱虫前平均虫体数－驱虫后平均虫体数)/驱虫前平均虫体数×100%

精计驱虫率＝排出虫体数/(排出虫体数＋残留虫体数)×100%

驱净率＝驱净虫体的动物数/驱虫动物数×100%

注：为了准确地评定驱虫效果，驱虫前、后粪便检查时，所有的器具、粪样数量以及操作步骤所用的时间要完全一致；驱虫后粪便检查的时间不宜过早，一般为 10～15 天；应在驱虫前、后各进行粪便检查 3 次。

任务 4　免疫接种

步骤 1　准备

(1)根据动物免疫接种计划，确定接种日期，准备足够的生物制剂、器材、药品、免疫登记表，安排及组织接种和动物保定人员，按照免疫程序有计划地进行免疫接种。

(2)检查生物制剂　免疫接种前，必须对所使用的生物制剂进行仔细检查，不符合要求的一律不得使用。有下列情况之一者不得使用：①没有瓶签或瓶签模糊不清，没有经过合格检查者；②过期失效者；③生物制品的质量与说明书不符的，如色泽、沉淀、制品内有异物、发霉或有异味者；④瓶塞松动或瓶壁破裂者；⑤没有按规定方法保存者，如加氢氧化铝的菌苗经过冻结后，其免疫力可降低。

(3)检查动物　免疫接种前，对预接种的动物进行临诊观察，必要时进行体温检查。凡体质过于瘦弱的动物、妊娠后期的母畜、未断奶的幼畜、体温升高者或疑似患病动物均不应接种疫苗，对这些动物等条件适宜时及时补种。

(4)消毒器械　将所用器械利用高压蒸汽灭菌器灭菌 20～30 分钟或煮沸消毒 30 分钟，冷却后用无菌纱布包裹备用。

(5)免疫接种前，对饲养员及相关人员进行免疫接种知识的教育，明确免疫接种的重要性，注意对免疫接种后动物的管理与观察。

步骤 2　稀释疫苗

各种疫苗使用的稀释液、稀释倍数和稀释方法按照使用说明书进行。

1.注射用疫苗(马立克氏病疫苗)的稀释

用 70%的酒精棉球擦拭消毒疫苗和稀释液的瓶盖，然后用带有针头的灭菌注射器吸取少量的稀释液注入疫苗瓶中，充分振荡溶解后，再加入全量的稀释液。

2.饮水用疫苗(传染性法氏囊炎疫苗)的稀释

饮水(或气雾)免疫时，疫苗最好用蒸馏水或无离子水稀释，也可用洁净的深井水或泉水稀释，不能用自来水，因为自来水中的消毒剂会把疫苗中活的微生物杀死，使疫苗失效。稀释前先用酒精棉球消毒疫苗的瓶盖，然后用灭菌注射器吸取少量的蒸馏水注入疫苗瓶中，充分振荡溶解后，抽取溶解的疫苗放入干净的容器中，再用蒸馏水把疫苗瓶冲洗几次，使全部疫苗所含病毒(或细菌)都被冲洗下来。然后按一定剂量加入蒸馏水。疫苗稀释时最好在水中加入 0.1%的脱脂奶粉或山梨糖醇，可提高免疫效果。

步骤 3　接种

1.皮下注射

注射部位：对马、牛等大动物皮下注射时，一律采用颈侧部位，猪在耳根后方，家禽在颈部或大腿内侧，羊在股内侧、肘后及耳根处，兔在耳后或股内侧。注射方法：左手拇指与食指捏取皮肤成皱褶，右手持注射针管在皱褶底部稍倾斜快速刺入皮肤与肌肉间，缓缓推药。注射完毕，将针拔出，立即以药棉揉擦，使药液散开。

2. 皮内注射

注射部位：多在尾根或尾下。目前仅羊痘弱毒疫苗采用皮内注射。注射方法：常规消毒，用左手指捏起皮肤成皱褶，右手持针从皱褶顶部与之呈 $20°\sim30°$ 角向下刺入皮肤内，缓慢注入疫苗。

3. 肌肉注射

注射部位：马、牛、猪、羊的肌肉注射一律采用臀部或颈部，禽多在胸部肌肉注射。注射方法：左手固定注射部位，右手拿注射器，针头垂直刺入肌肉内，然后左手固定注射器，右手将针芯回抽一下，如无回血，将药液慢慢注入。若发现有回血，应变更位置。如动物不安或皮厚不易刺入，可将注射针头取下，右手拇指、食指和中指紧持针尾，对准注射部位迅速刺入肌肉，然后针尾与注射器连接可靠后，注入疫苗。注射时要将针头留有 1/4 在皮肤外面，以防折针后不易拔出。

4. 饮水免疫

将可供口服的疫苗混于水中，动物通过饮水而获得免疫。饮水免疫时，应按动物头数和动物每头的平均饮水量，准确计算需用稀释后的疫苗剂量，以保证每一个体都能饮到一定量的疫苗。免疫前应限制饮水，夏季一般为 4 h，冬季一般为 6 h，保证疫苗稀释后在较短时间内饮完。混有疫苗的饮水要注意温度，一般以不超过室温为宜。在家禽饮水免疫前后 48 小时内，饲料和饮水中不可使用消毒剂和抗菌素类药物。

本法具有省时省力，减少应激的优点，适用于大群动物的免疫。由于动物的饮水量有多有少，饮水免疫时应分两次完成，即连续两天，每天饮 1 次，这样可缩小个体间饮苗量的差距。

5. 刺种

在翅下无毛处避开血管，用刺种针或蘸笔尖蘸取疫苗刺入皮下，为保险起见，最好刺两下，如鸡新城疫 I 系疫苗经 10 倍稀释后进行刺种。

6. 滴鼻、点眼

禽的滴鼻方法是准备灭菌的滴管或一次性针头，双手用酒精擦拭消毒，将疫苗用稀释液稀释后，左手轻轻握住鸡体，其食指和拇指固定鸡的头，右手用滴管或一次性针头吸取疫苗液，用滴管自 1 cm 高度处，在每只鸡的鼻孔上滴 1 滴（约 0.05 mL），垂直滴入雏鸡鼻内，每侧鼻孔各一滴，滑落掉的要补上。滴鼻时，应用手轻轻压住对侧鼻孔，以便药液随呼吸而被吸入到呼吸道，可加速疫苗液的吸入，滴鼻时一定要等疫苗液扩散后才能放鸡。目前主要用于鸡新城疫、传染性支气管炎等疫苗的基础免疫。

点眼按滴鼻的方法将疫苗垂直滴入雏鸡眼内（眼结膜上），每眼各一滴（约 0.05 mL）。一定要注意确保疫苗扩散到整个角膜后才可放鸡，否则滴入的疫苗易被鸡只甩丢，影响免疫效果。若没有滴中应补滴。禁止将滴头伸入眼结膜内滴液，不仅易损伤结膜，而且液滴大小不一。

7. 气雾免疫

此法是用压缩空气通过气雾发生器将稀释疫苗喷射出去，使疫苗形成直径 $1\times10^{-6}\sim1\times10^{-5}$ m 的雾化粒子，均匀地浮游在空气之中，通过呼吸道吸入肺内，以达到免疫的目的。

室内气雾免疫　此法需有一定的房舍设备。免疫时，疫苗用量主要根据房舍大小而定，可按下式计算：

$$疫苗用量＝DA/TV$$

上式中：D 为计划免疫剂量；A 为免疫室容积；T 为免疫时间（min）；V 为呼吸常数，即动物每分钟吸入的空气量（L），如对绵羊免疫，则为 $3\sim6$ L。

疫苗用量计算好以后，即可将动物赶入室内，关闭门窗。操作者将喷头由门窗缝伸入室内，使喷头保持与动物头部同高，向室内四面均匀喷射。喷射完毕后，让动物在室内停留 $20\sim30$ min。操作人员要注意防护，戴上大而厚的口罩，如出现症状，应及时就医。

野外气雾免疫   疫苗用量主要因动物数量而定。以羊为例，如为 1 000 只，每只羊免疫剂量为 50 亿活菌，则需 50 000 亿，如果每瓶疫苗含活菌 4 000 亿，则需 12.5 瓶，用 500 mL 无菌生理盐水稀释。实际应用时，往往要比计算用量略高一些。免疫时，如每群动物的数目较少，可两群或三群合并，将畜群赶入四周有矮墙的圈内。操作人员手持喷头，站在畜群中，喷头与动物头部同高，朝动物头部喷射。操作人员要随时走动，使每一动物都有吸入的机会。如遇微风，还必须注意风向，操作人员应站在上风，以免雾化粒子被风吹走。喷射完毕，让动物在圈内停留数分钟即可放出。进行野外气雾免疫时，操作人员更需要注意个人防护。本法具有省时、省力的优点，适于大群动物的免疫，缺点是需要的疫苗数量多。

步骤 4   护理和观察

接种后的动物可发生暂时性的抵抗力降低现象，应对其进行较好的护理与管理，有时还可发生疫苗反应，需仔细观察，期限一般为 $7\sim10$ 天。对有反应者予以适当治疗，极为严重的可屠宰。

●●●●● 必备知识

第一部分   动物传染病的感染与流行

一、传染病的感染

（一）感染的概念

病原微生物侵入动物机体，并在一定的部位定居、生长、繁殖，从而引起机体一系列的病理反应，这个过程称为感染，也称传染。

（二）感染的类型

病原微生物的侵犯与动物机体抵抗侵犯的斗争是错综复杂的，受多方面因素的影响，因此感染过程表现出各种形式或类型，主要有以下几种类型。

1. 按感染来源分外源性感染和内源性感染

外源性感染指病原微生物从动物体外侵入机体引起的感染过程，大多数传染病属于这一类。如果病原体是寄生在动物机体内的条件性病原微生物，在机体正常的情况下，它并不表现其病原性。但当机体受不良因素的影响，致使动物机体的抵抗力下降，可引起病原微生物活化、毒力增强、大量繁殖，最后引起动物出现一系列的病理反应，这是内源性感染，如猪肺疫。

2. 按病原种类分单纯感染和混合感染，原发感染和继发感染

单纯感染（或单一感染）是指由一种病原微生物所引起的感染，大多数感染过程属这种感染。由两种以上的病原微生物同时引起的感染称混合感染。如牛可同时患结核病和布鲁

氏菌病等。动物感染了一种病原微生物之后，在机体抵抗力减弱的情况下，又由新侵入的或原来存在于体内的另一种病原微生物引起的感染，称为继发感染。最初的感染称为原发感染。如慢性猪瘟常出现由多杀性巴氏杆菌或猪霍乱沙门氏菌引起的继发感染。混合感染和继发感染的传染病，都表现出严重而复杂的临诊症状和病理变化，给诊断和防治增加了困难。

3. 按临床表现分显性感染和隐性感染，一过型和顿挫型感染

显性感染指表现出该病所特有的明显的临诊症状的感染过程。隐性感染指在感染后不呈现任何临诊症状而呈隐蔽经过的感染过程。隐性感染的动物或称为亚临诊型，有些动物虽然外表看不到症状，但体内可呈现一定的病理变化；有些隐性感染动物既不表现症状，又无肉眼可见的病理变化，但它们能排出病原微生物而散播传染，一般只能用微生物学和血清学方法才能检查出来。这些隐性感染的动物在机体抵抗力降低时也能转化为显性感染。

一过型（或消散型）感染指动物病初症状较轻，特征性症状还未出现即行恢复的感染。顿挫型感染指病初症状较重，与急性病例相似，但特征性症状尚未出现即迅速消退恢复健康的感染。常见于传染病的流行后期。

4. 按感染部位分局部感染和全身感染

局部感染指由于动物机体的抵抗力较强，而侵入的病原微生物毒力较弱或数量较少，病原微生物局限在一定部位生长繁殖，并引起一定病变的感染。如化脓性葡萄球菌、链球菌等所引起的各种化脓疮。如果动物机体抵抗力较弱，病原微生物冲破了机体的各种防御屏障侵入血液向全身扩散，则发生全身感染。表现形式主要有菌血症、病毒血症、毒血症、败血症、脓毒败血症等。

5. 按发病严重性分良性感染和恶性感染

一般常以患病动物的死亡率作为判定传染病严重性的主要指标。如果该病没有引起动物大批死亡可称为良性感染。相反，如能引起大批死亡的，则可称为恶性感染。如发生良性口蹄疫时，牛群的病死率一般不超过 2%，如为恶性口蹄疫，则病死率可大大超过此数。

6. 按病程长短分最急性型、急性型、亚急性型和慢性型感染

最急性型感染指病程短促，常在数小时或一天内，症状和病变不显著而突然死亡的感染。常见于传染病的流行初期。病程较短，几天至 2～3 周不等，并伴有明显的典型症状称为急性型感染。病程稍长达 3～4 周，症状不如急性型显著而比较缓和的称亚急性型感染。病程发展缓慢，常在一个月以上，临诊症状常不明显或不表现出来则称为慢性型感染。

7. 病毒的持续性感染和慢病毒感染

持续性感染指动物长期处于感染状态。这是由于入侵的病毒不能杀死宿主细胞而形成病毒与细胞间的共生平衡，感染动物可长期或终生带毒，而且经常或反复不定期地向体外排出病毒，但常缺乏临诊症状，或出现与免疫病理反应有关的症状。慢病毒感染又称长程感染，是指潜伏期长，发病呈进行性且最后以死亡为转归的病毒感染。其与持续性感染的不同点在于疾病过程缓慢，但不断发展且最后常引起死亡。

以上感染类型都是从某个侧面相对进行分类的，各类型之间会出现交叉、重叠和相互转化。识别这些感染类型对判断预后、防治和流行病学调查都有重要意义。

（三）传染病的特征

凡由病原微生物引起，具有一定的潜伏期和临诊表现，并具有传染性的疾病，称为传染病。传染病的表现虽然多种多样，但亦具有一些共同特征，以此可与其他非传染病相区别。其主要特征有以下几个方面。

1. 由病原微生物与动物机体相互作用从而引起特征性的临床表现和病理变化

每一种传染病都有其特异的致病微生物存在，经过一定的潜伏期和病程，使动物机体表现出该种病特征性的综合症状。如猪瘟是由猪瘟病毒引起的，引起猪脾脏梗死的特征性病理变化。

2. 传染病具有传染性和流行性

传染性是指从患传染病的动物体内排出的病原微生物，侵入另一个有易感性的健康动物体内，并引起同样症状的特性。这是传染病与非传染病相区别的一个重要特征。流行性是指在一定的适宜条件下，在一定时间内，某一地区易感动物群中可能有许多动物被感染，致使传染病蔓延散播而形成流行的特性。

3. 被感染的动物发生特异性反应

在感染发展过程中由于病原微生物的抗原刺激作用，机体发生免疫生物学改变，产生特异性抗体和变态反应等。这种改变可以用血清学方法等检查出来。

4. 耐过动物能获得特异性免疫

动物耐过某种传染病后，在大多数情况下均能产生特异性免疫，使动物机体在一定时期内或终生不再感染该种传染病。

（四）传染病发生的条件

1. 具备一定数量和足够毒力的病原微生物以及适宜的侵入门户

没有病原微生物，传染病就不能发生。病原微生物的毒力弱或数量少，一般也不引起传染病。病原微生物侵入动物机体的部位（感染门户）不适宜，也不引起传染病。

2. 具有对该传染病有易感性的动物

病原微生物只有侵入有易感性的动物机体才能引起传染病。同一毒力和数量的病原微生物，侵入抵抗力不同的同一种动物，可产生不同的结果，有的临诊症状严重、有的轻微、有的不发病。

3. 具有可促使病原微生物侵入易感动物机体的外界环境

外界环境条件能影响病原微生物的生命力和毒力、动物机体的易感性、病原微生物接触和侵入易感动物的可能和程度。没有一定的外界环境条件，传染病也不能发生。

总之，在传染病的发生过程中，病原微生物的致病作用和机体的防御机能，是在一定的外界环境条件下，不断相互作用的过程，只有具备病原微生物、易感动物和外界环境这三个条件，传染病才能发生。了解传染病在动物个体中发生的条件，对于控制和消灭传染病有重要意义。

（五）传染病的病程经过

动物传染病的病程经过，在大多数情况下具有一定的规律性，一般分为四个阶段。

1. 潜伏期

从病原微生物侵入动物机体到疾病的临诊症状开始出现时止，这段时间称为潜伏期。病原微生物的种类、数量、毒力和侵入途径、部位，不同的动物种属、品种或个体的易感性不同，使潜伏期的长短差异很大，但相对来说还是有一定的规律性(见表 1-1)。一般来说，急性传染病的潜伏期差异范围较小，并且潜伏期也较短；慢性传染病以及症状不太显著的传染病潜伏期差异较大，并且潜伏期也较长、不规则。同一种传染病潜伏期短促时，疾病经过一般较严重；反之，潜伏期延长时，病程一般较轻缓。了解各种传染病的潜伏期，对于传染病的诊断，确定传染病的封锁期，控制传染来源，制定防治措施，都有重要的实际意义。

表 1-1　一些主要动物传染病的潜伏期

病名	平均时间	最短时间	最长时间
炭疽	1～5 天	数小时	2 周
口蹄疫	2～4 天	14～16 小时	11 天
布鲁氏菌病	2 周	5～7 天	2 个月以上
结核病	16～45 天	1 周	数个月
破伤风	1～2 周	1 天	1 个月以上
狂犬病	2～8 周	8 天	可达一年以上
猪丹毒	3～5 天	1 天	7 天
牛肺疫	2～4 周	8 天	4 个月
绵羊痘	6～8 天	2～3 天	10～12 天
鸡新城疫	3～5 天	2 天	15 天

2. 前驱期

潜伏期后到该病特征症状出现前，称前驱期，是疾病的征兆阶段。多数传染病呈现一般症状，如体温升高、食欲减退、精神沉郁、呼吸及脉搏增数、生产性能降低等。前驱期通常只有数小时至一两天。

3. 明显期

明显期也叫发病期，指前驱期后到该病的特征性症状明显表现出来的时期。是疾病发展到高峰的阶段，比较容易识别，在诊断上有重要意义。

4. 转归期

转归期为传染病发展到最后结局的时期。表现为痊愈或死亡两种情况。如果病原微生物的致病性增强，或动物体的抵抗力减弱，则感染过程以动物死亡为转归；如果动物体的抵抗力得到改进和增强，则机体逐渐恢复健康，表现为临诊症状逐渐减轻，体内的病理变化逐渐减弱，生理机能逐渐恢复正常。机体在一定时间内还有带菌(毒)排菌(毒)现象存在，但在一定时期内保留免疫学特性，最后病原微生物可被消灭清除。

二、传染病的流行

(一)流行过程的概念

动物传染病的流行过程，指从动物个体感染发病，发展到动物群体发病的过程，也就是传染病在动物群中发生、发展和终止的过程。动物传染病能够在动物之间直接接触感染或间接地通过媒介物(生物或非生物)互相感染，构成流行。

(二)流行过程的三个基本环节

传染病在动物群中蔓延流行，必须具备传染源、传播途径和易感动物群三个基本环节，若缺少任何一个环节，新的传染就不可能发生，也不可能构成传染病在动物群中的流行。同样，当流行已经形成时，若切断任何一个环节，流行即告终止。因此，要针对传染病流行过程的三个基本环节采取综合性防治措施，如消灭传染源、阻断传播途径、提高易感动物的抗病力，来中断或杜绝流行过程的发生和发展，是预防和扑灭动物传染病的主要手段。

1. 传染源（或传染来源）

传染源是指某种传染病的病原体在其寄居、生长、繁殖，并能排出体外的动物机体。具体说传染源就是受感染的动物，包括患病动物和病原携带者。

（1）患病动物　患病动物是主要的传染源。不同患病时期的动物，作为传染源的意义也不相同。前驱期和症状明显期的患病动物可以排出大量毒力强大的病原体，因此传染源的作用也最大。

患病动物能排出病原体的整个时期称为传染期。不同传染病传染期长短不同。各种传染病的隔离期就是根据传染期的长短来制订的。为了控制传染源，对患病动物原则上应隔离至传染期终了为止。

（2）病原携带者　是指外表无症状但携带并排出病原微生物的动物，是更危险的传染源。如果检疫不严，常被认为是健康动物而参与流动，从而将病原体散播到其他地区，造成新的流行。病原携带者是一个统称，如已明确所带病原体的性质，也可以相应地称为带菌者、带毒者、带虫者等。病原携带者一般分为潜伏期病原携带者、恢复期病原携带者和健康病原携带者。

2. 传播途径

病原体由传染源排出后，通过一定的方式再侵入其他易感动物所经的途径称为传播途径。研究传染病传播途径的目的在于切断传播途径，防止易感动物受感染。传播途径可分为水平传播和垂直传播两大类。

（1）水平传播　是指传染病在群体或个体之间以水平形式横向传播。在传播方式上可分为直接接触传播和间接接触传播。

①直接接触传播　是指病原体通过传染源与易感动物直接接触而引起的传播方式。如交配、舔咬、触嗅等，如狂犬病。

②间接接触传播　是指病原体通过传播媒介使易感动物发生传染的方式。大多数传染病都是通过这种方式传播的。将病原体从传染源传播给易感动物的各种外界环境因素，称传播媒介。传播媒介可能是生物（媒介者），也可能是无生命的物体（媒介物或称污染物）。以间接接触为主要传播方式，同时也可以通过直接接触传播的传染病，称为接触性传染病。间接接触传播一般通过以下几种途径传播：经污染的饲料、饮水和物体传播；经空气（飞沫和尘埃）传播；经污染的土壤传播；经生物媒介传播。

疫源地　具有传染源及其排出的病原体所存在的地区称为疫源地。疫源地具有向外传播病原体的条件。因此可能威胁其他地区的安全。疫源地的含义要比传染源的含义广泛得多，除传染源之外，它还包括被污染的环境以及这个范围内的可疑动物群和贮藏宿主等。

通常将范围小的疫源地或单个传染源所构成的疫源地称为疫点。有某种传染病正在流行的地区称为疫区，其范围除患病动物所在的畜牧场、自然村外，还包括患病动物于发病前（该病的最长潜伏期）后曾经活动过的地区。多个疫点连接成片并范围较大，即构成疫区。从防疫工作的实际出发，有时也将某个比较孤立的畜牧场或自然村称为疫点，所以疫点与疫区的划分不是绝对的。疫区周围可能受到威胁的地区称为受威胁区。疫区和受威胁区又统称非安全区。受威胁区以外的地区为安全区。

自然疫源地　有些传染病的病原体在自然条件下，即使没有人类或家畜的参与，也可以通过传播媒介感染动物，造成流行，并且长期在自然界循环延续其后代，这些传染病称为自然疫源性疾病。存在自然疫源性疾病的地区，称为自然疫源地。自然疫源性疾病具有明显的地区性和季节性等特点，并受人和动物活动的影响。自然疫源性传染病主要有流行性出血热、森林脑炎、狂犬病、伪狂犬病、犬瘟热、流行性乙型脑炎、黄热病、非洲猪瘟、蓝舌病、口蹄疫、鹦鹉热、恙虫病、Q热、鼠型斑疹伤寒、蜱传斑疹伤寒、鼠疫、土拉杆菌病、布鲁氏菌病、李氏杆菌病、蜱传回归热、钩端螺旋体病、弓形虫病等。

（2）垂直传播　从广义上讲属于间接接触传播，它包括经胎盘传播、经卵传播、经产道传播等几种方式。

动物传染病的传播途径比较复杂，每种传染病都有其特定的传播途径，有的有一种途径，有的有多种途径。即使是同一种传染病，不同的病例也可能有不同的传播途径。

3. 易感动物群

易感动物群是指动物群体对某种传染病病原体感受性的大小。动物易感性的高低虽然与病原体的种类和毒力强弱有关，但主要还是受动物的遗传特征、特异免疫状态、外界环境条件等因素的影响。该地区动物群体中易感个体所占的比例，直接影响到传染病能否造成流行以及流行的严重程度。

（三）传染病的流行特征

1. 流行过程的表现形式

在动物传染病的流行过程中，根据在一定时间内发病率的高低和传播范围的大小（即流行强度），可分为下列四种表现形式。

（1）散发性　发病动物数量不多，并且在一个较长的时间内只有零星地散在发生的病例出现，疾病的发生无规律性，并且发病时间和地点没有明显的关系时，称为散发。

（2）地方流行性　在一定的地区和动物群中，发病动物数量较多，但传播范围常局限于一定地区并且是较小规模的流行，可称为地方流行性。它有两方面的含义：一方面表示在一定地区一个较长的时间里发病的数量稍微超过散发性；另一方面除了表示一个相对的数量以外，有时还包含着地区性的意义。如猪丹毒、猪气喘病等常以地方流行性的形式出现。

（3）流行性　是指在一定时间内一定动物群发病率超过寻常，传播范围广的一种流行。发病数量并没有绝对数界限，当对某种病称其为流行时，各地各动物群出现的病例数是不一致的。流行性疾病传播范围广、发病率高，如不加强防治常可传播到几个乡、县甚至省。如口蹄疫、牛瘟、猪瘟、新城疫等。

（4）大流行　是一种大规模的流行，流行范围可扩大至全国，甚至几个国家或整个大陆。在历史上口蹄疫、牛瘟和流感等都曾出现过大流行。

上述几种流行形式之间的界限是相对的，并且不是固定不变的。

2. 流行过程的季节性和周期性

（1）季节性　某些动物传染病常常发生于一定的季节，或在一定的季节出现发病率显著上升的现象，称为流行过程的季节性。出现季节性的原因主要是季节对病原体在外界环境中存在和散播的影响、季节对活的传播媒介的影响、季节对动物活动和抵抗力的影响等。

（2）周期性　某些动物传染病经过一定的间隔时期（常以数年计），还可能再度流行，这种现象称为流行过程的周期性。

动物传染病流行过程的季节性或周期性是可以改变的。如果我们掌握其特性和规律，采取综合性防治措施，改善饲养管理，增强机体抵抗力，有计划地做好预防接种等，可以使传染病不发生季节性或周期性流行。

（四）影响流行过程的因素

动物传染病的流行过程必须具备传染源、传播途径和易感动物群三个基本环节。只有当这三个基本环节相互连结、协同作用时，传染病才有可能发生和流行。保证这三个基本环节相互连结、协同起作用的因素是动物活动所在的环境和条件，即各种自然因素和社会因素。它们是通过对三个环节中某一环节的直接作用，或对三者之间相互关系的间接作用，而影响流行过程的。

1. 自然因素

对流行过程有影响的自然因素主要包括气候、气温、湿度、阳光、雨量、植被、地形、地理环境等，它们对三个环节的作用错综复杂。

2. 社会因素

影响动物传染病流行过程的社会因素主要包括地区的经济、文化、科学技术水平、民俗民风、饮食方式以及贯彻执行法令法规的情况等。

三、流行病学调查的内容与方法

（一）流行病学调查的内容

流行病学调查的内容根据调查的目的和类型的不同而有所不同。一般有以下几个方面。

1. 本次流行情况调查

对本次疫病发生的基本情况进行调查，调查的主要内容包括最初发病的时间，患病动物最早死亡的时间，死亡出现高峰和高峰持续的时间，以及各种时间之间的关系；最初发病的地点，随后蔓延的情况，目前疫情的分布及蔓延趋向；疫区内各种动物的数量和分布，发病和受威胁动物的种类、品种、数量、年龄、性别；各种频率指标，如感染率、发病率、病死率；采取了哪些措施及效果。

2. 疫情来源调查

本地过去曾否发生过类似的传染病，流行的方式，是否经过确诊及结论，何时采取过哪些防治措施及效果，有无历史资料可查，附近地区曾否发生，这次发病前曾否由外地引进动物及其产品或饲料，输出地有无类似疾病等；可能存在的生物、物理和化学等各种致病因子，死亡动物尸体、粪便如何处理等。

3. 传播途径和方式调查

本地各类有关动物的饲养管理方法，使役和放牧情况，动物流动、牧场情况，防疫卫生情况；交通检疫、市场检疫和屠宰检疫的情况，病死动物的处理，有哪些助长疫病传播蔓延的因素和控制扑灭疫病的经验；疫区的地理、地形、河流、交通、气候、植被；野生动物、节肢动物和鼠类等传播媒介的分布和活动情况，它们与疫病的发生及蔓延传播的关系如何等。

4. 相关资料调查

该地区的政治、经济的基本情况，人们生产和生活活动以及流动的基本情况和特点，动物防疫检疫机构的工作情况，当地有关人员对疫情的看法等。

调查者可根据以上调查内容设计出简明、直观、便于统计分析的表格及提纲，在调查中做好调查记录。

(二)流行病学调查的主要方法

1. 询问调查

这是流行病学调查中一个最主要的方法。询问对象主要是动物饲养管理和疫病防疫检疫以及生产管理等有关知情人员。通过询问座谈等方式，力求查明传染源、传播媒介、自然情况、动物群体资料、发病和死亡情况等，并将调查收集到的资料分别记入流行病学调查表格中。

2. 现场观察

调查人员对疫区的情况进行观察，以便进一步了解流行病发生的经过和关键问题的所在。可根据不同种类的疾病进行重点项目的调查。

3. 实验室检查

为了确定诊断，往往还需要对患病动物或可疑动物应用病原学、血清学、变态反应、尸体剖检和病理组织学等各种诊断方法进行检查。通过检查可以发现隐性传染源，证实传播途径，掌握动物群体的免疫水平，发现有关病因因素等。为了了解外界环境因素在流行病学上的作用，可对有污染嫌疑的各种物体(水、饲料、土壤、畜产品)和传播媒介(节肢动物或野生动物)进行微生物学和理化检查，确定可能的传播媒介或传染源。

4. 生物统计学方法

在调查时可应用生物统计学的方法统计疫情。必须对所有的发病动物数、死亡动物数、屠宰数以及预防接种数等加以统计、登记和分析整理。

(三)流行病学调查的分析与统计

流行病学分析是应用流行病学调查材料来揭示传染病流行过程的本质和相关因素。流行病学调查分析中常用的统计指标有发病率、死亡率、病死率。

1. 发病率

发病率是指一定时期内某动物群中发生某病新病例的频率。发病率能较全面地反映出传染病的流行情况，但还不能说明传染病的整个流行过程，因为常有许多动物呈隐性感染，而同时又是传染源。

$$发病率 = \frac{一定时期内某动物群体某病的新病例数}{同期内该群动物平均数} \times 100\%$$

2. 死亡率

死亡率是指因某病死亡的动物数占某种动物总数的百分比。它能表示该病在动物群中造成死亡的频率，而不能说明传染病发展的特性，仅在死亡率高的急性传染病时才能反映出流行状态。但对于不易致死或发病率高而死亡率低的传染病来说，则不能表示出流行范围广泛的特征。因此，在传染病发展期还要统计发病率。

$$死亡率 = \frac{某动物群在一定时期内因某病死亡的动物数}{同时期该种动物的总数} \times 100\%$$

3. 病死率

病死率是指因某病死亡的动物总数占该病患病动物总数的百分比。它能表示某病在临诊上的严重程度，因此能比死亡率更为精确地反映出传染病的流行过程和特点。

$$病死率 = \frac{某时期内因某病死亡的动物数}{同时期患该病的动物数} \times 100\%$$

第二部分　寄生虫病的流行

一、寄生虫病流行病学

研究寄生虫病流行的科学称寄生虫病流行病学，它是研究动物群体的某种寄生虫病的发病原因和条件、传播途径、流行过程及其发展规律。流行病学当然也包括对某些个体的研究，因为个体的疾病，有可能在条件具备时发展为群体。从概念上看，流行病学涉及面极广，概括地说，它包括了寄生虫与宿主和足以影响其相互关系的外界环境因素的总和。

二、寄生虫病流行的基本环节

某种寄生虫病在一个地区流行必须具备三个基本环节，即感染来源、感染途径和易感动物。寄生虫病的流行过程在数量上可表现为散发、暴发、流行或大流行；在地域上可表现为地方性；在时间上可表现为季节性。生物因素、自然因素和社会因素都可对寄生虫病流行产生影响。

（一）感染来源

感染来源一般是指寄生有某种寄生虫的终末宿主、中间宿主、补充宿主、贮藏宿主、保虫宿主、带虫宿主及生物传播媒介等。病原体（虫卵、幼虫、虫体）通过这些宿主的粪、尿、痰、血液以及其他分泌物、排泄物排出体外。

（二）感染途径

感染途径是指病原体具有感染能力的阶段，感染给易感动物所需要的方式，可以是单一途径，也可以是多种途径。主要有以下几种感染途径。

1. 经口感染

寄生虫随着动物的采食、饮水，经口腔进入宿主体内。这种途径最为多见。

2. 经皮肤感染

寄生虫从宿主皮肤钻入，如分体吸虫、仰口线虫、皮蝇幼虫。

3. 经生物媒介感染

寄生虫通过节肢动物的叮咬、吸血而传播给易感动物。主要是一些血液原虫和丝虫。

4. 接触感染

寄生虫通过宿主之间直接接触或通过用具、人员等间接接触而传播，如蜱、螨和虱等。

5. 经胎盘感染

寄生虫从母体通过胎盘进入胎儿体内使其发生感染，如弓形虫。

6. 自身感染

某些寄生虫产生的虫卵或幼虫，在原宿主体内使其再次遭受感染。如链状带绦虫患者感染猪囊尾蚴病。

（三）易感宿主

寄生虫一般只能在一种或若干种动物体内生存，并不是所有的动物，这是寄生虫对宿主的专一性。寄生虫只有感染属于其宿主专一性范围内的动物，才有可能引起疾病。在易感动物中，种类、品种、年龄、性别、饲养方式、营养状况等对其是否发病均会产生影响，而其中最重要的因素是营养状况。

三、寄生虫病的流行病学及其影响因素

（一）地方性

寄生虫病的流行与分布常有明显的地方性。寄生虫的地理分布称为寄生虫区系。形成寄生虫区系差异的因素主要是由寄生虫的生物学特性所决定的，主要有动物种群的分布、自然条件、寄生虫的发育类型和社会因素。

（二）季节性

寄生虫病的发生和流行往往有明显的季节性。多数寄生虫要在外界环境中完成一定的发育阶段，因此，气温、降雨量等自然条件的季节性变化，使寄生虫的体外发育也具有了季节性，动物感染和发病的时间也随之出现了季节性。生活史中需要中间宿主和以节肢动物作为宿主或传播媒介的寄生虫，该病的流行季节与有关中间宿主和节肢动物的消长相一致。因此，由生物源性寄生虫引起的疾病更具明显的季节性。

（三）慢性和隐性

寄生虫病多呈慢性经过，甚至呈轻微或缺少临诊症状，只引起生产能力下降的隐性经过。其决定因素很多，最主要的是感染强度，即整个宿主种群感染寄生虫的平均数量。当宿主感染寄生虫后，只有原虫和少数其他寄生虫(如螨)可通过繁殖增加数量，多数寄生虫不再增加数量，只是继续完成其个体发育。因此，许多宿主出现带虫现象。

（四）多寄生性

动物体内同时有两种以上寄生虫感染的多寄生现象较为常见，它们之间常常会出现制约或促进、增加或减少其致病作用，从而影响临诊表现。动物实验已经证明，两种寄生虫在宿主体内同时寄生，一种寄生虫可以降低宿主对另一种寄生虫的免疫力，即出现免疫抑制。因此这些寄生虫在宿主体内生存时间延长、生殖能力增强等。

（五）自然疫源性

有些寄生虫病即使没有人类或易感动物的参与，也可以通过某些传播媒介感染动物造成流行，并且长期在自然界循环，这些寄生虫病称为疫源性寄生虫病。在自然疫源地中，保虫宿主在流行病学上起着重要作用，尤其是往往被忽视而又难以施治的野生动物种群。

第三部分　疫病预防

一、预防工作的基本内容

动物传染病的流行过程是一个复杂的过程，采取适当的防治措施来消除或切断传染源、传播途径和易感动物群形成的三个因素之间的相互联系作用，就可以中止传染病继续传播。主要内容：①加强饲养管理，搞好卫生消毒工作，增强动物机体的抗病能力。贯彻自繁自养的原则，对引入动物要隔离观察并严格检疫，减少疫病传播。②拟订和执行定期预防接种和补种计划。③定期杀虫、灭鼠，进行粪便无害化处理。④认真贯彻执行国境检

疫、交通检疫、市场检疫和屠宰检验等各项法规和制度,以及时发现并消灭传染源。⑤各地兽医机构应调查研究当地的疫情分布,组织相邻地区进行联防协作,对传染病有计划地进行消灭和控制,并防止外来疫病的侵入。

二、传染病的预防措施

(一)加强饲养管理,搞好环境卫生

加强饲养管理工作,建立健全合乎动物卫生的饲养管理制度,搞好环境卫生,增强机体的抵抗力,贯彻自繁自养的原则,防止传染源传入。建立健全动物卫生防疫制度,定期为健康动物群进行系统检查。

(二)消毒及消灭传播媒介

1. 消毒

消毒是指杀灭或清除外界环境中活的病原微生物。

(1)消毒的种类　根据消毒的目的及进行的时机分为:

①预防消毒　结合平时的饲养管理对动物圈舍、场地、用具和饮水等进行定期消毒,以达到预防一般传染病发生的目的。

②随时消毒　在发生传染病时,为了及时消灭刚从患病动物体内排出的病原体而进行的不定期消毒。消毒的对象包括患病动物所在的厩舍、隔离场地、患病动物的分泌物、排泄物以及可能被污染的一切场所、用具和物品。通常在疫区解除封锁前,应定期、多次消毒,患病动物隔离舍应每天随时消毒。

③终末消毒　在患病动物解除隔离、转移、痊愈或死亡后,或者在疫区解除封锁之前,为了消灭疫区内可能残留的病原体所进行的全面、彻底的大消毒。

(2)消毒的方法　常用机械、物理、化学和生物等消毒方法。

①机械清除法　是指用清扫、洗刷、通风、过滤等机械方法清除病原微生物的方法。

②物理消毒法　是指用阳光、紫外线、干燥、高温等物理方法杀灭病原微生物。

③化学消毒法　是指用化学药物杀灭病原微生物。

④生物热消毒法　主要用于粪便、污水和其他废物的生物发酵处理等,也是简便易行、普遍推广的方法。在粪便等堆沤过程中,利用粪便中的微生物发酵产热,可使温度高达70℃以上,经过一段时间后,就可以杀死病毒、细菌(芽胞除外)、寄生虫卵等病原体而达到消毒的目的,同时又保持了粪便的良好肥效。

(3)消毒的对象　消毒的对象为患病动物或可疑患病动物污染的圈舍、场院、仓库、土壤、饲料、饮水、运输工具、器械、用具、粪便、尸体、畜产品、工作服、鞋帽及一切可能被病原微生物所污染的地方。

(4)消毒效果的检查　考核消毒效果的内容有几个方面:第一,消毒是否及时;第二,消毒对象和消毒方法的选择作用时间是否正确;第三,消毒后的效果。消毒效果的指标是疫区内可能成为传播因素的物体,不应有该传染病的特异病原微生物存在。当该病原微生物检查困难时,可检查容易检查的微生物。如肠道传染病不得检查出大肠杆菌,呼吸道传染病不得检查出溶血性链球菌。

2. 消灭传播媒介

主要是指消灭虻、蝇、蚊、蜱等节肢动物和鼠类。

(1)杀虫方法

①物理杀虫法　机械拍打捕捉，喷灯火焰烧杀，沸水或蒸汽热杀灭。

②药物杀虫法　主要是应用化学杀虫剂来杀灭。根据杀虫剂对节肢动物的毒杀作用可分为胃毒药剂、接触毒药剂、熏蒸毒药剂、内吸毒药剂等。

③生物杀虫法　是用昆虫的天敌或病菌及雄虫绝育技术等方法杀灭昆虫。如养柳条鱼灭蚊；用辐射使雄性昆虫绝育；或使用过量激素，抑制昆虫的变态和蜕皮；或利用病原微生物感染昆虫使其死亡；消灭昆虫孳生繁殖的环境等，都是有效的杀灭昆虫的方法。

(2)灭鼠

鼠类是许多人畜共患病的传播媒介和传染源，它们可以传播的动物传染病有炭疽、布鲁氏菌病、结核病、土拉杆菌病、李氏杆菌病、钩端螺旋体病、伪狂犬病、口蹄疫、猪瘟、猪丹毒、巴氏杆菌病和立克次体病等。灭鼠的方法大体上可分为两类：

①器械灭鼠　利用各种工具以不同方式捕杀鼠类，如关、夹、压、扣、套、翻、堵、挖、灌等。此类方法可就地取材，简便易行。

②药物灭鼠　根据药物进入鼠体的途径可分为消化道药物和熏蒸药物两类。消化道药物主要有磷化锌、杀鼠灵、安妥、敌鼠钠盐和氟乙酸钠。熏蒸药物包括氯化苦(三氯硝基甲烷)和灭鼠烟剂。

(三)加强检疫工作

检疫就是用各种兽医科学的诊断方法，对动物及其产品进行某些规定传染病的检查，并采取相应的措施防止传染病的发生和传播。检疫是一项重要的防疫措施，不仅发生传染病时在疫区要进行检疫，在没有发生传染病时也要进行经常性的检疫。检疫的目的是加强兽医监督工作，防止动物传染病的传入或传出，直接保护畜牧业生产的发展，保障人民身体健康和维护对外贸易的信誉。

(四)免疫接种和药物预防

免疫接种是激发动物机体产生特异性抵抗力，使易感动物转化为不易感动物的一种手段。有组织、有计划地进行免疫接种，是预防和控制动物传染病的重要措施之一。根据免疫接种进行的时机不同，可分为预防接种和紧急接种两类。药物预防是为了预防某些疫病，在动物的饲料或饮水中加入某种安全的药物进行集体的化学预防，在一定时间内可以使受威胁的易感动物不受疫病的危害，也是预防和控制动物传染病的有效措施之一。

1. 预防接种

预防接种指在经常发生某些传染病或有某些传染病潜在的地区，或经常受到邻近地区某些传染病威胁的地区，为了防患于未然，平时有计划地给健康动物群进行的免疫接种。预防接种通常使用疫苗、菌苗、类毒素等生物制剂作抗原激发免疫。用于人工自动免疫的生物制剂可统称为疫苗，包括用细菌、支原体、螺旋体制成的菌苗以及用病毒制成的疫苗和用细菌外毒素制成的类毒素。接种后经一定时间(数天至三周)，可获得数月至一年以上的免疫力。生物制剂对机体来说是异物，接种后总会有反应过程，不过反应的性质和强度有所不同。有的不良反应可引起持久的或不可逆的组织器官损害或功能障碍而致的后遗症。反应的类型可分为：

(1)正常反应

正常反应是指由于制品本身的特性而引起的反应，其性质与反应强度随制品而异。有些活疫苗，接种后实际是一次轻度感染，会发生局部或全身反应。但正常反应一般在几个小时或1～2天左右可自行消失。

（2）严重反应

严重反应是指反应较重或发生反应的动物数量超过正常比例。发生严重反应的原因可能是由于某批生物制品质量较差，或是使用方法不当，如接种剂量过大、接种技术不正确、接种途径错误等，或是个别动物对某种生物制品过敏等引起。这种反应通过严格控制生物制品的质量和遵照使用说明书可以减少到最低限度。

（3）合并症

合并症是指与正常反应性质不同的反应。主要包括超敏感（血清病、过敏休克、变态反应等）、扩散为全身感染（接种活疫苗后，防御机能不全或遭到破坏时可发生）和诱发潜伏感染（如新城疫疫苗气雾免疫时可能诱发慢性呼吸道病等）。

2.药物预防

群体化学药物预防是动物传染病防治的一个较新途径，某些疫病在具有一定条件时采用此种方法可以收到显著的效果。

三、寄生虫病的预防措施

寄生虫病的控制主要是采取综合性的防治措施。根据掌握的寄生虫生活史、生态学和流行病学资料，采取各种防治方法，达到控制寄生虫病发生和流行的总体措施。

（一）控制和消除感染源

1.动物驱虫

驱虫是综合防治措施的重要环节，具有双重意义：一方面是治疗患病动物；另一方面是减少患病动物和带虫者向外界散播病原体，也就是对健康动物的预防。在防治寄生虫病中，通常实施预防性驱虫，即按照寄生虫病的流行规律定时投药，而不论其发病与否。如北方地区防治绵羊蠕虫病，多采取一年两次驱虫的措施。春季驱虫在放牧前进行，目的在于防止牧场被污染；秋季驱虫在转入舍饲后进行，目的在于将动物已经感染的寄生虫驱除，防止发生寄生虫病及散播病原体。预防性驱虫尽可能实施成虫期前驱虫，因为这时寄生虫尚未产生虫卵或幼虫，可以最大限度地防止散播病原体。在驱虫中尤其要注意寄生虫易产生抗药性，应有计划地经常更换驱虫药物。

2.保虫宿主

某些寄生虫病的流行，与犬、猫、野生动物和鼠类等保虫宿主关系密切，特别是利什曼原虫病、住肉孢子虫病、弓形虫病、贝诺孢子虫病、华枝睾吸虫病、裂头蚴病、棘球蚴病、细颈囊尾蚴病、豆状囊尾蚴病、旋毛虫病和刚棘颚口线虫病等，其中许多还是重要的人畜共患病。因此，应对犬和猫严加管理，控制饲养，对患寄生虫病和带虫的犬和猫要及时治疗和驱虫，粪便深埋或烧毁。应设法对野生动物驱虫，最好的方法是在它们活动的场所，放置驱虫食饵。鼠在自然疫源地中起到感染来源的作用，应搞好灭鼠工作。

3.加强卫生检验

某些寄生虫病可以通过被感染的动物性食品（肉、鱼、淡水虾和蟹等）传播给人类和动物，如猪带绦虫病、牛带绦虫病、裂头绦虫病、华枝睾吸虫病、并殖吸虫病、旋毛虫病、颚口线虫病、弓形虫病、住肉孢子虫病和舌形虫病等；某些寄生虫病可通过吃入患病动物的肉和脏器在动物之间循环，如旋毛虫病、棘球蚴病、多头蚴病、细颈囊尾蚴病和豆状囊尾蚴病等。因此，要加强卫生检验工作，对患病胴体和脏器以及含有寄生虫的鱼、虾、蟹等，按有关规定销毁或无害化处理，杜绝病原体的扩散。加强卫生检验，尤其对人畜共患病的防治意义更加重大。

4. 外界环境除虫

寄生在消化道、呼吸道、肝脏、胰腺及肠系膜血管中的寄生虫，在繁殖过程中随粪便把大量的虫卵、幼虫或卵囊排到外界环境并发育到感染期。因此应尽可能地减少宿主与感染源接触的机会，如及时清除粪便，打扫栏舍；同时避免粪便对饲料和饮水的污染；另外消灭外界环境的病原体，如把粪便集中在固定的场所，利用生物热杀灭虫卵、幼虫或卵囊等。

驱虫后排出的粪便尤应严格处理。粪便中的虫卵、幼虫和卵囊，对化学消毒药物有强大的抵抗力，常用浓度的消毒药无杀灭作用，但其对热敏感，在 50 ℃～60 ℃下足以被杀死。粪便发酵后，经 10～20 天，粪堆内温度可达到 60 ℃～70 ℃，几乎完全可以杀死粪便中的病原体。

(二)阻断传播途径

任何消除感染源的措施均含有阻断传播途径的意义，另外包括以下两个方面。

1. 轮牧

放牧时动物粪便污染草地，其中寄生虫虫卵和幼虫在适宜的温度和湿度下发育，在它们还未发育到感染期时，把动物转移到新的草地，可避免动物感染。在原草地上的感染期虫卵和幼虫，经过一段时期未能感染动物，则自行死亡，草地得到净化。不同种寄生虫在外界发育到感染期的时间不同，转换草地的时间也应不同。不同地区、不同季节对寄生虫发育到感染期的时间影响很大，在制订轮牧计划时均应予以考虑，如当地气温超过 18 ℃～20 ℃时，最迟也必须在 10 天内转换草地。如某些绵羊线虫的幼虫在某地区夏季牧场上需要 7 天发育到感染阶段，那么便可让羊群在 6 天时离开。如果还知道那些绵羊线虫在当时的温度和湿度条件下，只能保持 1.5 个月的感染力，那么在 1.5 个月以后，羊群便可返回原牧场。

2. 消灭中间宿主和传播媒介

对生物源性寄生虫病，消灭中间宿主和传播媒介可以阻止寄生虫的发育，起到消灭感染源和阻断感染途径的双重作用。应消灭的中间宿主和传播媒介主要有螺、蜊蛄、剑水蚤、蚂蚁、甲虫、蚯蚓、蝇、蜱及吸血昆虫等无脊椎动物。主要措施有：

(1)物理方法　主要是改造生态环境，使中间宿主和传播媒介失去必需的栖息场所。如排水、交替升降水位、疏通沟渠增加水的流速、清除隐蔽物等。

(2)化学方法　使用化学药物杀死中间宿主和传播媒介。如动物栏舍、河流、溪流、池塘、草地等喷洒杀虫剂。但要注意环境污染和对有益生物的危害，必须在严格控制下实施。

(3)生物方法　养殖捕食中间宿主和传播媒介的动物对其进行捕食，养鸭及食螺鱼灭螺；养殖捕食孑孓的柳条鱼、花鳉等；在吸虫病高发区，水池内放养繁殖快、经济效益大的非中间宿主螺，由于生存竞争可使中间宿主螺降低种群数量。可以利用它们的习性，设法回避或加以控制。如羊莫尼茨绦虫的中间宿主是地螨，地螨惧强光、怕干燥，潮湿和草高而密的地带数量多，黎明和日暮时活跃。因此根据这些习性采取避螨措施就可以减少绦虫的感染。

(4)生物工程方法　培育雄性不育节肢动物，使其与同种雌虫交配，产出不发育的卵，导致该种群数量减少。国外用该法成功地防治丽蝇、按蚊等。

(三)增强动物抗病力

1. 全价饲养

在全价饲养的条件下，能保证机体获得必需的氨基酸、维生素和矿物质等，机体营养状态良好，便可获得较强的抵抗力，可防止寄生虫的侵入，阻止侵入后寄生虫的继续发育，甚至将其包埋或致死，使感染维持在最低水平，使机体与寄生虫之间处于暂时的相对平衡状态，制止寄生虫病的发生。

2. 饲养卫生

被污染的饲料、饮水和栏舍，常是动物感染的重要因素。禁止从低洼地、水池旁、潮湿地带刈割饲草，或将其存放 3～6 个月后再利用。不流动的、较浅的水不能饮用。饲养栏舍要建在地势较高和干燥的地方，保持舍内干燥、光线充足和通风良好，动物密度适宜，及时清除粪便和垃圾。

3. 保护幼年动物

幼龄动物由于抵抗力弱而容易感染，感染后发病严重、死亡率较高。因此，哺乳动物断奶后应立即分群，安置在经过除虫处理的栏舍，放牧时先放幼年动物，转移后再放成年动物。

4. 免疫预防

寄生虫的免疫预防尚不普遍。目前，国内外比较成功地研制了牛羊肺线虫、血矛线虫、毛圆线虫、泰勒虫、旋毛虫、犬钩虫、禽气管比翼线虫、弓形虫和鸡球虫的虫苗，现在正在研究猪蛔虫、牛巴贝斯虫、牛囊尾蚴、猪囊尾蚴、牛皮蝇幼虫、伊氏锥虫和分体吸虫的虫苗。

项目 2　扑灭动物疫病

任务 1　调查及报告动物疫情

步骤 1　调查疫情，填写流行病学调查表(见表 1-2)

1. 调查农牧场及居民点的名称及地址

2. 调查疫场或疫点的一般特征

包括地理情况；地形特点；气象资料(季节、天气、雨量等)；农牧场的兽医干部和畜牧干部人数、文化程度、技术水平和对职责的态度；该居民点与邻近居民点在经济和业务上的联系；动物的数目(按种类)、品种和用途。

3. 调查疫场的兽医卫生特征

主要有动物的饲养(共同的或是单个的)、护理和使役；畜、禽舍及其邻近地区的状况；饲料的品质和来源地，其保藏、调配和饲喂的方法；水源的状况和饮水处(水井、水池、小河等)的情况；放牧场地的情况和性质；有无昆虫和蜱——传染病的传递者，它们大量出现的时间；畜、禽舍内有无啮齿动物；厩肥的清理及其保存，厩肥贮存场所的位置和状况；预防消毒和一般预防措施的执行情况；尸体的处理、利用和毁灭的方法；有无运尸体的专用车；兽墓、尸体发酵坑和废物利用场的位置，其设备和卫生状况，兽医监督等；检疫室、隔离室、屠宰场、产房及其兽医卫生状况；污水处理及排出情况。

4. 调查一般流行病学资料

农牧场补充动物的条件、预防检疫规则的执行情况；何时由该场运出动物和原料以及运往何处；该农牧场的动物何时患过何种传染病、患病动物数和死亡数；邻近地区的疫情。

5. 调查该次传染病流行过程的特征

诊断结果；所采用的诊断方法；鉴别诊断；最早一些病例出现的时间；在发现最早的一些病例之前有无不明显的病例；推测传染源、传染病暴发的原因或传染病由外面传入和传播的途径及有利于传染病的传播条件（是否由于放牧场、贮水池、饲料、处理尸体欠妥，昆虫、蜱和啮齿动物所引起；是否由于动物去过市场和疫点，或从这些地方运来，以及饲料和生的畜产品带入引起）；按照月、日登记发病率；患病的和死亡的动物总数，死亡动物的数目和患病动物的比例（病死率）；传染病的散播情况；临床资料：明显型的、顿挫型的、典型的、非典型的和并发的病例数目；隐性病畜（带菌者、带毒者）的数目（按细菌学、血清学、变态反应等检查的资料）；病理变化的资料（指出主要的和最有特征的变化）；已采取的措施及其效果（如紧急预防接种、隔离、消毒等）。

表 1-2　流行病学调查表

单位数量：头（只）　　　　　　　　　　　　　　　　　　日期：

病名	地点	当月存栏数	当月出栏数	发病数			死亡数			死亡率			扑杀数		
				总数	规模场	散养户	总数	规模场	散养户	总数	规模场	散养户	总数	规模场	散养户

6. 调查补充资料执行和解除封锁的日期，封锁规则有无破坏，最终的措施是如何进行的等

7. 结论

8. 建议

调查者签名：

调查的日期：

上述格式所包括的内容，只适用于疫区的一般调查，如果调查特定传染病的流行病学特征及其发生、发展以及终熄的规律时，还须另订适于该特定传染病的调查项目。

步骤 2　整理疫情调查材料

利用统计学的方法将调查所获得的原始材料整理成系统的资料，再进一步研究和处理，以便资料的内容一目了然，易于比较。如表 1-3 所示。

表 1-3　某猪场各类猪传染性胃肠炎发病率和死亡率统计表

类　别	总头数	发病		死　亡	
		头数	%	头数	%
种公猪	12	11	92	0	0
经产母猪	79	68	86	0	0
后备母猪	32	27	84	0	0

设计表格时要注意以下几点：

内容要简明，内容众多的表格分为若干个小表。标题要明确，要包括何事、何时、何地。统计指标的单位一律附于标目之后，表体方格内不再写单位，只写阿拉伯数字，较复杂的单位可在脚注中加以说明。表内尽量少用线条，最基本的线是三条线。表中尽量少用文字说明，必要时可在欲说明处的右上角加星号，然后在表格底下加脚注（用同样星号）说明。

步骤 3　报告疫情

及时发现、诊断和上报疫情，并通知邻近单位做好预防工作。上级部门接到报告后，除及时派人到现场协助诊断和紧急处理外，还应根据具体情况逐级上报。当动物突然死亡或怀疑发生传染病时，应立即通知兽医人员。

任务 2　隔离病畜

迅速隔离及治疗患病动物，对污染和疑似污染的地方进行紧急消毒。可疑感染动物在消毒后另选地方将其隔离、看管，有条件时应立即进行紧急免疫接种或预防性治疗。对假定健康动物采取保护措施，严格与患病动物和可疑感染动物分开饲养管理，加强防疫消毒，立即进行紧急免疫接种和药物预防。

任务 3　封锁疫源地

在封锁区的边缘设立明显标志，指明绕道路线，设置监督岗哨，禁止易感动物通过封锁线。在必要的交通路口设立检疫消毒站，对必须通过的车辆、人员和非易感动物进行消毒。

疫点要严禁人、动物、车辆出入和动物产品及可能污染的物品运出。在特殊情况下人员必须出入时，需经有关兽医人员许可，经严格消毒后出入。对病死动物及其同群动物，县级以上农牧部门有权采取扑杀、销毁或无害化处理等措施。疫点出入口必须有消毒设施，疫点内用具、圈舍、场地必须进行严格消毒，疫点内的动物粪便、垫草、受污染的草料必须在兽医人员的监督指导下进行无害化处理。做好杀虫灭鼠工作。

疫区交通要道必须建立临时性检疫消毒哨卡，备有专人和消毒设备，监视动物及其产品移动，对出入人员、车辆进行消毒。停止集市贸易和疫区内动物及其产品的采购。禁止运出污染草料。未污染的动物产品必须运出疫区时，需经县级以上农牧部门批准，在兽医防疫人员的监督指导下，经外包装消毒后运出。非疫点的易感动物，必须进行检疫或预防注射。农村、城镇饲养的动物必须圈养，牧区动物与放牧水禽必须在指定牧场放牧，役用动物限制在疫区内使役。

受威胁区主要是采取预防措施，如易感动物及时进行免疫接种，以建立免疫带，易感动物不许进入疫区，不饮用由疫区流过来的水，禁止从疫区购买动物、草料和动物产品。注意对解除封锁后不久的地区买进的动物或其产品进行隔离观察，必要时对动物产品进行无害处理。对处于受威胁区内的屠宰场、加工厂、动物产品仓库，进行兽医卫生监督。

任务4　采取、包装和送检传染病病料

1.选择样品（口蹄疫病料的采取）

用于病毒分离、鉴定的样品，以发病动物（牛、羊或猪）未破裂的舌面或蹄部、鼻镜、乳头等部位的水疱皮和水疱液最好。对临床健康但怀疑带毒的动物可在扑杀后采集淋巴结、脊髓、肌肉等组织样品作为检测材料。

2.采取和保存样品

无菌采取新鲜、成熟、未破裂、无污染溃烂的水疱皮或水疱液。剪取新鲜水疱皮3～5 g放入灭菌小瓶中，加适量（2倍体积）50％的甘油/磷酸盐缓冲液（pH为7.4），加盖密封；尽快冷冻保存。将未破裂水疱表面用75％的酒精棉球消毒后，用灭菌注射器采集至少1 mL，装入灭菌小瓶中（可加适量抗菌素，如青霉素1 000 IU/mL、链霉素1 000 IU/mL），加盖密封；避光、尽快冷冻保存。

在无法采集水疱皮和水疱液时，可采集淋巴结、脊髓、肌肉等组织样品3～5 g装入洁净的小瓶内，加盖密封；尽快冷冻保存。

采集的病料应注明病料名称、采集时间和地点，放入装有冰块的冰瓶中封口送检。每份样品的包装瓶上均要贴上标签，写明采样地点、动物种类、编号、时间等。

3.填写病料送检单（见表1-4）

表1-4　动物病理材料送检单

送检单位		地址		检验单位		材料收到日期	
病畜种类		发病日期		检验人		结果通知日期	
死亡时间		送检日期		检 验 名 称	微生物学检验	血清学检查	病理组织学检查
取材时间		取材人					
疫病流行简况							
主要临诊症状							
主要剖检变化				检 验 结 果			
曾经何种治疗							
病料序号名称		病料处理方法					
送检目的				诊断和处理意见			

病料送检单，一式三份，其中一份留存根，两份送检验室，待检查完毕后，退回一份。

4.运送样品

装病料的容器要做好编号，详细记录，并附病料送检单（如表1-4所示）。病料包装容器要牢固，做到安全稳妥，对于危险材料、怕热或怕冻的材料要分别采取措施。一般病原

学检验的材料怕热，应放入加有冰块的保温瓶或冷藏箱内送检，如无冰块，可在保温瓶内放入氯化铵 450～500 g，加水 1 500 mL，上层放病料，这样能使保温瓶内保持 0 ℃达 24 小时。供病理学检验的材料放在 10％的福尔马林溶液中，不必冷藏。包装好的病料要尽快运送，长途以空运为宜。

运送前将病料封装和贴上标签，已预冷或冰冻的样品玻璃容器装入金属套筒中，套筒应填充防震材料，加盖密封，与采样记录一同装入专用运输容器中。专用运输容器应隔热坚固，内装适当的冷冻剂和防震材料。外包装上要加贴生物安全警示标志。以最快的方式，运送到检测单位。为了能及时、准确地告知检测结果，请写明送样单位名称和联系人的姓名、联系地址、邮编、电话、传真等。

附：

【其他疫病病料的采取】

1. 剖检前检查　凡发现患畜（包括马、牛、羊及猪等）急性死亡时，必须先用显微镜检查其末梢血液抹片中是否有炭疽杆菌存在。如怀疑是炭疽，则不可随意剖检，只有在确定不是炭疽时方可进行剖检。

2. 取材时间　内脏病料的采取，须于死亡后立即进行，最好不超过 6 小时，否则时间过长，由肠内侵入其他细菌，易使尸体腐败，影响病原微生物的检出。

3. 器械的消毒　刀、剪、镊子、注射器、针头等煮沸消毒 30 分钟。器皿（玻璃制品、陶制品、珐琅制品等）可用高压灭菌或干烤灭菌。软木塞、橡皮塞置于 0.5％的石炭酸水溶液中煮沸 10 分钟。采取一种病料，使用一套器械和容器，不可混用。

4. 病料采取　应根据不同的传染病，相应地采取该病常侵害的脏器或内容物。如败血性传染病可采取心、肝、脾、肺、肾、淋巴结、胃、肠等；肠毒血症采取小肠及其内容物；有神经症状的传染病采取脑、脊髓等。如无法估计是哪种传染病，可进行全面采取。检查血清抗体时，将采血凝固后析出的血清装入灭菌小瓶送检。为了避免杂菌污染，病变检查应待病料采取完毕后再进行。各种组织及液体的病料采取方法如下。

（1）脓汁　用灭菌注射器或吸管抽取或吸出脓肿深部的脓汁，置于灭菌试管中。若为开口的化脓灶或鼻腔时，则用无菌棉签浸蘸后，放在灭菌试管中。

（2）淋巴结及内脏　将淋巴结、肺、肝、脾及肾等有病变的部位，各采取 1～2 cm³ 的小方块，分别置于灭菌试管或平皿中。若为供病理组织切片的材料，应将典型病变部分及相连的健康组织一并切取，组织块的大小每边约 2 cm。

（3）血液

血清：以无菌操作吸取血液 10 mL，置于灭菌试管中，待血液凝固（经 1～2 天）析出血清后，吸出血清置于另一灭菌试管内，如供血清学反应时，可于每毫升中加入 5％的石炭酸水溶液 1～2 滴。

全血：采取 10 mL 全血，立即注入盛有 5％柠檬酸钠 1 mL 的灭菌试管中，混合片刻后即可。

心血：心血通常在右心房处采取，先用烧红的铁片或刀片烙烫心肌表面，然后用灭菌的尖刃外科刀自烙烫处刺一小孔，再用灭菌吸管或注射器吸出血液，盛于灭菌试管中。

（4）乳汁　乳房先用消毒药水洗净（取乳者的手亦应事先消毒），并把乳房附近的毛刷湿，最初所挤的 3～4 股乳汁弃去，然后再采集 10 mL 左右乳汁于灭菌试管中。若仅供显微镜直接染色检查，则可于其中加入 0.5% 的福尔马林液。

(5)胆汁　先用烧红的刀片或铁片烙烫胆囊表面，再用灭菌吸管或注射器刺入胆囊内吸取胆汁，盛于灭菌试管中。

(6)肠　用烧红刀片或铁片将欲采取的肠表面烙烫后穿一小孔，持灭菌棉签插入肠内，以便采取肠管黏膜或其内容物；亦可用线扎紧一段肠道(约 6 cm)的两端，然后将两端切断，置于灭菌器皿内。

(7)皮肤　取大小约 10 cm×10 cm 的皮肤一块，保存于 30% 的甘油缓冲溶液中，或 10% 的饱和盐水溶液中，或 10% 的福尔马林液中。

(8)胎儿　将流产后的整个胎儿，用塑料薄膜、油布或数层不透水的油纸包紧，装入木箱内，立即送往实验室。

(9)小家畜及家禽　将整个尸体包入不透水的塑料薄膜、油纸或油布中，装入木箱内，送往实验室。

(10)骨头　需要完整的骨头标本时，应将附着的肌肉和韧带等全部除去，表面撒上食盐，然后包于浸过 5% 的石炭酸水或 0.1% 的升汞液的纱布或麻布中，装于木箱内送到实验室。

(11)脑、脊髓　如采取脑、脊髓作病毒检查，可将脑、脊髓浸入 50% 的甘油盐水液中或将整个头部割下，包于浸过 0.1% 的升汞液的纱布或油布中，装入木箱或铁桶中送检。

供显微镜检查用的脓汁、血液及黏液，可用载玻片作成抹片；组织块可作成触片，然后在两块玻片之间靠近两端边沿处各垫一根火柴棍或牙签，以免抹片或触片上的病料互相接触。如玻片有多张，可按上法依次垫火柴棍或牙签重叠起来，最上面的一张玻片上的涂、抹面应朝下，最后用细线包扎，玻片上应注明编号，并另附说明。

【病料的保存】

病料采取后，如不能立即检验，或需送往有关单位检验，应当加入适量的保存剂，使病料尽量保持新鲜状态。

1. 细菌检验材料的保存

将采取的脏器组织块，保存于饱和的氯化钠溶液或 30% 的甘油缓冲盐水溶液中，容器加塞封固。如系液体，可装在封闭的毛细玻璃管或试管中运送。

2. 病毒检验材料的保存

将采取的脏器组织块，保存于 50% 的甘油缓冲盐水溶液或鸡蛋生理盐水中，容器加塞封固。

3. 病理组织学检验材料的保存

将采取的脏器组织块放入 10% 的福尔马林溶液或 95% 的酒精中固定，固定液的用量应为送检病料的 10 倍以上。如用 10% 的福尔马林溶液固定，应在 24 小时后换新鲜溶液一次。严寒季节为防病料冻结，可将上述固定好的组织块取出，保存于甘油和 10% 的福尔马林等量混合液中。

【各种保存液的配制方法】

饱和氯化钠溶液的配制：蒸馏水 100 mL，氯化钠 38～39 g，充分搅拌溶解后，用数层纱布过滤，高压灭菌后备用。

30% 的甘油缓冲盐水溶液的配制：中性甘油 30 mL，氯化钠 0.5 g，碱性磷酸钠

1.0 g，加蒸馏水至 100 mL，混合后高压灭菌备用。

50%的甘油缓冲盐水溶液的配制：氯化钠 2.5 g，酸性磷酸钠 0.46 g，碱性磷酸钠 10.74 g，溶于 100 mL 中性蒸馏水中，加纯中性甘油 150 mL，中性蒸馏水 50 mL，混合分装后，高压灭菌备用。

鸡蛋生理盐水的配制：先将新鲜的鸡蛋表面用碘酒消毒，然后打开将内容物倾入灭菌容器内，按全蛋 9 份加入灭菌生理盐水 1 份，摇匀后用灭菌纱布过滤，再加热至 56 ℃～58 ℃，持续 30 分钟，第 2 天及第 3 天按上法再加热一次，即可应用。

任务5　处理尸体(以鸡为例)

1. 运送尸体

尸体运送前，工作人员应穿戴好工作服、口罩、风镜、胶鞋及手套。运送尸体应用特制的运尸车(车的内壁衬钉铁皮，以防漏水)。装车前应将尸体各天然孔用蘸有消毒液的湿纱布、棉花严密填塞，小动物和禽类可用塑料袋盛装，以免流出粪便、分泌物、血液等污染周围环境。在尸体躺过的地方，应用消毒液喷洒消毒，如为土壤地面，应铲去表层土，连同尸体一起运走。运送过尸体的用具、车辆应严加消毒，工作人员用过的手套、衣物及胶鞋等亦应进行消毒。

2. 处理尸体

尸体的处理方法有多种，各具优缺点，在实际工作中应根据具体情况和条件加以选择。

(1)深埋　深埋地点要远离住宅、牧场和水源，防止造成污染；地质宜选择沙土地，这样的土壤干燥、多孔，可以加快尸体的腐败分解；地势要高燥，能避开洪水冲刷，因为有些病菌的存活期较长，如猪丹毒杆菌在掩埋的尸体内就能存活 7 个多月，如果遭到洪水冲刷，很容易使病菌散播，形成新的传染源。坑的长度和宽度以能容进侧放尸体为宜，从坑沿到尸体表面至少应达到 1.5～2 m，坑底和尸体表面均铺 2～5 cm 厚的石灰，然后覆土夯实。如果不用石灰，可以先在坑内放一层 0.5 cm 厚的干柴草，点燃柴草，趁火很旺时抛入尸体，待火焰熄灭后填土夯实。

(2)焚烧　焚烧法有十字坑法、单坑法、双层坑法等，采用双层坑烧埋法操作较简单。根据尸体大小，先挖长 2～3 m、宽 1 m、深 0.75 m 的小沟，在小沟沟底铺干草、木柴，两端各留出 18～20 cm 的空隙，以便于空气流通，在小沟沟沿横架数条粗湿木棍，将尸体放在架子上，在尸体的周围及上面也放上木柴，倒上煤油，压上砖瓦或铁皮。点燃下部的柴草，将病畜污染的饲料、垫草一并倒入，直到将尸体烧成黑炭为止。焚烧完毕，将病畜的粪便和污染过的地表土层铲除 15～25 cm，加入 20%的漂白粉溶液后，一起填土掩埋在坑内，坟丘表面要做好警戒性标志。

(3)发酵　建筑发酵坑应选择远离住宅、牧场、水源及道路的僻静场所。尸坑可建成圆井形，坑深 9～10 m，坑壁及坑底涂抹水泥，也可以使用木材，内面涂抹沥青或油漆，坑口高出地面约 30 cm，坑口设盖，盖上活动的小门，平时落锁。若条件许可，坑上修建一座小屋会更好。如果土质干硬，地势高燥，地下水位又较低，也可以不使用任何材料，直接按照上述尺寸挖一个深坑，但需要在距离坑口 1 m 处，砌一圈砖围堰，以防坑口土质脱落，围堰最好高出地面 30 cm，坑口盖上木盖，以防雨水流入。坑内尸体可以堆到距坑口 1.5 m 处，经 3~5 个月，尸体完全腐败分解后，就可以挖出充当肥料使用。

（4）化制　对尸体进行化制时，一般应在专门的化制厂进行，要求有完善的设备条件，能有效地防止传染病的传播。如果没有专门的化制厂，就不能擅自化制处理传染病尸体。对于普通疫病致死的动物尸体，可以先切成 4~5 kg 的肉块，然后放到水锅中煮 2~3 小时。操作过程要严格消毒，做到符合兽医卫生和公共卫生的要求。

●●●●● 必备知识

一、疫情报告和疫病诊断

（一）疫情报告

任何饲养、生产、经营、屠宰、加工、运输动物及其产品的单位和个人，当发现动物传染病或疑似动物传染病时，必须立即报告当地动物防疫检疫机构。特别是可疑为口蹄疫、炭疽、狂犬病、牛瘟、猪瘟、新城疫、牛流行热等重要传染病时，一定要迅速将发病动物的种类、发病时间、地点、发病及死亡数、症状、剖检变化、怀疑病名及防疫措施情况，详细向上级有关部门报告，并通知邻近有关单位和部门注意预防工作。上级部门接到报告后，除及时派人到现场协助诊断和紧急处理外，还应根据具体情况逐级上报。

当动物突然死亡或怀疑发生传染病时，应立即通知兽医人员。在兽医人员尚未到场或尚未作出诊断之前，应采取以下措施：将疑似传染病的动物进行隔离，派专人管理；对患病动物停留过的地方和污染的环境、用具等进行消毒；兽医人员未到达前，动物尸体应保留完整；未经兽医检查同意，不得随便宰杀，宰杀后的皮、肉、内脏未经兽医检验，不许食用。

（二）疫病诊断

及时而正确的诊断是防治工作的重要环节，它关系到能否有效地组织防治措施，以减少损失。由于疫病的特点各有不同，应根据具体情况而定，有时仅需要采用其中的一两种方法就可以作出诊断。如不能立即确诊时，应采取病料尽快送有关单位检验。在未得出诊断结果前，应根据初步诊断，采取相应的紧急措施，防止疫病蔓延。诊断方法有流行病学诊断、临诊诊断、病理学诊断、微生物学诊断、免疫学诊断和分子生物学诊断。

二、隔离与封锁

（一）隔离

在发生传染病时，将患病的和可疑感染的动物进行隔离是防治传染病的重要措施之一。其目的是为了控制传染源，便于管理消毒，阻断流行过程，防止健康动物继续受到传染，以便将疫情控制在最小范围内就地消灭。因此，在发生传染病时，应首先查明疫病的蔓延程度，逐头检查临诊症状，必要时进行血清学和变态反应检查，同时要注意检查工作不能成为散播传染的因素。根据检疫结果，将全部受检动物分为患病动物、可疑感染动物和假定健康动物三类，以便区别对待。

1. 患病动物

患病动物包括有典型症状或类似症状，或其他特殊检查呈阳性的动物。它们是最主要的传染源，应选择不易散播病原体、消毒处理方便的场所进行隔离。如果患病动物数量较多，可集中隔离在原来的动物舍里。应特别注意严密消毒，加强卫生和护理工作，须有专人看管和及时进行治疗。没有治疗价值的动物，由兽医人员根据国家有关规定进行严密处理。隔离场所禁止闲杂人和动物出入和接近。工作人员出入应遵守消毒制度。隔离区内的饲料、物品、粪便等，未经彻底消毒处理，不得运出。

2.可疑感染动物

可疑感染动物是指未发现任何症状，但与患病动物及其污染环境有过明显接触的动物，如同群、同圈、同槽、同牧、使用共同的水源、用具等。这类动物有可能处在潜伏期，并有排菌(毒)的危险，应在消毒后另选地方将其隔离、看管，限制其活动，详细观察，出现症状的则按患病动物处理。有条件时应立即进行紧急免疫接种或预防性治疗。隔离观察时间的长短，可根据该病潜伏期的长短而定，经一定时间不发病者，可取消其限制。

3.假定健康动物

假定健康动物是指无任何症状，也未与上述两类动物明显接触，而是在疫区内的易感动物。对这类动物应采取保护措施，将其严格与患病动物和可疑感染动物分开饲养管理，加强防疫消毒，立即进行紧急免疫接种和药物预防。必要时可根据实际情况分散喂养或转移至偏僻牧地。

(二)封锁

1.封锁的概念和目的

当发生某些重要传染病时，把疫源地封闭起来，防止疫病向安全区散播和健康动物误入疫区而被传染，以达到保护其他地区动物的安全和人民的健康，把疫病迅速控制在封锁区之内和集中力量就地扑灭的目的。

2.封锁的对象和程序

根据《中华人民共和国动物防疫法》的规定，当确诊为牛瘟、口蹄疫、炭疽、猪水疱病、猪瘟、非洲猪瘟、牛肺疫、鸡瘟(禽流感)等一类传染病或当地新发现的动物传染病时，当地县级以上地方人民政府畜牧兽医行政管理部门应当立即派人到现场，划定疫区范围，及时报请同级人民政府发布疫区封锁令进行封锁，并将疫情等情况逐级上报有关畜牧兽医行政管理部门。

3.执行封锁的原则和封锁区的划分

执行封锁时应掌握"早、快、严、小"的原则，即执行封锁应在流行早期，行动要果断迅速，封锁要严密，范围不宜过大。封锁区的划分，必须根据该病的流行规律特点，疫病流行的具体情况和当地的具体条件进行充分研究，确定疫点、疫区和受威胁区。

4.封锁区内外应采取的措施(见任务3)

5.解除封锁的条件

疫区内(包括疫点)最后一头患病动物扑杀或痊愈后，经过该病一个潜伏期以上的检测、观察，未再出现患病动物时，经彻底消毒清扫，由县级以上畜牧兽医行政管理部门检查合格后，经原发布封锁令的政府发布解除封锁，并通报毗邻地区和有关部门。疫区解除封锁后，病愈动物需根据其带菌(毒)的时间，控制在原疫区范围内活动，不能将它们调到安全区去。

三、紧急免疫接种与治疗

(一)紧急免疫接种

紧急免疫接种是指在发生传染病时，为了迅速控制和扑灭疫病的流行，而对疫区和受威胁区尚未发病的动物进行的应急性免疫接种。

在疫区应用疫苗进行紧急接种时，必须对所有受到传染威胁的动物逐头进行详细观察和检查，仅能对正常无病的动物用疫苗进行紧急接种。对患病动物及可能已受感染的处于潜伏期的患病动物，必须在严格消毒的情况下立即隔离，不能再接种疫苗。由于在外表正常无病的动物中可能混有一部分潜伏期的动物，这部分动物在接种疫苗后不但不能获得保护，反而促使其更快发病，因此在紧急接种后一段时间内动物群中发病数有增多的可能。如果是急性传染病，一般潜伏期较短，而接种疫苗后又很快产生抵抗力，最终可能使发病率下降，使流行平息。由此可见，使用的疫苗产生免疫力的时间比潜伏期短时，才能使紧急接种产生良好的效果。

在疫区及周围的受威胁区进行紧急免疫接种，其目的是建立"免疫带"以包围疫区，就地扑灭疫情。免疫带大小视疫区及受威胁区传染病的性质而定。某些流行性强大的传染病，如口蹄疫等，其免疫带在周围5～10 km以上。建立免疫带这一措施必须与疫区的封锁、隔离、消毒等综合性措施相配合才能取得较好的效果。

（二）治疗

1. 针对病原体的疗法

（1）特异性疗法　主要是采用针对某种传染病的高度免疫血清、痊愈血清（或全血）、卵黄抗体等特异性生物制品进行治疗。

（2）抗生素疗法　抗生素为细菌性急性传染病的主要治疗药物，但要注意合理地应用抗生素，不能滥用。在使用抗生素时要注意掌握各抗生素的适应症，考虑抗生素的用量、疗程、给药途径、不良反应、经济价值等问题，另外，抗生素的联合应用要结合临诊经验控制使用。

（3）化学疗法　常用的有磺胺类药物、抗菌增效剂、硝基呋喃类药物、喹诺酮类药物等。抗病毒感染的药物在兽医临床上应用得还很少。

2. 针对动物机体的疗法

（1）对症疗法　在传染病的治疗中，为了减缓或消除某些严重的症状，调节和恢复动物机体的生理机能而按症状选用药物的方法。

（2）加强护理　防寒防暑，隔离舍要光线充足，通风良好，应保持安静、干爽、清洁，随时消毒。给予可口、新鲜、柔软、优质、易消化的饲料，饮水要充足。

3. 中兽医疗法

有些传染病用中药治疗或中西药结合治疗，较单纯用西药治疗效果要好。

四、现场处理

发生动物传染病后，对疫点和疫区除要进行随时消毒外，还要对传染病的动物尸体合理而及时地处理，因为发生传染病的动物尸体内含有大量病原体，是一种特别危险的"传染源"，如不及时作无害处理，会污染外界环境，引起人和动物发病。因此，合理而及时地处理尸体，在防治动物传染病和维护公共卫生上都有重大意义。合理处理尸体的方法有化制、掩埋、焚烧和腐败等。

材料设备动物清单

学习情境 1		防控动物疫病		学时	16
项目	序号	名称	作用	使用前	使用后
所用设备和材料	1	喷雾器	灭菌、消毒用具		
	2	盆、桶			
	3	煮沸消毒器			
	4	清扫及洗刷工具等			
	5	量筒、天平			
	6	气雾免疫发生器	装置气雾免疫		
	7	试管、平皿、广口瓶	病料采集、包装和送检		
	8	外科刀、剪、镊子			
	9	酒精灯			
	10	包装容器			
	11	运尸车、铁锹	处理尸体		
	12	新鲜石灰水、来苏儿、福尔马林等	消毒		
	13	70%酒精、5%碘酊等	动物皮肤消毒		
	14	常用免疫疫苗	免疫接种		
	15	注射器、乳头滴管	免疫接种		
	16	脱脂棉、纱布	病料采集、包装和送检		
	17	载玻片			
	18	工作服、胶靴、手套、毛巾、肥皂等	工作人员防护		
	19	登记卡	动物消毒和免疫记录		
所用动物	20	猪	尸体剖检和运输		
	21	禽			
	22	新鲜动物尸体			
班　级			第　　组	组长签字	教师签字

计 划 单

学习情境1	防控动物疫病		学时	16
计划方式	小组讨论、同学间互相合作共同制订计划			
序号	实施步骤		使用资源	备　注
制订计划说明				
计划评价	班　　级		第　　组	组长签字	
	教师签字		日　　期	
	评语：			

决策实施单

学习情境 1		防控动物疫病					
				计划书讨论			
计划对比	组号	工作流程的正确性	知识运用的科学性	步骤的完整性	方案的可行性	人员安排的合理性	综合评价
	1						
	2						
	3						
	4						
	5						
	6						

	制定实施方案	
序号	实施步骤	使用资源
1		
2		
3		
4		
5		
6		

实施说明：

班　级		第　　组	组长签字	
教师签字		日　期		

评语：

作业单

学习情境 1	防控动物疫病
作业完成方式	课余时间独立完成
作业题 1	制订一个猪舍和运动场全面彻底的消毒计划并实施。
作业解答	
作业题 2	制订一次对猪、鸡疫苗免疫的计划并完成操作。
作业解答	
作业题 3	对怀疑是猪瘟的病死尸体,进行病料采集和保存。
作业解答	

作业评价	班　　级		第　　组	组长签字		
	学　　号		姓　　名			
	教师签字		教师评分		日　　期	
	评语:					

效果检查单

学习情境 1		防控动物疫病		
检查方式		以小组为单位,采用学生自检与教师检查相结合,成绩各占总分(100分)的50%。		
序号	检查项目	检查标准	学生自检	教师检查
1	建立动物档案	按要求建立档案		
2	消毒	会配制消毒液及使用消毒器械,消毒操作正确		
3	驱虫	正确选择驱虫药及评定驱虫效果		
4	免疫接种	会稀释疫苗,接种操作正确		
5	采取包装送检病料	操作正确		
6	处理尸体	处理尸体方法准确		
	班　级	第　　组	组长签字	
	教师签字		日　期	
检查评价	评语:			

评价反馈单

学习情境 1		防控动物疫病			
评价类别	项目	子项目	个人评价	组内评价	教师评价
专业能力 （60%）	资讯 （10%）	获取信息（5%）			
		引导问题回答（5%）			
	计划 （5%）	计划可执行度（3%）			
		用具材料准备（2%）			
	实施 （25%）	各项操作正确（10%）			
		完成的各项操作效果好（6%）			
		完成操作中注意安全（4%）			
		操作方法的创意性（5%）			
	检查 （5%）	全面性、准确性（3%）			
		生产中出现问题的处理（2%）			
	作业 （5%）	使用工具的规范性（2%）			
		操作过程规范性（2%）			
		工具和设备使用管理（1%）			
	结果 （10%）	结果质量			
社会能力 （20%）	团队 合作 （10%）	小组成员合作良好（5%）			
		对小组的贡献（5%）			
	敬业、吃 苦精神 （10%）	学习纪律性（4%）			
		爱岗敬业和吃苦耐劳精神（6%）			
方法能力 （20%）	计划能 力（10%）	制订计划合理			
	决策能 力（10%）	计划选择正确			
意见反馈					
请写出你对本学习情境教学的建议和意见					

评 价 评 语	班　级		姓　名		学　号		总评	
	教师 签字		第　组		组长签字		日期	
	评语：							

学习情境 2

药物治疗

●●●●● 学习任务单

学习情境 2	药物治疗	学时	58
布置任务			
学习目标	1. 能解释处方开写的格式与方法，会运用常用药物组方。 2. 会配制常用药物制剂、合理保管与贮存药物、能说出药物的基本知识、阐明药物对机体的作用、机体对药物的作用。 3. 能解释相关药物的作用、应用、不良反应及注意事项。 4. 能合理选择药物开写相关病例的处方或给出合理的用药方案。 5. 能熟练应用皮下注射、肌肉注射、静脉注射、灌药、投药、腹腔注射等给药技术。 6. 在小组完成工作任务的过程中，培养学生的团队合作意识及爱护动物、吃苦耐劳、不怕脏不怕累的精神。		
任务描述	在药物治疗中，对所给病例进行合理组方，将处方中药物配成制剂，并对动物进行给药治疗。 具体任务如下： 1. 开写处方。 2. 配制药物制剂。 3. 绘制抗微生物药物、防腐消毒药、抗寄生虫药物分类思维导图并进行注射给药。 4. 绘制系统药物、调节新陈代谢药物及解毒药分类思维导图并进行投药、穿刺给药、冲洗给药、乳房基部封闭给药。		
学时分配	资讯 16 学时 ⏐ 计划 4 学时 ⏐ 决策 4 学时 ⏐ 实施 30 学时 ⏐ 考核 2 学时 ⏐ 评价 2 学时		
提供资料	1. 孙洪梅. 动物药理. 北京：化学工业出版社，2010 2. 李玉冰. 兽医临床诊疗技术. 北京：中国农业出版社，2008 3. 梁运霞. 动物药理与毒理. 北京：中国农业出版社，2006		
对学生要求	1. 以小组为单位完成任务，体现团队合作精神。 2. 严格遵守兽医诊所和实训室制度。 3. 严格遵守操作规程，避免安全事故发生。 4. 严格遵守生产劳动纪律，爱护劳动工具。		

●●●●● 任务资讯单

学习情境 2	药物治疗
资讯方式	通过资讯引导，观看视频、到本课程的精品课网站、图书馆查询。向指导教师咨询。
资讯问题	1. 交叉耐药性、完全交叉耐药性、部分交叉耐药性有什么区别？ 2. 药物的作用方式有哪些？什么是药物的选择性作用？ 3. 药物的不良反应包括哪几个方面？如何避免药物的不良反应？ 4. 影响药物作用的因素有哪些？ 5. 开写处方的格式及注意事项是什么？ 6. 氨基糖苷类药物的共同特征有哪些？常用药物有哪些？ 7. 在生产中，减少磺胺类药物不良反应的措施有哪些？ 8. 兽医临床上常用的氟喹诺酮类药物有哪些？主要用途是什么？ 9. 肉鸡在育雏期间可以选用哪些药物预防大肠杆菌病？ 10. 联合使用抗菌药物的目的是什么？常用的抗菌药物如何合理地联合使用？ 11. 一鸡场将生石灰粉撒在粪水流溢的鸡舍地面作消毒剂，是否有效？ 12. 在防治螨虫病时，预防性驱虫和治疗性驱虫在选药上有何不同？分别选择何种药物？并比较这些抗螨虫药的作用和应用上的异同。 13. 简述常用抗球虫药的作用特点，分析临床上如何合理地应用它们。 14. 应选用什么药物来防治动物螨病及其他外寄生虫病，使用时应注意什么问题？ 15. 常用的泻药与止泻药有哪些？ 16. 反刍动物发生泡沫性瘤胃臌胀，应选用何种药物治疗？ 17. 苦味健胃药在使用时应注意什么？为什么？ 18. 助消化药物可以提高食欲吗？为什么？ 19. 祛痰、镇咳、平喘药为何常配伍应用？ 20. 针对强心苷的药理作用特点，临床上怎样合理选用强心苷及其他强心药？ 21. 简述止血药的种类及其各类的特点。简述抗凝血药的特点及其临床应用。 22. 简述临床上贫血的分类以及口服铁制剂应注意的问题。 23. 区别利尿药与脱水药的异同点。为何长时间应用利尿药需补钾？ 24. 孕激素有何作用？在兽医临床和畜牧生产上有何用途？ 25. 简述垂体后叶素与麦角新碱的作用特点及其应用。 26. 局部麻醉药的作用方式有哪些？比较普鲁卡因、利多卡因的异同点。 27. 简述毛果芸香碱、阿托品、肾上腺素的作用及临床应用。 28. 作用于传出神经的药物发生中毒时如何解救？并简述如何避免该类药物不良反应的发生。 29. 糖皮质激素类药物的药理作用有哪些？有何临床应用及不良反应？ 30. 常用的抗组胺(抗过敏)药有哪些？ 31. 葡萄糖有哪些作用？不同浓度葡萄糖溶液应用有何不同？ 32. 氯化钠与氯化钾各有何临床应用？用药时应注意哪些事项？ 33. 哪些药物可用于纠正酸中毒？各药在临床应用上有何差异？ 34. 中分子右旋糖酐有什么应用？ 35. 甘露醇有什么临床应用？其机理是什么？

学习情境 2	药物治疗
资讯问题	36. 高渗葡萄糖注射液脱水作用的优缺点是什么？ 37. 维生素 C 在临床上有何应用？在应用中应有哪些注意事项？ 38. 敌百虫等有机磷药物中毒应如何解救？ 39. 亚硝酸盐中毒有何症状及其如何解救？ 40. 氟乙酸盐中毒应如何解救？ 41. 硫代硫酸钠(大苏打)在解毒剂应用中有何价值？ 42. 重金属及类金属中毒的解救药有哪些？各有哪些适应症？ 43. 一般性解毒剂有哪些？如何选择应用？
资讯引导	1. 在信息单中查询。 2. 进入动物疾病防治基本技术精品课网站查询。 3. 在相关教材和网站资讯中查询。

●●●● 相关信息单

【学习情境 2】
药物治疗

项目 1　开写处方

一般动物医院都有印好的处方笺，处方的格式、结构，如表 2-1 所示，一个完整的处方开写应当包括以下三个步骤。

步骤 1　开写处方上项

填写开方的时间，畜主姓名、地址，病畜种类、性别、年龄、体重等。

步骤 2　开写处方中项

一般左上角直接印有"R"或"Rp"，是拉丁文 Recipe(请取)的意思，开写的规则如下：

(1)在 Rp 的下面，每药一行(中药可连续写出药名)，逐行书写，将药物或制剂的名称写在左侧，剂量写在右侧。注意剂量和制剂相配合，药名应按药典规定的名称开写，剂量应用阿拉伯数字书写，剂量单位应按国家规定的法定计量单位开写，固体以 g、液体以 mL 为单位时，一般可不必写出 g 和 mL，而加一位小数点表示。需要用其他单位时，则应写明，如 mg、μg、IU(国际单位)等。

(2)剂量小于 1 时，应在小数点前加 0，如 0.5，以免差错。各药的小数点必须上下对齐。

(3)一个处方上开有多种药物时，应按起主要作用的药物(主药)、起辅助作用的药物(佐药)、起矫正(矫正主、佐药物不良气味、不良反应或毒性)作用的药物(矫正药)及能使调成适当剂型的药物(赋形药，如水或淀粉等)的顺序依次开写。

(4)在最后一个药物的下面写出药物的配制方法和使用方法，如混合摇匀、一次灌服、每日 1 次、连用 3 天等。

(5)如在同一处方笺上给病畜开写几个处方时，每个处方都要按上述内容完整书写。并在每个处方的第一个药名的左上方写出次序号，如①、②…

(6)处方中药物剂量的开写方法有总量法与分量法两种。分量法只开写一次剂量，在用法中注明需用药次数和数量。总量法是开写一天或数天需用的总剂量，在用法中注明每次用量。

步骤 3　开写处方下项

开写处方的兽医师和调配处方的药剂人员分别签名。无兽医师签名的处方无效，不得发药。签名时应注明日期。

表 2-1　×××动物医院处方笺

NO:　　　　　　　　　　　　　　　　　　　　　　　　　　　年　　月　　日

畜主姓名			地址			
畜(禽)别		性别		年龄		体重	

Rp：

　　氯化钠　　　　　　　　　　3.5 g

　　氯化钾　　　　　　　　　　1.5 g

　　碳酸氢钠　　　　　　　　　2.5 g

　　葡萄糖　　　　　　　　　　20.0 g

　　温开水　　　　　　　　　1 000.0 mL

　　用法：混合自由饮水

	药价

兽医师(签名)　　　　　年　月　日　调剂师(签名)　　　　　年　月　日

●●●●● 必备知识

处方是兽医临床工作和药剂配制的重要书面文件，它既是兽医对预防和治疗畜禽疾病的书面指示，也是动物医院药房或药厂的制剂室制备药剂的文字依据。按处方的对象可分为临床处方和调剂处方。临床处方是兽医师给病畜开写的药方(药单)，调剂处方是药房或药剂室制备或生产药剂的书面文件。按处方的对象可分为兽医处方(临床处方)、验方或秘方、协定处方、法定制剂处方等。本项目主要介绍兽医处方(临床处方)。

处方开写正确与否，直接影响治疗效果和病畜安全。为了正确开写处方，兽医师不仅应具有丰富的临床医学知识，而且要掌握药物的药理作用、用途、毒性、剂量、用法和配伍禁忌等知识。同时处方是总结诊疗经验的重要依据，也是药房管理中药物消耗的原始凭证，应妥善保存，以便查阅。

处方按使用的文字分为中文处方和拉丁文处方。世界各国为求药名与处方书写的统一，通用拉丁文药名和拉丁文处方。处方常用拉丁文缩写，见表 2-2。

表 2-2　处方常用拉丁文缩写

缩　写	译　意	缩　写	译　意
ad. add	加至	Ster.	消毒，灭菌
aq. com	常水	us, veter	兽医用
aq. destill	蒸馏水	Per os 或 p. o.	口服，内服
comp.	复方的	p. r.	灌肠
D.	投予，给予	ext, u. ext	外用
D. S.	用法	int, u. int	内服
M.	混合	i. h.	皮下注射
M. f.	混合(使)制成	i. m.	肌肉注射
q. s.	适量	i. v.	静脉注射

开写处方应严肃认真，字迹清楚，不得涂改，不得有错别字，不可用铅笔书写，不使用不规范的简体字。毒剧药品不应超过极量，如因治疗必须超过极量时，兽医师应在剂量旁边加"！"并签名，以示负责。处方开写完毕，兽医师应反复检查处方各项有无错误，然后签名。

项目 2　配制常用药物制剂

任务 1　配制 75% 乙醇、1% 碘甘油溶液剂

1. 稀释法配制 75% 的乙醇

将药物的浓溶液加入相应的溶媒直接稀释到所需要的浓度。其方法有以下三种。

(1)反比法　$C_1 : C_2 = V_2 : V_1$

例如，现需要 75% 的乙醇 1 000 mL，应取 95% 的乙醇多少毫升进行稀释？

按公式 $95 : 75 = 1\ 000 : X$，则 $X = 789.4$(mL)

即取 95% 的乙醇 789.4 mL，加水稀释至 1 000 mL 即成 75% 的乙醇。

(2)交叉法　将高浓度溶液加水稀释成需配浓度溶液。如将 95% 的乙醇用蒸馏水稀释

成 70% 的乙醇，可按下式计算：

$$\begin{matrix} 95 & & 70 \\ & 70 & \\ 0 & & 25 \end{matrix}$$

即取 95% 的乙醇 70 mL(或升)加蒸馏水 25 mL(或升)即成 70% 的乙醇。

交叉法总的规律是交叉计算，横取量，需配浓度放中间。

(3)简便法　如要将 95% 的乙醇稀释为 75% 的乙醇，可取 95% 的乙醇 75 mL，蒸馏水加至 95 mL 即得。同法可用于稀释任何浓溶液。

2. 溶解法配制 1% 的碘甘油

一般步骤为溶解→过滤→再加溶媒至全量。溶解一般是将处方中的固体药物先溶解于处方总量的 2/3 的溶媒中，然后再加入其他液体药物。但对不耐热或易挥发的药物则需等药液冷却到 40 ℃ 以下再加入。

配方：碘 1 g、碘化钾 1 g、蒸馏水 1 mL、甘油加至 100 mL。

配制方法：取碘化钾，加水溶解后，加碘，搅拌使溶解，再加甘油使成 100 mL，搅匀即可。

【注意事项】在配制碘甘油时，碘甘油不易滤过，故所用器具必须洗刷干净，并以蒸馏水冲洗晾干备用。操作过程避免异物落入容器内。必须将碘化钾先溶解，溶解时水不能加得太多。

【其他溶液剂配制】

1% 的高锰酸钾溶液

配方：高锰酸钾 1 g、蒸馏水加至 100 mL。

配制方法：取高锰酸钾 1 g 置于 100 mL 量杯中，加热蒸馏水约 80 mL，搅拌溶解，过滤后再添加蒸馏水适量至 100 mL 即可。

复方碘溶液

配方：碘 5 g、碘化钾 10 g、蒸馏水加至 100 mL。

配制方法：取碘化钾 10 g 溶于约 10 mL 的蒸馏水中，加碘搅拌溶解后，加水约 70 mL 稀释，过滤，再加水至全量。

【溶液浓度表示法】

1. 物质的量浓度（或简称物质的浓度）

某物质的物质的量浓度为某物质的物质的量除以混合物的体积。符号为 c_B 或 $c(B)$，B 指某物质。c_B 的单位为 mol/m^3，常用单位为 mol/L。

2. 质量分数

某物质的质量分数是某物质的质量与混合物的质量之比。符号为 w_B，下角标写明具体物质的符号。如：HCl 的质量分数为 10，表示为 $w_{HCl}=10\%$。

3. 质量浓度

符号为 ρ，用下角标写明具体物质的符号，如物质 B 的质量浓度表示为 ρ_B。它的定义是物质 B 的质量除以混合物的体积。单位为 kg/L。

任务 2　配制 5% 碘酊

1. 溶解法配制 5% 的碘酊

配方：碘片 5 g、碘化钾 2.5 g、75% 乙醇加至 100 mL。

配制方法：取碘化钾，加水溶解后，加碘，搅拌使溶解，再加 75% 的乙醇使成 100 mL，过滤即得。

2. 稀释法配制 5% 的碘酊

将浓酊剂，用醇稀释至规定浓度，静置 24 小时，过滤即得。

任务 3　配制四三一擦剂

擦剂按基质不同分为脂肪性擦剂、羊毛脂性擦剂和肥皂性擦剂。配制时，如果是由易溶性粉末或易混合性药物组成的擦剂，可直接装入瓶内，经过一定时间的振荡即得；如果是固体药物，则须先置于研钵中研磨成粉末，然后逐渐加入基质并不断研磨即得。

处方例：

氨擦剂

取植物油 30 mL 置量杯中，再取 10 mL 氨水边加边搅拌，至呈现乳白色无油滴即成。

樟脑擦剂

取樟脑 10 g 置量杯中，加 70% 的乙醇至 100 mL，搅拌溶解即可。

四三一擦剂

取氨擦剂 30 mL 倒入细口瓶内，加入 10 mL 松节油，充分振荡摇匀，再分次加入 40 mL 樟脑擦剂，摇匀。

任务 4　配制复方硫酸钠合剂

合剂分为溶液性合剂（透明合剂）、混悬性合剂（混浊性合剂）和振荡性合剂（含有植物性粉末或其他不溶性物质，用前要振荡以均衡剂量）。一般配制原则是将需要的药物依次溶解在适当的溶媒中，开始取易溶性药物；其次逐渐地加入在研钵中粉碎的难溶性药物，最后加入不溶性药物（制成最细粉末）。

配方：硫酸钠 200 g、硫酸镁 200 g、鱼石脂 15 g、乙醇 100 mL、温水 7 L。

配制方法：先将硫酸钠和硫酸镁按量称好溶于温水中，其次将鱼石脂和乙醇按量称好并将鱼石脂溶于乙醇中，最后两液混匀即得。

任务 5　配制 10% 硫黄软膏剂

软膏剂的配制是指用凡士林、羊毛脂、脂肪油等作基质，与主药研合均匀的一种半固体外用制剂。配制的软膏剂要求全质均匀，有适当的黏稠度、无酸败、异臭和变色等现象。配制法常有研合法和熔合法两种。前者以软膏板和软膏刀研合，适于少量软膏的配制；后者以适当容器先将基质置水浴锅（忌用直火）中熔化，放至半冷，边搅拌边加入已研细的主药，直至冷却即得。挥发性药物加入软膏中，基质温度不可高于 20 ℃。

配方：硫黄 10 g、凡士林 90 g 制成软膏。

配制方法：取凡士林约 10 g 置软膏板上，以软膏刀刮成薄层，取硫黄 10 g 置研钵中研细，过五号药筛，然后将硫黄细粉倒入凡士林上，以软膏刀来回反复翻研。充分研匀后，再分次加入剩余的凡士林 80 g，每次加入均应研磨均匀，至眼观主药分布均匀无聚集即可。

提示：称量凡士林时，应以软膏刀挑取，置硫酸纸上称量。取下时以软膏刀刮取干净置软膏板上。

任务 6　配制人工盐、口服补液盐散剂

散剂是把一种或数种药物，在研钵或粉碎机中制成粉状，然后通过适宜的药筛而成。散剂制法包括粉碎、过筛和混合（复方散剂）。

人工盐

配方：干燥硫酸钠 44 g、碳酸氢钠 36 g、氯化钠 18 g、硫酸钾 2 g 制成散剂。

配制方法：先将药物分别研细，过五号筛，再将小量的氯化钠与硫酸钾充分混合，之后再与余下的氯化钠及较大量的碳酸氢钠充分混合，最后与最大量的硫酸钠充分混匀即得。包装。

口服补液盐散

配方：葡萄糖 20 g、氯化钠 3.5 g、碳酸氢钠 2.5 g、氯化钾 1.5 g 制成散剂。

配制方法：取葡萄糖、氯化钠研成细粉，过五号筛，混匀，装入塑料袋中；另取氯化钾、碳酸氢钠，研成细粉，过五号筛，混匀，装入塑料袋中。最后将两袋混合即得。本品用于脱水症，加冷开水 1 000 mL 溶解后服用。

● ● ● ● ● **必备知识**

第一部分　药物的基本知识

一、药物的基本概念

1. 药物

用来预防、治疗、诊断疾病的各种化学物质统称为药物，包括人医药物和兽药；同时兽药还包括促进动物生长发育、改善生产性能的各种物质，如饲料添加剂等。

如果药物用量过大或用药时间过长，也能对动物机体产生毒害作用（能对动物产生毒害作用的化学物质称为毒物），因此，中毒量的药物也属于毒物。

2. 普通药

使用治疗剂量时一般不产生明显毒性的药物。如氨苄西林等。

3. 毒药

毒性很大，极量和致死量非常接近，稍用大量即可引起中毒或死亡的药物。如硝酸士的宁等。

4. 剧药

毒性较大，极量与致死量比较接近，超过极量也可引起中毒或死亡的药物。国家对某些毒性较强的剧药，作出特别规定，必须经有关部门批准才能生产、销售，使用时限制一定条件的剧药，称为"限制性剧药"（简称限剧药），如安钠咖、巴比妥等。

5. 麻醉品

较易成瘾的毒、剧药品，如吗啡等。它与麻醉药不同，麻醉药不具成瘾性。

二、药物的来源

兽医临床上所用的药物种类很多，分类也不尽相同，但根据其来源可分为天然药物和人工合成药物两大类。

（一）天然药物

天然药物是自然界的物质经筛选、精制或提炼而成的药物，包括无机盐类、植物类、动物类、微生物类药物。

1. 无机盐类

自然界的矿物盐经过加工制成，如氯化钠、硫酸钠、硫酸镁等。

2. 植物类

本类药物是利用植物的根、茎、叶、花、果实和种子经过加工制成，所含成分除无机盐、糖类等普通成分外，还含有显著药理作用的特殊成分生物碱、苷、挥发油（陈皮、薄荷等中含有）、固醇（麦角固醇）、鞣质（大黄等中含有）等。

3. 动物类

动物类药物是由动物的组织器官分泌的，利用人工方法进行提取，如肝素、胃蛋白酶、胰酶。

4. 微生物类药物

微生物类药物主要从微生物的培养液中提取，如青霉素、链霉素、生物制品中的疫苗等。

（二）人工合成和半合成药物

用化学方法合成或根据天然药物的化学结构，用化学方法制备的药物称为人工合成药物。如磺胺类、喹诺酮类、麻黄碱等。所谓半合成药物多在原有天然药物的化学结构基础上引入不同的化学基团，制得一系列的化学药物，如半合成抗生素阿莫西林。目前人工合成和半合成药物由于价格低、效果好等优点，使用非常广泛。

三、药物的制剂与剂型

为了便于使用、保存和携带，将药物经过适当加工，制成具有一定形态和规格而有效成分不变的制品，称为制剂。制剂的各种物理形态称为剂型。临床上将药物剂型按形态分为液体剂型、半固体剂型、固体剂型和气雾剂型。

（一）液体剂型

液体剂型是一种或多种溶质溶解在溶媒中所制成的澄明或混悬的液态剂型。常供内服、外用或注射使用，可分为以下几种不同的类别。

1. 溶液剂

为非挥发性药物的澄明水溶液，可内服或外用，如高锰酸钾溶液、硫酸镁溶液等。

2. 合剂

为含有数种药物的澄明溶液或均匀混悬液。不可过滤，主要供内服，服用前须振摇，如复方甘草合剂。

3. 乳剂

乳剂是指两种或两种以上不相混合或部分混合的液体，通过乳化剂（如阿拉伯胶、明胶）制成的乳状悬浊液。供内服或外用，有的经过处理还可供肌肉注射。如鱼肝油乳剂、松节油乳剂等。

4. 擦剂

擦剂指由刺激性药物制成的油性或醇性液体制剂。专供涂擦皮肤，如松节油擦剂、氨擦剂等。

5. 酊剂

酊剂指将中草药或化学药物溶解在乙醇中所得到的液体制剂。可供内服或外用，如龙胆酊、碘酊等。

6. 醑剂

醑剂指挥发性药物溶解在乙醇溶液中所得到的制剂。可供内服或外用，如芳香氨醑、樟脑醑等。

7. 流浸膏剂

流浸膏剂指将中草药浸于醇或水后的浸出液，低温浓缩至规定标准而制成的液体制剂。通常每 1 mL 流浸膏相当于 1 g 原药材，供内服用，如益母草流浸膏、大黄流浸膏等。

8. 注射剂

注射剂指灌封于特殊容器中的灭菌澄明液、乳浊液（若是粉末称粉针剂，为固体剂型，如青霉素粉针），以供注入组织、体腔或血管中的一种剂型，也称针剂。如以安瓿为容器，则称为安瓿剂，如复方氨基比林注射液。

9. 煎剂及浸剂

煎剂及浸剂为生药（中草药）的水浸出剂。煎剂是加水煎煮，浸剂则加水浸泡。煎煮及浸泡的时间有一定规定。中药汤剂属煎剂。

（二）半固体剂型

半固体剂型指将药物与适当的基质混合均匀制成的具有适当稠度或膏状制剂。供外用或内服。

1. 软膏剂

软膏剂是药物与基质（凡士林、羊毛脂、蜂蜡等）均匀混合而制成的半固体制剂。易于涂布皮肤、黏膜或创面，如醋酸可的松眼膏、鱼石脂软膏等。

2. 糊剂

糊剂是一种含粉末成分超过 25% 的软膏剂。供外用。分为油脂性糊剂和水溶性凝胶糊剂，前者多用凡士林、羊毛脂、植物油等为基质，与大量水性固体粉末混合制成，如氧化锌糊剂；后者用明胶、淀粉、甘油、羧甲基纤维素等为基质，加一定量固体粉末制成，常用作防护剂。

3. 舐剂

舐剂指由一种或多种药物与赋形药（如淀粉、甘草等）混合制成的糊状制剂，供病畜自由舐食或涂抹在病畜舌根部任其吞食。常用的辅料有淀粉、米粥、甘草粉、糖浆、蜂蜜等。多现用现配。

4. 浸膏剂

浸膏剂指将生药的浸出液经浓缩成半固体或固体状后，再加入适量固体稀释剂使每 1 g 浸膏相当于原生药 2～5 g。主要用于调配其他制剂，如散剂、片剂、胶囊剂等。

（三）固体剂型

固体剂型是固体状态的制剂。

1. 散剂

散剂指由一种或数种药物经粉碎、过筛、均匀混合而制成的固体制剂。供内服或外用，如健胃散、冰硼散等。

2. 片剂

片剂是一种或数种药物经压片机压制而成的小圆片。主要供内服，如土霉素片。

3. 丸剂

丸剂是一种或多种药物与赋形剂混合后，加压制成的干燥或湿润的制剂。供内服，如硫酸亚铁丸、牛黄解毒丸等。

4. 胶囊剂

胶囊剂是指药物盛于空心胶囊中制成的一种制剂。供内服，如氨苄青霉素胶囊。

（四）气雾剂型

气雾剂型指将液体或固体药物装于特制的雾化器中，使用时压下按钮，雾化器将药物变成微粒状态喷出。供吸入或作空间消毒、除臭、杀虫等用，如异丙肾上腺素气雾剂、二甲基硅油气雾剂等。

四、药物的保管与贮存

（一）药物的保管

药物的保管应有严格的制度，包括出入库检查、验收，建立药品消耗和盘存财册，逐月统计填写药品消耗、报损和盘存表，制订药物采购和供应计划，处方保存，库房防火、防盗和药物变质、失效的措施等。保管药物应由专人负责，药品一律在固定的药房和药库存放。麻醉药品、毒剧药品应按国家颁布的有关条例，加强管理，做到专人负责。对药物随时和定期盘点，做到数字准确、账物相符。接受和调配处方，是药物管理中的一个重要环节，兽医师对处方负有法律责任，药剂人员对处方有监督责任，在接受处方后，应认真审阅处方。在调配处方后，应进行复检，以免出现差错。一般普通药处方要保存 1 年，毒、剧药品等处方应保存 3 年。

（二）药物的贮存

药品的生产、包装、贮存都有相应的规定、方法和要求。为了控制药物质量的变化，保证药品质量和疗效。药物管理人员应在熟悉药品的物理、化学变化以及影响药物质量的外界因素的基础上，了解和掌握这些规定与方法。

1. 影响药物贮存的外界因素

（1）空气的影响　空气中的氧和二氧化碳能与某些药品发生氧化或碳酸化反应，促使药物变质、变色，尤其在日光照射和温度、湿度过高时，这些变化更容易发生。如氨基比林可被氧化成黄色 3-甲醛基衍生物。

（2）光线的影响　日光中的紫外线能促使药品发生氧化、还原、分解等作用而变质、变色。绝大多数药品长期受光照射都会发生变化。如磺胺类药在空气中遇光生成带有黄色的偶氮苯化合物。

（3）温度的影响　温度过高可以促进药物发生化学或物理变化而变质。如各种生物制品、抗生素、多种激素，在高温情况下容易变质失效。糖浆剂易变质发酸，油脂易酸败，具有挥发性或沸点较低的药品，如樟脑中的挥发油会加速挥散而减量，造成损失。温度过低，药物会出现冻结、凝固、分层、沉淀等使药品变质以至减效或失效。如甲醛溶液在 9 ℃以下能聚合成多聚甲醛呈浑浊状或析出白色沉淀，冰冻可使各种抗生素、类毒素等蛋白质制剂析出沉淀，效力降低。

（4）湿度的影响　一般相对湿度为 75% 时，对药品的贮放是比较适宜的。湿度过高或过低，均会使药品发生潮解、吸湿、稀释、水解、发霉、变形、风化等现象。如氢氧化钠吸湿后变得潮湿、渗水。氯化钙吸湿后可自行液化。各种糖衣片胶囊剂、糖浆剂等吸湿后容易发霉、软化、变形等。而硫酸钠等在干燥空气中，易风化失去结晶水而失去原有形状，变为粉末。

（5）时间的影响　很多药品虽然贮存条件适宜，但时间过久也会发生质量变化，尤其是抗生素、维生素、生物制品、酶制剂等久贮更易变质，应按规定的有效期，经常检查，以免过期失效。根据《药品管理法》的规定，药品包装上必须注明批号或有效期、失效期。批号是用来表示药品生产日期的一种编号，常以同一原料或辅料，同一次生产的产品作为一个批号，药品的批号一般以六位数字表示，如 090615，表示为 2009 年 6 月 15 日生产的。如该日生产有两批以上的同种药品，则常在末尾数字后加分号和 1、2 等数字。如 090615—2，以示区别。有效期是在规定的贮存条件下，药品能够保持有效质量的期限。如某药的有效期为 2007 年 10 月，表明该药在 2007 年 10 月底内有效，11 月 1 日起失效。失效期，指药品失去疗效的期限。如某药的失效期是 2008 年 5 月，则表明该药在 2008 年 5 月 1 日起失效，如某药包装上注明有效期为 3 年，则应根据该药的批号，按上法往后推 3 年即得。但如未按规定的条件贮存，即使未到失效期或尚在有效期内，该种药也可能已经失效。

（6）生物性因素的影响　有的药品本身含有可供生物生长必需的营养物质，如果封口不严，容易受细菌、霉菌的污染而霉败变质，或受虫蛀。

2. 药物贮存的基本方法

空气中易变质的药品，应密封在容器中，与空气隔绝。遇光易变质的药品应避光贮存于暗处。易吸潮的药品，应密封于干燥处贮存，称量时，动作要快，并及时盖好瓶盖。易风化的药品，应密封于风凉处贮存。受热易挥发、熔化和易变质的药品，夏季应放地下室内，对于少数受热易变质的药品，需在 2 ℃～10 ℃处冷藏保管。低温易变质的药品，在气温较低时，应集中于地下室或 0 ℃以上其他处所贮存。易燃烧、爆炸、有腐蚀性和毒害的药品，应单独置于低温处或专库内加锁贮放，不得与内服药混合贮放。性质相反的药品，应分开存放。如强氧化剂与强还原剂，酸类与碱类。具有特殊臭味或容易发生串臭的药品，应密封后与一般药品隔离贮放。规定有效期的药品，应分期、分批贮存并设立专门卡片，近期先用，以防过期失效。没有规定有效期的药品，也应坚持先买先用的原则。专供外用的药品，因其常含有剧毒成分，应与内服药分开贮存。杀虫、灭鼠药有毒，应单独存放。名称容易混淆的药品，如血虫净、驱虫净等，宜分别贮放，以免发生差错。纸盒、纸袋、塑料袋等包装的药品，易被鼠咬、虫蛀。应消灭鼠害、虫害，减少药品损失。药品的性质不同，应选用不同的瓶塞。如氯仿、松节油禁用橡皮塞，以免熔化，宜用磨口玻璃塞。氢氧化钠禁用磨口玻璃塞而宜用橡皮塞，以免瓶口与塞粘连，不易脱开。一般药品瓶常使用磨口玻璃塞，或以塑料垫盖与塑料盖配用，并在其外加以塑料套膜。

五、兽药质量标准与管理

(一)兽药质量标准

兽药的质量标准是国家为了使用兽药安全有效而制定的控制兽药质量规格和检验方法的规定；是兽药生产、经营、销售和使用的质量依据，亦是检验和监督管理部门共同遵循的法定技术依据。我国的兽药质量标准共分为三大类：①国家标准：即《中华人民共和国兽药典》和《中华人民共和国兽药规范》(分别简称《中国兽药典》及《中国兽药规范》)。2005 年出版的第三版《中国兽药典》，分一、二、三部，第一部收载化学药品、抗生素、生化药品原料及制剂等 448 种，新增药品 27 种；第二部收载中药材、中药成方制剂 685 种，新增药品 31 种；第三部收载生物制品 115 种，新增药品 72 种。②行业标准：由中国兽药监察所制定、修订，农业部审批发布，如《兽药暂行质量标准》、《进口兽药暂行质量标准》等。③地方标准：各省、自治区、直辖市兽药监察所制定，由该地方农牧业主管部门审批、发布，如《广东省兽药标准汇编》等。

(二)兽药管理条例及实施细则

为加强兽药的监督管理，保证兽药质量，有效地防治畜禽等动物疾病，促进畜牧业的发展和维护人体健康，国务院于 1987 年 5 月颁布了《兽药管理条例》。1988 年 6 月农业部又颁布并施行了《兽药管理条例实施细则》。这两个法规规定，对兽药生产、经营和使用及医疗单位配制兽药制剂等实行许可证制度；兽药需有批准文号；对新兽药审批和兽药进出口管理也都作了明确规定。为进行兽药监督，规定设立从中央到地方的各级兽药监察机构，县以上农牧行政管理机构设有兽药监督员，负责兽药质量监督与检验工作。条例还指出，兽用麻醉药品、精神药品、毒性药品和放射性药品等特殊药品，按照国家有关规定进行管理(可参见《中华人民共和国药品管理法》第 39 条及《兽用麻醉药品的供应、使用管理办法》)。《兽药管理条例》及其"实施细则"是具有法律性质的兽药管理法规，从事兽医医药工作的人员都必须认真执行和严格遵守。

(三)兽药 GMP

GMP 即"生产质量管理规范"，是英文 Good Manufacturing Practices 的缩写，直译为"优良的生产实践"，是关于药品或兽药生产和质量全面管理监控的通用准则。我国法定的药品 GMP，即《药品生产质量规范》，是 1988 年由国家卫生部颁布的。1995 年卫生部下达了"关于开展药品 GMP 认证工作的通知"，这是国家依法对药品生产企业和药品品种实施 GMP 监督检查并予以认可的一种制度。1999 年国家药品监督管理局又颁布了新的《药品生产质量管理规范》，对合格的制药企业，由药品监督管理局颁发"药品 GMP 证书"。

兽药是由农业部兽医局管理的，1989 年农业部颁布了我国自己的《兽药生产质量管理规范（试行）》（即兽药 GMP）。1994 年又发布了《兽药生产质量管理规范实施细则（试行）》，对《兽药生产质量管理规范》作了深化和诠释。为了进一步加强对兽药生产的管理，提高产品质量，保证兽药 GMP 的实施，农业部于 2002 年 6 月公告：自 2006 年 1 月 1 日起强行实施《兽药 GMP 规范》。

第二部分　药物作用概述

一、药物对机体的作用

药物到达作用部位达到一定浓度，从而产生一系列生理、生化变化，所发生的反应称药物的作用或效应，简称药效学。药物进入机体后，促进机体生理生化机能的改变或抑制病原体，提高机体的抗病能力，从而达到防治疾病的作用。

（一）药物的基本作用

药物通过各种途径进入机体后能使机体的机能活动增强，称为兴奋作用；相反，如果使机体的机能活动减弱，称为抑制作用。主要能引起机体兴奋的药物称为兴奋药；如咖啡因能增强大脑皮层的兴奋活动。主要能引起机体抑制作用的药物称为抑制药；如氯丙嗪能减弱中枢神经的机能活动，使动物出现抑制状态。有些药物对不同器官的作用可能引起性质相反的效应，如阿托品能抑制胃肠平滑肌和腺体活动，但对中枢神经却有兴奋作用。

药物除了基本的兴奋和抑制作用外，有些可以杀灭或驱除侵入体内的微生物或寄生虫，如化学治疗药物则主要作用于病原体，使机体的生理、生化功能免受损害或恢复平衡而呈现其药理作用。

（二）药物作用的方式

按药物作用部位可分为局部作用和吸收作用。前者指药物在用药局部发生的作用。如牛患乳腺炎时，将青霉素注入乳导管内，以抗菌消炎；松节油涂擦于皮肤表面等。后者是药物被吸收入血液循环后，分布至全身有关组织器官而发挥的作用，又称全身作用，如乙醚等的全身麻醉作用。

按药物作用顺序可分为原发作用和继发作用。原发作用指药物吸收后直接到达某一器官产生的作用，又称直接作用。继发作用是由原发作用所引起的作用，又称间接作用。如咖啡因的强心作用是原发作用，而增加尿量的作用为继发作用。

（三）药物作用的选择性

多数药物在适当剂量时，只对某些组织器官产生比较明显的作用，而对其他组织器官作用很小或几乎无作用，称为药物作用的选择性或选择性作用，如洋地黄选择性地作用于心脏，缩宫素选择性地作用于子宫平滑肌等。

与选择性作用相反，有些药物进入机体后几乎是均匀地分布于机体的各组织器官，从而影响各组织器官的功能，这种作用称为普遍细胞毒作用或原生质毒作用。由于这类药物大多能对组织产生损伤性毒性，故这类药物一般作为环境或用具的消毒剂。

（四）药物作用的两重性

药物进入动物机体后，既能产生对机体有益的治疗作用；同时对机体也会产生有害的不良反应，这就是药物作用的两重性。

1. 治疗作用

凡符合用药目的，达到防治疾病的作用效果，称药物的治疗作用。按治疗效果不同，可分为对因治疗与对症治疗。

（1）对因治疗　用药后能消除病因，去除疾病的根本。如抗生素杀灭病原微生物。

（2）对症治疗　用药后改善疾病的症状。如用退烧药仅仅消除各种疾病所致的高热症状。

对因治疗与对症治疗在疾病治疗过程中有相辅相成的作用。临床治疗中通常两种治疗方法同时使用，既可达到消除病因，又能消除症状，迅速获得极佳的治疗效果。

2. 不良反应

在治疗过程中，伴随治疗作用的出现，呈现与治疗目的无关或有害的作用，称不良反应。

（1）副作用　药物在治疗剂量时产生的与治疗目的无关的作用，称为副作用。如用阿托品作麻醉前给药，主要目的是抑制腺体分泌和减轻对心脏的抑制，其抑制胃肠平滑肌的作用便成了副作用。药物一般的副作用是可预料的，客观存在。在治疗中一般的副作用可以不必停药。其产生的原因是药物选择性作用差。为了减少副作用，可以同时给予作用相反的药物加以消除。临床用药时在不影响疗效的条件下，选用副作用较小的药物。药物的副作用可以随治疗目的而改变。

（2）毒性作用　通常为药物剂量过大、使用时间过长所致的对机体有害的作用，对动物实质器官如肝脏或肾脏的损害或功能的损伤，称为毒性作用。如链霉素引起的耳毒作用。为避免毒性作用，用药时不要任意使用超剂量，或随意延长用药时间。急性中毒往往是用药量过大后，立即发生；慢性中毒为长时间连续用药蓄积作用的结果。

（3）后遗效应　指停药后血药浓度已降至有效浓度以下时残存的生物效应。如长期应用皮质激素，由于负反馈作用，下丘脑受到抑制，即使肾上腺皮质功能恢复至正常水平，但对应激反应在停药半年以上时间内可能尚未恢复，这也称为药源性疾病。后遗效应不仅能产生不良反应，有些药物也能产生对机体有利的后遗效应，如抗生素后效应可提高吞噬细胞的吞噬能力。

（4）继发性效应　是药物的治疗作用所引起的不良反应。如成年草食动物长期内服广谱抗生素（四环素、土霉素等）时，胃肠道内对药物敏感的菌株受到抑制，菌群平衡状态失调，不敏感的或耐药的菌株，如真菌、大肠杆菌、葡萄球菌、沙门氏菌等大量繁殖，造成这种感染称继发性感染，又称为二重感染。

（5）过敏反应　是指机体受药物刺激，发生异常的免疫反应，而引起生理功能的障碍或组织损伤，称过敏反应。过敏反应的症状主要有皮疹、支气管哮喘、血清病综合征等，严重者可出现过敏性休克。过敏反应与药物作用和药物剂量无关，难以预料。

（五）药物的量效关系

剂量一般指药物的用量。在一定范围内，药物的效应随着剂量的增加而增强。因为药效的强弱取决于血药浓度的高低，而血药浓度又与药物剂量密切相关（见图 2-1）。药物剂量过小，不产生任何效应，称无效量。能引起药物效应的最小剂量，称最小有效量。随着剂量增加而药物效应增大，达到最大效应的剂量，称为极量。剂量继续增加，会出现毒性反应（即发生质变），出现中毒的最低剂量，称为最小中毒量。中毒严重引起死亡的剂量，称为致死量。药物的治疗量或常用量应大于最小有效量而小于极量。最小有效量与最小中毒量之间的范围，称为安全范围，该范围内的剂量为常用量。《兽药典》和《兽药规范》内对药物的常用量、毒药和剧药的极量都有规定。兽医药物学中的剂量或用量通常指药物的常用量。

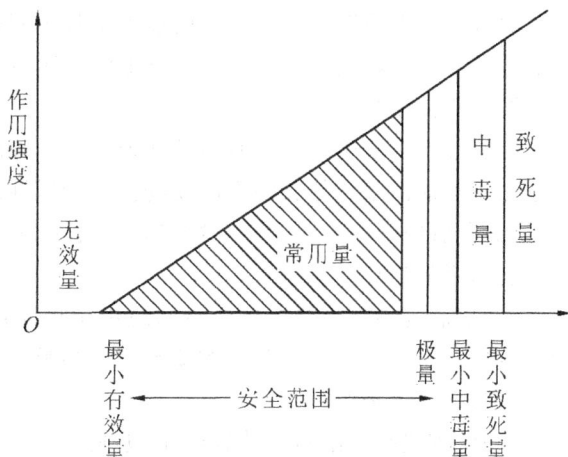

图 2-1　剂量与药物作用关系示意图

二、药物的体内过程

药物进入机体发挥作用的同时，也不断受到机体的影响而发生变化，作用逐渐减弱、消失，并排出体外。药物进入机体到排出体外的过程称为药物的体内过程，即机体对药物的作用，又称药动学。其基本过程包括药物的吸收、分布、转化（代谢）和排泄，其中吸收、分布和排泄统称转运，而排泄与转化又通称消除。

（一）吸收

药物从用药部位进入血液循环的过程，称为药物的吸收。药物直接进入血管，如静脉注射，称为无吸收过程。其他各种用药法均有吸收作用。药物的疗效受吸收数量与速度的影响。从药物方面看，吸收速度与数量取决于给药剂量、途径、给药部位、药物的溶解性与其他理化特性。常用给药途径有胃肠道吸收和肠道外给药吸收。

1. 胃肠道吸收

内服药物剂型有溶液剂、混悬剂、散剂（拌料剂）及片剂等。药物剂型影响药物的吸收速度与数量。内服药物主要吸收部位在小肠。药物的理化性质与吸收环境也影响药物吸收。分子量小，脂溶性大的药物易吸收；分子量大，水溶性强的药物吸收差或不吸收。成年草食动物、反刍动物因瘤胃内容物多，使药物吸收率低而缓慢。成年动物胃酸强，有些药物易失活、吸收差，哺乳期动物胃酸少而药物吸收较好；肉食动物及杂食动物，如猫、犬与猪吸收快，也较完全。胃肠道蠕动速度也影响药物吸收，许多药物在胃肠排空减慢时，因肠壁不能与药物充分接触而吸收减缓，吸收量减少。胃肠蠕动过快，同样也使吸收减少，如腹泻时药物吸收减少等。

直肠内给药，药物直接吸收进入血液循环，特别适用于胃肠道中易失活或在肝脏内易代谢失活的药物。

2. 肠道外给药吸收

肠道外给药有注射给药、乳管内灌注、皮肤和黏膜给药以及吸入或气雾给药等方式。

（1）注射给药

静脉注射　药物进入静脉血管后迅速产生疗效。此法常用于急救、输液中。

肌肉或皮下注射 药物吸收的速度依赖于制剂的溶解度和给药部位的血流量，肌肉组织血流量大，吸收快；皮下注射因其血流量稀少，吸收缓慢。混悬剂或胶体制剂因溶解度比水溶液小而吸收缓慢。

腹腔注射 兽医临床常有腹腔注射给药。腹腔内吸收面积大，药物注射后吸收快，特别适用于不能内服或静脉注射的动物。有刺激性的药物可引起腹膜炎，应严禁注射。

(2)乳管内灌注给药 将药物经乳管注入乳腺内，有良好局部治疗效果。特别适用于乳牛乳房炎的治疗。

(3)皮肤与黏膜给药 皮肤给药适用于皮肤局部感染。现在有用透皮剂给药驱杀肠道内寄生虫，是皮肤给药(擦剂)的新剂型。黏膜给药可用于子宫、阴道内给药。主要用于治疗子宫炎、阴道炎等。

(4)气雾或吸入给药 药物经肺泡进入血管内吸收。因肺泡面积大、吸收快，而疗效好。本法适用于集约化饲养畜禽的疾病防治。

(二)分布

药物从全身血液循环转运到各器官、组织的过程，称药物的体内分布。大多数药物在体内分布不均匀，对药物在体内的贮存、清除、药效和毒性都有影响。而药物的分布除与药物的理化特性，如分子大小、脂溶性、极性、解离常数和稳定性等有关外，还受下列一些因素的影响。

1. 与血浆蛋白结合

部分药物与血浆蛋白(主要与白蛋白)呈不同程度的可逆性结合。结合型药物暂时失去药理活性，贮存于血液中；未结合的游离型药物转运到组织器官产生药效。当游离型药物经过分布、转化或排泄而使血药浓度下降时，与蛋白结合的药物便释放出来，成为游离型药物而发挥药效。药物作用的强度与游离型药物的血药浓度成正比，因此，蛋白结合率高的药物消除较慢，作用维持时间较长，药效也相应较弱。

2. 局部器官的血流量

脑、心、肝、肾等器官血流量大，而脂肪组织血流量小，但脂肪组织摄取药物的能力较大。药物特别是脂溶性药物，吸收后迅速在血流量大的器官达到最高浓度，随即转移至血流量小的肌肉或脂肪组织，这种现象称为药物在体内的再分布。如静脉注射硫喷妥钠后，首先进入脑组织发挥麻醉作用，再逐渐自脑向脂肪转移，动物迅速清醒。

3. 组织细胞亲和力

各种药物对组织细胞的亲和力不同，药物在组织中的分布也不同。脂溶性药物在脂肪组织中分布较多，重金属和类金属砷、汞、锑在肝、肾中分布较多，而钙、磷、铅在骨骼中分布较多。有些组织药物分布较多达到中毒时，可造成器官损害，如四氯化碳对肝脏的损害和汞对肾脏的损害。但有些药物分布较多的组织，仅为药物的储存场所，并不对这些组织产生作用，如硫喷妥钠分布于脂肪组织。

4. 体内屏障

体内主要有血脑屏障和胎盘屏障。屏障是限制血液中的物质与组织交换的隔膜。分子量较大、脂/水分配系数较小或血浆蛋白结合率较高的药物，不易透过血脑屏障进入脑组织和脑脊髓液。但初生动物和脑膜炎患畜的血脑屏障通透性增高，使有些药物易进入脑脊髓液。胎盘屏障是由胎盘将母体与胎儿血液隔开的屏障，其通透性与一般生物膜没有明显区别。脂溶性高的药物易透过胎盘屏障，进入胎儿血液，有时药物会引起胎儿中毒和畸形的可能。

（三）转化

药物在体内发生结构变化的过程称为生物转化或药物代谢。药物转化的结果是改变药理活性。由活性药物转化为无活性的代谢物，称为灭活；而由无活性或活性较低的药物转化为有活性或活性较高的代谢物，称为活化。活化后的产物可能毒性增强，因而不能将药物代谢等同于解毒作用。

药物转化的方式有氧化、还原、水解和结合。一般分为两个步骤，第一个步骤包括氧化、还原和水解过程，代谢产物多数是灭活的代谢物；第二个步骤为结合过程，原形药物或经第一步骤代谢的中间产物，与体内的葡萄糖醛酸、硫酸、乙酰基等基团结合后，药理活性降低或消失。

肝脏是药物转化的主要场所，血浆、肾脏、肺、胎盘、肠系膜、肠道微生物也能进行药物转化。药物在肝脏的转化需要酶催化，大多数由肝脏的微粒体混合功能氧化酶（简称肝药酶）催化。

（四）排泄

排泄是药物经吸收、分布或转化后，以原形或代谢物从体内排出体外的过程。

1.肾脏排泄

肾脏是药物排泄的主要器官，经肾排泄是药物最重要的排泄途径。其排泄方式有肾小球滤过、肾小管重吸收和肾小管分泌。游离型药物特别是极性高、水溶性大的药物及其代谢物可经肾小球滤过，经肾小管排出；有些脂溶性大的药物在原尿中的浓度超过血浆浓度时，在肾小管内易被重吸收。尿液 pH 的高低影响药物的重吸收，弱碱性药物在碱性尿液中或弱酸性药物在酸性尿液中，重吸收多、排泄少；相反，弱碱性药物在酸性尿液中或弱酸性药物在碱性尿液中，重吸收少、排泄多。根据这一规律，临床中可通过改变动物尿液的 pH（碱化尿液或酸化尿液），而改变药物从体内排泄的速度，以达到解毒或增强及延长药效的目的。

2.胆汁排泄

经肝代谢的药物由胆汁排入肠腔后，随粪便排出。其中有些药物在肠道中还能被重吸收入血液，形成肝肠循环，使药物作用明显延长。从胆汁排出抗菌药物，因胆道内浓度高，有利于治疗肝胆系统细菌感染。

3.其他排泄途径

少数药物可从乳汁、汗液、唾液或呼吸道排出。乳汁偏酸性，弱碱性药物易从乳汁中排出。给药剂量适当，可通过给母畜用药，治疗吮乳仔畜的疾病。若应用不当，还可使仔畜中毒和对人产生不良反应。挥发性药物或气体药物，易从肺脏经呼气排出。

（五）药动学的主要参数

1.血药浓度

血药浓度指药物在血浆中的浓度。药物自体内排出的速度直接影响血药浓度，也影响药物对机体的作用，血药浓度是制定给药方案的重要依据，一般来说，血药浓度越高，药效越强。

2. 消除半衰期

消除半衰期是指体内药物浓度或药量下降一半所需的时间，又称血浆半衰期或生物半衰期，一般简称半衰期，常用($t_{1/2}$)表示。由于多数药物在某一种动物体内的半衰期是固定的，故可根据半衰期的长短决定给药次数，预计连续用药时血浆药物浓度达到相对稳定的时间，以及停药后，药物从体内消除的时间；既可维持有效血药浓度，保证疗效，又不至引起毒性反应。当肝、肾功能不全时，药物的半衰期会延长，应适当酌减药量或延长给药间隔时间。

第三部分　影响药物作用的因素

药物的作用受诸多因素的影响，因而临床应用中药物的疗效可能会有明显的差异。影响药物作用的因素主要有药物方面的因素、动物机体方面的因素、饲养管理及环境方面的因素。

一、药物方面的因素

（一）药物剂量与剂型

剂量通常指药物的用量。在通常条件下，药物的剂量与疗效的关系是剂量愈大，作用愈强，疗效愈显著。药物剂型，可随给药途径不同而加以选择。即使相同的剂型，可由于不同工艺与操作规范而影响药品的质量，也影响药物的疗效。如药品含量相同的片剂，可因片剂的崩解性能不同影响药物的吸收速度与数量，从而影响药物的疗效。

（二）给药途径

1. 口服

最常用的给药途径之一。适用于大多数药物与病例。由于口服吸收较慢，受胃肠内容物的影响较大，在反刍动物的瘤胃还可受微生物降解的影响，因而口服疗效不可靠。口服给药常见于肠道抗菌药、驱虫药、止泻药等。

2. 注射

注射给药以迅速而准确的药量到达有效血药浓度。皮下或肌肉注射给药，吸收一般比口服快而完全、效果可靠。静脉注射可使全部药物立即进入血液循环，作用最快。

3. 局部给药

如皮肤擦剂、乳房内灌注、子宫或阴道黏膜给药，伤口敷药等利用局部作用发挥药效。

4. 吸入给药

气雾吸入给药常用于群防群治。疗效快而省力。

不同给药途径可影响药物的吸收速度与数量，进而影响药物作用的速度与强度，甚至影响药物作用的性质。如硫酸镁，口服时不吸收而有导泻作用，注射给药时可产生抗惊厥与全身麻醉的作用。

（三）重复用药

为使药物在一定时间里发挥持续作用，需维持药物在体内的有效浓度。因此，有些药物常需连续用药至一定次数和时间，称此过程为疗程。在一个疗程内，重复给药的间隔时间，应依赖于药物在体内消除（排泄与转化）的快慢。间隔时间长，消除快于吸收，不能使体内药物维持于有效水平而影响疗效；间隔时间太短，可使药物体内蓄积，以致过量，引起中毒。只有适当给药间隔时间，才能使血药浓度保持相当恒定而有效的治疗水平，以保证无毒害的作用。每个疗程的长短则应视病情而定。连续用药 1～2 个疗程尚无显著的疗效时，应改用其他药物。

（四）联合用药与药物相互作用

为了治疗上的需要，常常对同一病畜同时使用两种或两种以上的药物，称为联合用药或合并用药或配伍用药。联合用药的目的是为了增强疗效、减少不良反应、防止产生耐药性或是为了治疗不同的症状或合并症。联合用药时药物在体内相互作用，可出现如下一些情况。

1. 协同作用

联合用药后药效加强，称协同作用。又分为相加作用和增强作用，相加作用指两药合用的效应为两药单用的效应的总和。如磺胺合剂的总效应为各自磺胺药效的总和。增强作用指两药并用时，其总的效应超过各药单用时效应的总和。如磺胺类药与甲氧苄啶（TMP）合用时，其抗菌效应较单用其中某一种药物时增强几倍至几十倍。

2. 拮抗作用

联合用药后药效降低称拮抗作用。如普鲁卡因作局部麻醉时，合用磺胺类药物防治创伤感染，其结果降低了磺胺药的抑菌效果。但利用药物的拮抗作用，可以解除某些药物的中毒或减少不良反应。

3. 配伍禁忌

在联合用药中，两种或两种以上药物相互混合后，产生了物理、化学反应，使药物在外观（如分离、析出、潮解、溶化等）或性质上（如沉淀、变色、产气、爆炸等）发生变化，而不能使用，称为配伍禁忌。

二、机体方面的因素

（一）动物种属、年龄、性别及个体差异

不同种属的动物对同一药物的敏感性或不良反应明显不同。多数情况下表现为量的差异，即作用的强弱和维持时间的长短不同。如家禽对敌百虫比其他种属动物敏感。用药时必须注意。草食动物不具有呕吐的机能，对催吐药不起反应，但对猪、犬就能起催吐。

一般来说幼龄动物和老龄动物对药物的敏感性比成年动物为高，母畜对药物的敏感性比公畜为高。这是幼畜、老龄畜体和母畜在体内的药物代谢酶（肝药酶）的活性比较低之故。母畜在怀孕期，因生理机能与正常时的不同，对某些药的反应性强，因而易导致流产等。遇有致子宫平滑肌收缩的药物在母畜妊娠期不应使用。

同种动物的不同个体，对同一种药物的感受性不同，常称为个体差异。有些个体对药物较小剂量也可能出现强烈的反应，甚至中毒，这种现象称为高敏性。有些个体相反，即使超剂量，甚至达到中毒量水平，反应不明显，此现象称为耐受性。某些个体对药物的敏感性比一般个体高，其反应与药物作用明显不同，称为过敏性。过敏性在临床上的表现是用药后不久立即出现过敏性症状，如哮喘、荨麻疹、血管神经性水肿及休克等；有时在过后的时间里有皮炎、皮疹、发热及肝、肾功能的损伤。发生过敏反应时，应立即停药，采用对症治疗。

（二）动物机能状态与病理因素

动物处于不同机能状态时，对药物的反应性有一定差异。解热药可使发热的动物体温下降，但对正常的动物体温无降低作用。动物器官机能状态也影响药物的作用效果。呼吸中枢处于抑制状态时，兴奋呼吸中枢的药物尼可刹米的作用就十分显著。

动物的病理状态能影响机体各系统的功能，会使动物机体对药物的敏感性增强，不良反应也呈现强烈的反应。

三、饲养管理及环境方面的因素

药物是外因，机体是内因，外因通过内因才能起作用，因此合理的饲养管理是防治畜禽疾病的基本条件。环境的温度、湿度、光照改变、音响和空气污染刺激、饲料转换、饲养密度增加及动物迁徙、长途运输均可导致环境应激而影响药效。

项目3　药物应用

任务1　抗病体药物应用

步骤1　测定抗生素 MIC、MBC

(1)取 A、B、C、D 4 组试管，每组 8 支，分别编为 1～8 号，每管加入肉汤培养基 5 mL。

(2)将青霉素和链霉素分别以适量注射用水溶解后，再以肉汤培养基稀释成 32 IU/mL 的浓度备用。

(3)将 32 IU/mL 的青霉素和链霉素分别在各组试管中从 1～8 号管作连续稀释，即吸取 5 mL 药物加入 1 号试管中混合均匀后，吸取 5 mL 加入 2 号混合均匀，再吸取 5 mL，加入 3 号管，如此稀释至 8 号管混合均匀后吸取 5mL 弃去，使之成为 16 IU/mL、8 IU/mL、4 IU/mL、2 IU/mL、1 IU/mL、0.5 IU/mL、0.25 IU/mL、0.125 IU/mL 的浓度梯度。A 组和 B 组加青霉素并标以"青"字。C 组和 D 组加链霉素并标以"链"字，以致识别。

(4)向 A 组和 C 组管中加入金葡菌，向 B 组和 D 组管中加入大肠杆菌(每管加 0.01 mL 预先作 100 倍的稀释新鲜菌液)，并振摇均匀。

(5)置恒温箱中 37℃下培养 6 小时后，观察培养基颜色的变化。与空白管比较，颜色变为灰黄色者，表示有少量细菌生长，此浓度为抗生素的最小抑菌浓度(MIC)；颜色与空白管一致者为完全无细菌生长，此浓度为该抗生素的最小杀菌浓度(MBC)。为使结果更精确，培养至 24 小时再观察一次。

步骤2　药物配伍

1.物理性配伍禁忌

物理性配伍禁忌是指处方中各种药物配合后，产生外观上的变化，而有效成分未变。常有下列现象：

(1)分离：两种药液相互混合后，静置不久又出现分离现象。

实验：取试管两支，一支加入松节油和水各 3 mL，一支加入液体石蜡和水各 3 mL，充分混合后，静置于试管架上，10 分钟后观察结果。

(2)析出：两种药液相互混合后，由于溶剂性质改变，其中一种药物析出，产生沉淀或使溶液混浊。

实验：取试管两支，一支加入氯霉素注射液与 5% 的葡萄糖氯化钠注射液各 3 mL；一支加入樟脑酒精和水各 3 mL，充分混合后，静置于试管架上，10 分钟后观察结果。

(3)潮解：易吸湿潮解的药物与含结晶水的药物混合研磨时，由于结晶水析出而发生潮解。

实验：取碳酸钠和醋酸铅各 3 g 于研钵中共研 5 分钟后观察结果。

(4)液化：两种固体药物混合研磨时，由于熔点降低，混合物由固态变为液态。

实验：取水合氯醛(熔点 57 ℃)和樟脑(熔点 176 ℃)各 3 g 于研钵中混合研磨观察结果。

2. 化学性配伍禁忌

化学性配伍禁忌是指处方中各药物配合后发生的化学变化。常有以下几种现象：

(1)沉淀：两种或两种以上的药物配伍时，因发生中和作用产生不溶性盐，或由难溶性碱(酸)制成的盐，常因水溶液的 pH 改变而析出原来形式的难溶性碱(酸)。

实验：取试管一支，加入盐酸四环素注射液和磺胺嘧啶钠注射液各 3 mL，两者混合后观察结果；另取一支试管加 5% 的氯化钙注射液和 5% 的碳酸氢钠注射液各 3 mL，二者混合后观察结果。

(2)产气：药物配伍时，偶尔发生产气现象，有的会导致药物失效。

实验：取试管一支，加入稀盐酸 2 mL，再加入 5% 的碳酸氢钠注射液 5 mL，仔细观察有什么现象发生？

(3)变色：易氧化药物的水溶液，与 pH 较高的其他药液配伍时，易发生变色现象。

实验：取试管一支，先加入 10% 的氯化高铁溶液 3 mL，再加入鞣酸 1 g，充分搅拌后，置火上微热，观察溶液颜色变化。

(4)爆炸或燃烧：强氧化剂与强还原剂配伍研磨时，因激烈的氧化还原反应能产生大量热能，可引起燃烧或爆炸。

实验：鞣酸、高锰酸钾、氯酸钾各 1 g 共研；苦味酸和木炭末各 2 g 共研；分别观察结果。

3. 处理配伍禁忌的一般方法

处理配伍禁忌是处方调剂的一个重要问题，采取适当的调剂方法，可避免有些药物的配伍禁忌。处理方法有以下几种：

(1)改变药物的剂型：如乳酸钙与碳酸氢钠，若加水制成溶液时，可产生碳酸钙沉淀，如果制成散剂，便可避免发生配伍禁忌。

(2)改变混合顺序：如碳酸氢钠和复方龙胆酊配伍时，若先将两者混合后再加入水，则碳酸氢钠不能完全溶解而出现沉淀。如果先以适量的水将碳酸氢钠溶解，再加入复方龙胆酊，则不会出现沉淀。

(3)增加溶媒：如水杨酸钠与碳酸氢钠各 10 g，以水 60 mL 作溶媒时不能溶解，如将溶媒增加 1 倍，即可溶解。

(4)添加第三种成分：在配合中添加一些无害的、本身没有明显药效而又不影响原药的有效成分，可避免配伍禁忌。添加第三种成分有增溶剂、助溶剂、稳定剂等。如配制咖啡因注射液时，加入苯甲酸钠作助溶剂，配制肾上腺素溶液时加入 0.5% 的焦亚硫酸钠作稳定剂等。

(5)处方中有配伍禁忌的成分，分别溶解后再行混合：如最常用的任氏液中的碳酸氢钠和氯化钙有化学性配伍禁忌，如一起溶解可产生沉淀，先将两药分别溶解后，再加到其他已充分溶解稀释的成分中，则不会产生沉淀。

(6)调换成分：以作用相同的药物或制剂代替处方中的某一种成分，以避免产生配伍禁忌是常用的方法。如次硝酸铋 6 g、碳酸氢钠 3 g、薄荷水 60 mL 配成溶液，次硝酸铋在水中可水解生成硝酸，与碳酸氢钠相遇会产生二氧化碳，如果将次硝酸铋改为次碳酸铋，则可避免。

【注意事项】实训中的燃烧和爆炸实验，由教师示教即可，以免发生危险。

步骤3　组方

1. 牛放线菌病

由放线菌引起的慢性化脓性传染病。临床特征是头、颈、下颌和舌发生放线菌肿。治疗以局部处理与全身治疗相结合。早期可用手术切除或切开后引流，填塞碘酊纱布或撒布碘仿磺胺粉，每日换药一次。

处方

①2%鲁戈氏液　　　　　　　　　适量

用法：伤口周围分点注射，创腔涂碘酊。

②碘化钾　　　　　　　　　　　5～10 g

水　　　　　　　　　　　　　适量

用法：成牛一次口服，犊牛2～4 g，每天一次，连用2～4周。

③青霉素G钾　　　　　　　　　240万IU

硫酸链霉素　　　　　　　　　300万IU

注射用水　　　　　　　　　　20 mL

用法：患部周围青霉素、链霉素分别分点注射，每日1次，连用5天。

2. 猪巴氏杆菌病

猪巴氏杆菌病也称猪肺疫。由猪多杀性巴氏杆菌引起。病理特征以最急性型呈败血症变化、咽喉及其周围组织急性炎性肿胀、呼吸高度困难；急性型呈肺、胸膜的纤维素性渗出性炎症变化。

处方1

①抗血清　　　　　　　　　　　25 mL

用法：一次皮下注射，按每千克体重0.5 mL用药，次日再注射一次。

②氟苯尼考注射液　　　　　　　1 g

用法：一次肌肉注射，按每千克体重20 mg用药，每2日1次，连用3～5天。

处方2

①硫酸丁胺卡那霉素注射液　　　375 mg

用法：一次肌肉注射，按每千克体重7.5 mg用药，每日2次。

②氟哌酸粉　　　　　　　　　　4 g

用法：一次喂服，按每千克体重80 mg用药，每日2次，连用3天以上。

3. 仔猪副伤寒

由猪霍乱沙门氏菌及其变种、猪伤寒沙门氏菌及其变种、鼠伤寒沙门氏菌、肠炎沙门氏菌引起的仔猪传染病。急性呈败血症变化；慢性在大肠发生弥漫性纤维素性坏死性肠炎，伴有慢性下痢，有时发生卡他性或干酪性肺炎。

处方1

氟苯尼考注射液　　　　　　　0.4 g

用法：一次肌肉注射，按每千克体重20 mg用药，每2日1次，连用3天。

处方 2

复方磺胺嘧啶预混剂   0.3~0.6 g

用法：一次混料喂服，按每千克体重 15~30 mg 用药，每日 2 次，连用一周。

4. 猪链球菌病

猪链球菌病是由链球菌感染所引起的疾病。临床上分急性败血症型、脑膜脑炎型、关节炎型和淋巴结脓肿型。

处方

注射用青霉素 G 钠   200 万 IU

地塞米松磷酸钠注射液   4 mg

用法：青霉素按 1 kg 体重 6 万 IU 一次肌肉注射，每日 2 次至愈。

5. 猪气喘病

由猪肺炎支原体引起的一种慢性呼吸道传染病。临床表现为咳嗽、气喘和呼吸困难。病理变化特征是融合性支气管肺炎，肺的心叶、尖叶呈对称性"虾肉样变"。

处方

硫酸卡那霉素注射液   200 万 IU

注射用盐酸土霉素 3 g

注射用水   5 mL

用法：一次肌肉注射，按每千克体重卡那霉素 4 万 IU、土霉素 60 mg 用药，每日 1 次，连用 3~5 天。

6. 禽大肠杆菌病

由多种血清型的致病性大肠杆菌引起，经卵感染或在孵化后感染的鸡胚，出壳后几天内可发生大批急性死亡。慢性者呈剧烈腹泻，有时见全眼球炎。成鸡感染后多表现为关节滑膜炎、输卵管炎、腹膜炎及大肠杆菌性肉芽肿等。

处方

硫酸庆大霉素注射液   1 万~2 万 IU

用法：一次肌肉注射，按 1 kg 体重 0.5 万~1 万 IU 用药，每日 2 次，连用 3 天。

7. 禽巴氏杆菌病

禽巴氏杆菌病又称禽霍乱，是由多杀性巴氏杆菌引起的败血性传染病。急性型呈败血症和剧烈下痢；慢性型发生肉髯水肿和关节炎。鸭患病后有时因鼻腔集聚黏液，影响呼吸而频频摇头，因而有"摇头瘟"之称。

处方 1

禽霍乱高免血清   1~2 mL

用法：一次皮下注射或肌肉注射。每天一次，连用 2~3 天。

处方 2

磺胺嘧啶   0.2~0.4 g

用法：一次口服，按 1 kg 体重 0.1~0.2 g 用药，每日 2 次，连用 3~5 天。

处方 3

诺氟沙星 20 g

用法：混饲，拌入 100 kg 料中喂服，连用 5~7 天。

8. 梨形虫病

由双芽巴贝斯虫和牛巴贝斯虫寄生于红细胞内引起的疾病。以高热、贫血、黄疸、血红蛋白尿为主要特征。治疗宜驱虫，辅以强心、补液、输血等。

处方 1

硫酸喹啉脲　　　　　　　400 mg

用法：用生理盐水配成 1%～2% 的溶液，一次皮下注射，按每千克体重 1 mg 用药。

说明：当出现不安、肌肉震颤、流涎等副作用时，皮下注射硫酸阿托品 10 mg。

处方 2

注射用三氮脒　　　　　　1.5～3.0 g

用法：用生理盐水配成 7% 的溶液深部肌肉一次注射，按每千克体重 3～5 mg 用药。隔日一次，连用 2～3 天。

9. 肝片吸虫病（肝蛭病）

由肝片形吸虫和大片形吸虫寄生于牛、羊肝脏胆管引起的疾病。病理剖检，急性时肝脏肿大、充血，慢性时肝脏萎缩变硬，切面挤压从胆管流出混有虫体的污秽胆汁。临床以食欲减退、反刍异常、腹胀、很快贫血、消瘦、被毛粗乱、颌下水肿、腹泻等。治疗以驱虫为主。

处方 1

硝氯酚注射液　　　　　　0.32～0.4 g

用法：一次皮下注射。按每千克体重牛 0.8～1.0 mg，羊 1～2 mg 用药。

处方 2

硫双二氯酚　　　　　　　16～32 g

水　　　　　　　　　　　适量

用法：配成混悬液一次灌服。按每千克体重牛 40～60 mg、羊 100 mg 用药。

10. 牛皮蝇蛆病

由牛皮蝇和纹皮蝇的幼虫寄生于牛的皮下组织所引起的疾病。表现皮肤发痒、不安和患部疼痛，肿胀发炎，严重的引起皮肤穿孔。治疗以杀虫为主。

处方 1

敌百虫　　　　　　　　　6 g

用法：用温水配成 2% 的溶液涂擦穿孔处，每头牛不超过 300 mL。

处方 2

伊维菌素注射液　　　　　80 mg

用法：一次皮下注射，按每千克体重 0.2 mg 用药。

步骤 4　注射给药（皮下注射、肌内注射）

1. 皮下注射

皮下注射是将药液注射于皮下结缔组织内，经毛细血管、淋巴管吸收进入血液循环，达到防治疾病的目的。

注射部位：牛、马多在颈侧，猪在耳后或股内侧，家禽在翼下。注射方法：注射时，将动物适当保定，注射部位剪毛消毒，用左手提起注射部位皮肤，同时于食指尖下压皱褶基部的陷窝处刺入皮下 2～3 cm（视动物品种、大小决定刺入的深度），此时如感觉针头无抵抗，且能自由拔动时，左手指按住针头与皮肤结合部，右手推压针筒活塞，注入药液（图 2-2）。注完后，局部消毒，并稍加按摩。

2. 肌肉注射法

肌肉注射法又称肌肉注射，是兽医临床上最常用的给药方法。

注射部位：大动物与犊、驹、羊、犬等多在颈部及臀部；猪在耳根后，臀部或股内侧（图2-3）；禽类在胸肌、翼根内侧及大腿部肌肉。但应注意避开大血管及神经的路径。

注射方法：动物保定，局部常规消毒后，使注射器针头与皮肤呈垂直的角度，迅速刺入肌肉

图 2-2　猪皮下注射法

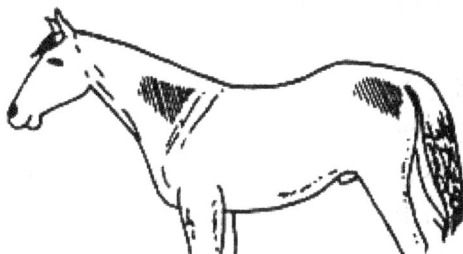

2～4 cm（视动物品种、大小而定），然后抽动针筒活塞，确认无回血时，即可注入药液。注射完毕，用酒精棉球压住针孔部，迅速拔出针头。消毒局部，并稍加按摩。

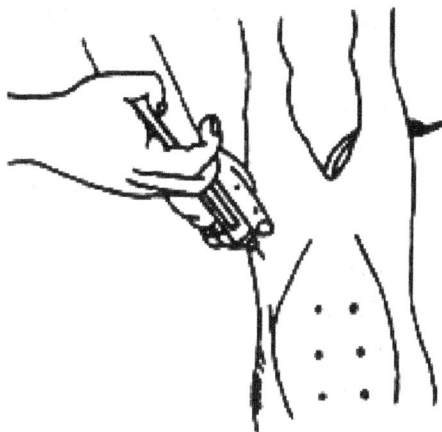

图 2-3　肌肉注射部位（阴影部位）

任务 2　系统药物应用

步骤 1　组方

1. 前胃弛缓

由于饲养管理不当，或继发于其他前胃病、某些传染病、外产科病、代谢性疾病等。临床表现为食欲减退，前胃蠕动机能减弱，反刍和嗳气减少，精神沉郁。治疗以兴奋瘤胃运动机能、制止胃内容物发酵为主，并积极治疗原发病。

处方 1

人工盐	100～200 g
番木鳖酊	10～20 mL
温水	500 mL

用法：一次灌服。

处方 2

①10%氯化钠注射液	300 mL
5%氯化钙注射	100 mL
10%安钠咖注射液	30 mL
10%葡萄糖注射液	1 000 mL

用法：一次静脉注射。羊酌减用量。

②鱼石脂　　　　　　　　　　　20 g

酒精　　　　　　　　　　　　　20 mL

常水　　　　　　　　　　　　　1 000 mL

用法：将鱼石脂溶于酒精后加水混合，一次灌服。

处方 3

苦味酊　　　　　　　　　　　　60 mL

稀盐酸　　　　　　　　　　　　30 mL

番木鳖酊　　　　　　　　　　　15～25 mL

常水　　　　　　　　　　　　　500 mL

用法：一次灌服(适用于瘤胃内容物 pH 值为 7.6 以上时)。

2. 牛瘤胃积食

由于一次或长期采食过量劣质、粗硬饲料，或一次喂过量适口性饲料，或采食大量干料后饮水不足等，使瘤胃内容物大量积聚。临床上以瘤胃蠕动音消失、腹部膨满，触诊瘤胃黏硬或坚硬为特征。治疗原则为排除瘤胃内容物和兴奋瘤胃蠕动。严重病例可洗胃或手术治疗。

处方 1

①硫酸钠　　　　　　　　　　　500 g

液体石蜡　　　　　　　　　　　500～1 000 mL

鱼石脂　　　　　　　　　　　　20 g

酒精　　　　　　　　　　　　　80 mL

常水　　　　　　　　　　　　　6 000～10 000 mL

用法：先用酒精将鱼石脂溶解后，加入其他药，调匀，一次灌服。

②10％氯化钠注射液　　　　　　500 mL

5％氯化钙注射液　　　　　　　250 mL

10％安钠咖注射液　　　　　　　30 mL

用法：一次静脉注射。

处方 2

①液体石蜡　　　　　　　　　　1 000 mL

用法：一次灌服。

②甲硫酸新斯的明注射液　　　　20 mg

用法：一次皮下注射，2 小时后重复用药一次。

③5％碳酸氢钠注射液　　　　　　500 mL

25％葡萄糖注射液　　　　　　　1 000 mL

维生素 C 注射液　　　　　　　　5 g

复方氯化钠注射液　　　　　　　2 000 mL

10％安钠咖注射液　　　　　　　30 mL

用法：一次静脉注射。

3. 牛瘤胃臌气

由于采食了大量容易发酵的饲料，迅速产生大量气体或气性泡沫引起。以呼吸困难、腹围急剧膨大，触诊瘤胃紧张而有弹性为特征。治疗原则是迅速排出瘤胃内的气体、缓泻止酵，恢复瘤胃蠕动机能。

处方1

鱼石脂	20 g
酒精	50 mL
常水	500 mL

用法：一次灌服。严重时，先用套管针进行瘤胃穿刺放气后灌服。用于非泡沫性臌气。

处方2

聚甲基硅油	4g

用法：配成2％～5％的酒精或煤油溶液一次灌服。用于泡沫性臌气，也可用松节油。

处方3

①鱼石脂	15 g
植物油	50 mL
95％酒精	40 mL

用法：穿刺放气后瘤胃内注入。

②硫酸钠	500 g
常水	适量

用法：一次灌服。用于积食较多的泡沫性和非泡沫性臌气。

4. 牛瘤胃酸中毒

由于采食了大量的精料或长期饲喂酸度过高的青贮饲料，在胃内产生过量乳酸等有机酸引起。以神经兴奋性增高，视觉障碍，消化功能紊乱，脱水，酸中毒为特征。治疗原则是制止瘤胃继续产生乳酸并纠正酸中毒，促进胃肠蠕动和恢复消化功能。

处方

①1％温盐水	适量

用法：用胃管反复洗胃，直到胃液呈中性为止。

②5％碳酸氢钠注射液	1 000 mL
10％葡萄糖注射液	1 000 mL
生理盐水	1 000 mL
10％安钠咖注射液	20 mL

用法：一次静脉注射。

③10％氯化钠注射液	500 mL
5％氯化钙注射液	250 mL
10％安钠咖注射液	30 mL

用法：一次静脉注射。

5. 犬细小病毒病

由犬细小病毒引起的急性传染病。病理变化以出血性肠炎和心肌炎为主。

处方

①犬细小病毒病高免血清　　　　5～20 mL

用法：一次皮下注射。

②药用炭　　　　　　　　　　0.3～0.5 g

次硝酸铋　　　　　　　　　　0.3～2.0 g

胃复安　　　　　　　　　　　0.1～0.8 g

安络血　　　　　　　　　　　1～6 mg

用法：一次口服，每日 2 次，连用 3～5 天。

6. 马胃肠炎

马胃肠炎是胃肠表层黏膜和黏膜下层组织的炎症，表现严重的胃肠机能紊乱、脱水、自体中毒和毒血症症状。治疗原则是抑菌消炎，清肠止泻，调节酸碱和水盐平衡。

处方 1

①磺胺脒　　　　　　　　　　25～30 g

常水　　　　　　　　　　　　适量

用法：每日 3 次内服。

②5％葡萄糖生理盐水　　　　2 000 mL

用法：一次静脉注射，每日 1～2 次。

处方 2

硫酸钠　　　　　　　　　　200～300 g

鱼石脂　　　　　　　　　　10～30 g

酒精　　　　　　　　　　　50 mL

常水　　　　　　　　　　　适量

用法：配成 6％～8％的溶液，一次灌服。

处方 3

生理盐水　　　　　　　　　1 000～2 000 mL

5％碳酸氢钠注射液　　　　　500～1 000 mL

10％氯化钾注射液　　　　　20～50 mL

用法：一次静脉注射，患畜尿液变碱性时，将碳酸氢钠注射液撤除。

处方 4

10％氯化钙注射液　　　　　100～200 mL

用法：一次缓慢静脉注射（胃肠有出血情况时选用）。

7. 马肠便秘

马肠便秘是肠管的运动机能和分泌机能紊乱，内容物停滞而使某段或几段肠管发生完全或不完全阻塞的一种急性腹痛病。临床特征是食欲减退或废绝，口腔干燥，肠音减弱或消失，排粪减少或停止，伴有不同程度的腹痛。治疗原则为疏通、镇静、减压、强心补液和加强护理。

处方 1

①硫酸钠　　　　　　　　　　300～500 g

大黄末　　　　　　　　　　100～120 g

常水　　　　　　　　　　　　　　　　6 000～10 000 mL

用法：溶解后一次灌服。

②30％安乃近注射液　　　　　　　　30～40 mL

用法：一次肌内注射，幼驹注射 10～15 mL。

③复方氯化钠注射液　　　　　　　　1 000～2 000 mL

5％碳酸氢钠注射液　　　　　　　　250～500 mL

10％氯化钠注射液　　　　　　　　　200～300 mL

20％苯甲酸钠咖啡因注射液　　　　　10～20 mL

用法：一次静脉注射。

处方 2

液体石蜡　　　　　　　　　　　　　250～500 mL

鱼石脂　　　　　　　　　　　　　　5 g

酒精　　　　　　　　　　　　　　　30～50 mL

用法：一次投服。适用于幼驹的小结肠便秘。

8. 马支气管肺炎

马支气管肺炎又称卡他性肺炎或小叶性肺炎。是指个别肺小叶或几个肺小叶的炎症。临床表现为精神沉郁、食欲不振、咳嗽、流鼻液、呼吸困难，常呈弛张热，叩诊呈小面积浊音区。幼驹和老龄体弱马骡多发。治疗原则为抑菌消炎、镇咳和促进渗出物的吸收。

处方

①注射用青霉素 G 钾　　　　　　　　200 万～300 万 IU

注射用水　　　　　　　　　　　　　50～10 mL

用法：一次肌肉注射，每日 2～3 次，7 天为一疗程。

②注射用硫酸链霉素　　　　　　　　200 万～300 万 IU

注射用水　　　　　　　　　　　　　5～10 mL

用法：一次肌肉注射，每日 2～3 次，7 天为一疗程。

③氯化铵　　　　　　　　　　　　　20 g

复方甘草合剂　　　　　　　　　　　150 mL

用法：一次灌服。

9. 牛心力衰竭

牛心力衰竭是心肌收缩力减弱，心功能不全而引起全身血液循环障碍的一种疾病。临床特点是脉搏增数、结膜发绀、呼吸困难、静脉怒张、全身水肿、心内杂音等。慢性心力衰竭，主要是第二心音减弱，脉搏疾速、减弱以及心性水肿。治疗原则是加强护理，减轻心脏负担，增强心肌收缩力。

处方

①泻血 2 000～3 000 mL，后静脉注射等量 5％的糖盐水或林格尔(贫血时禁用)。

②20％安钠咖　　　　　　　　　　　10～20 mL

用法：一次静脉注射或肌内注射(急、慢性心衰)。

或 0.5％强尔心(10％樟脑磺酸钠) 10～20 mL

用法：一次静脉注射或肌内注射(传染病、中毒病继发的的心衰)。

或 0.02%洋地黄毒苷　　　　　　　　5～10 mL

用法：一次静脉注射（脉搏 100 次/分以上时）。

③对症治疗。

10. 牛子宫内膜炎

由于子宫黏膜损伤、感染引起。从阴门排出浆液性、黏液性或脓性分泌物为特征。治疗原则是抗菌消炎、促进炎性产物的排除和子宫机能的恢复。

处方

①苯甲酸雌二醇注射液　　　　　　　20 mg

用法：一次肌肉注射。

②0.1%高锰酸钾溶液　　　　　　　　1 000 mL

注射用盐酸四环素　　　　　　　　　200 万 IU

注射用水　　　　　　　　　　　　　适量

用法：用高锰酸钾反复冲洗子宫，直至排出透明液体为止，排净药液后，向子宫内注入四环素。每日 1 次，连用 2～4 次。用于急、慢性子宫内膜炎。

11. 马风湿症

马风湿病是常有反复发作的急性或慢性非化脓性炎症。由风、寒、湿侵袭引起的肌肉、肌腱、关节以及心脏等部位，以急性或慢性经过并呈现疼痛性的一种疾病。具有突然发作，反复出现，并呈转移性疼痛为特征。治疗宜祛风除湿，解热镇痛，消除炎症。

处方

①10%水杨酸钠注射液　　　　　　　100～300 mL

5%氯化钙注射液　　　　　　　　　　200 mL

40%乌洛托品注射液　　　　　　　　60 mL

用法：一次分别静脉注射，每日 1 次，连用 5～7 天。

②2.5%醋酸可的松注射液　　　　　　10～40 mL

用法：一次肌肉注射，隔日 1 次，连用 3～5 次。

③30%安乃近注射液　　　　　　　　20～30 mL

用法：一次肌肉注射。

步骤 2　给药（灌药、投药、静脉注射和输液、腹腔注射）

1. 灌药

（1）猪的灌药　哺乳仔猪灌药时，助手固定仔猪两后肢，左手从耳后握住头部，使猪腹部在前，头部稍高，术者以左手打开猪的口腔，右手持喂药匙或不接针头的金属注射器从口角插入口腔，徐徐灌入或注入药液。仔猪、育成猪或后备猪灌药时，助手握住两前肢，使猪的腹部向前、头向上提起，并把后躯夹于两腿间；猪体较大时，可将其仰卧在长食槽中或在地上灌药，灌药时助手用开口器或小木棒将嘴撬开，操作者用药匙或小灌角将药液灌入（见图 2-4）。片剂、丸剂可直接从口角处送入舌背部，舔剂可用药匙或竹片送入，投药后使其闭嘴自行咽下。

（2）牛的灌药　牛经口灌药多用橡胶瓶或长颈玻璃瓶，或以竹筒代用。将牛由助手站立保定，一手握角根，另一手握鼻中隔，或用鼻钳使牛头稍抬高，术者左手从牛的一侧口角处伸入，打开口腔并轻压舌头，右手持盛有药液的灌药瓶，抬高瓶底，用橡胶瓶压挤，促进药液流出，在配合吞咽动作中灌服，直至灌完。如无助手协助，也可一人操作(图 2-5)。

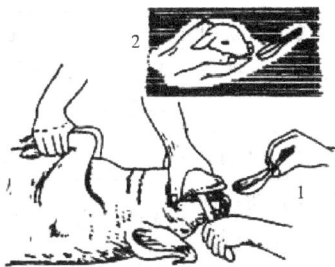

图 2-4 猪的灌药法

图 2-5 牛的灌药法

(3)马的灌药 马属动物经口灌药通常用灌角或灌注橡胶瓶，站立保定，用一条软细绳系在马的笼头上，绳的另一端经过一横木或柱栏横杆，由助手拉紧将马头吊起，使口角与耳角平行，助手另一手把住笼头。灌药时术者站在右前方或左前方，一手持药盆，另一手持盛药液的工具，自一侧口角通过门臼齿间的空隙插入口中送向舌根，翻转并抬高灌角的柄部将药液灌入，抽出灌角，待其咽下后再灌，直至灌完。灌毕取出药瓶，解开吊绳(图 2-6)。若使用药液注入器灌药时，助手抓住笼头，操作者持药液注入器，自口角插入口腔，推动活塞，分次注入药液直至灌完。每注入一次，均应待动物吞咽后再注入第二次。如不吞咽，可拨动舌头使之吞咽。

2. 胃导管投药

(1)猪的胃导管投药 猪一般采用经口插入胃的方法投药。根据猪体大小，选择适宜粗细的胃管(大动物的导尿管也可)。较小的猪(约 40 kg 以下者)灌药时，助手抓住猪的两耳将前驱夹于两腿间；如猪体较大可使用鼻端固定法保定，或将猪侧卧保定在绷架上，术者用木棒撬开口腔或用开口器打开口腔，装上投药用的横木开口器，固定于两耳后。用胃管(涂以液状石蜡)从横木开口器的中间孔插入食道内，动作要缓慢，应随猪的吞咽动作将胃导管插入食道。为了防止误入气管，应注意鉴别。胃管插入食道或气管的鉴别要点，如表 2-3 所示。插入长度为嘴端至胸前的距离。插入后，以漏斗连接于胃导管上端，并提高至适当高度，然后用搪瓷杯或其他容器将药液倒入漏斗即可灌入。灌完后，再灌少量清水，然后取出胃管，拿下开口器。

(2)牛的胃导管给药 先给牛装上木质开口器，系在两角根后部。助手固定牛头，术者持胃导管插入，方法同猪的胃导管投药。如无木质开口器，亦可从鼻孔内插入胃导管(图 2-7)。

图 2-6 马的灌药法

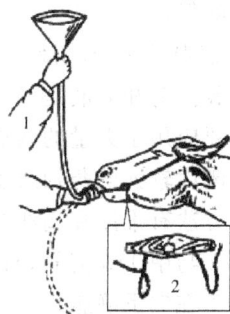

图 2-7 牛的胃导管给药法

表 2-3　胃管灌药鉴别方法

鉴别方法	插入食道内	误入气管内
手感和观察反应	胃管前端到达咽部时稍有抵抗感。但易引起吞咽动作，随吞咽胃管进入食道，推送胃管稍有阻力感，发滞	无吞咽动作，无阻力，有时引起咳嗽，误入气管后推送胃管不受阻
观察食道的变化	胃管前端在食道沟呈明显的波浪式蠕动下行	无
向胃内充气反应	随气流进入，颈沟部可见有明显波动；同时压挤橡皮球将气体排空后，不再鼓起；进气停止而有一种回声	无波动感；压橡皮球后立即鼓起；无回声
将胃管外端放在耳边听	听到不规则的"咕噜"声或水泡声，无气流冲击耳边	随呼吸动作听到有节奏的呼出气流音，冲击耳边
将胃管外端浸入水盆内	水内无气泡	随呼吸动作水内出现气泡
触摸颈沟部	手摸颈沟区感到有一硬的管索状物	无
鼻嗅胃管外端气味	有胃内酸臭气	无

（3）马的胃导管给药　马属动物一般采用经鼻插入胃管投药法。将马妥善保定，固定马头，并使马的头颈不要过度前伸。术者站在动物的一侧，一手掀开鼻翼，一手持胃导管与鼻翼一并捏紧，待其安静后。继续插入，至咽喉部时，感到有阻力，可将胃管向左（右）下方稍稍拨转，当马吞咽时（如不吞咽，助手可触摸咽喉外部诱发吞咽），乘势将胃管向前推进，即可进入食道（鉴别方法见表 2-5）。插好胃导管后，即将胃管紧贴鼻翼固定，连接漏斗，灌入药液。灌药完毕，

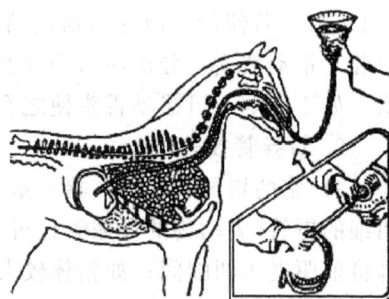

图 2-8　马的胃导管给药法

再灌以少量清水，取下漏斗，折转管口，缓缓抽出胃导管（图 2-8）。

（4）犬、猫胃管给药　保定犬、猫，使其头部前伸，将开口器放入其口内，一般情况下犬、猫会自动咬紧开口器，投药时只需抓住口嘴稍加用力即可固定。将胃导管（一般为适宜大小的人用导尿管）沿开口器中央小孔插入口中，经口咽部缓慢送入食道内，验证胃导管确实在食道内后，再插入一定深度，然后接上注射器或漏斗，慢慢注入药液，最后用少量清水将管内残留药物冲入胃内，捏封住胃管口慢慢将其抽出，取下开口器，观察片刻，解除保定。

3. 静脉注射及输液

静脉注射和输液是以注射器（或输液器）将药液直接注入动物静脉血管内的一种给药方法。主要应用于大量的输液、输血以及治疗为目的的急需速效的药物（如急救、强心等）；一般刺激性较强的药物或皮下、肌内注射不能注射的药物等必须用静脉注射的方法。静脉注射的方法有推注和滴注两种。静脉注射的部位，马、牛、羊、骆驼、鹿、犬等在颈静脉的上 1/3 与中 1/3 交界处；猪在耳静脉或前腔静脉；犬、猫可在前肢正中静脉或后肢隐静脉，禽类在翼下静脉。

（1）猪的静脉注射　先将猪站立或侧卧保定，耳静脉局部剪毛消毒。助手用手按住猪

耳背面耳根部的静脉处，使静脉怒张，或用指头弹扣，或以酒精棉球反复涂擦局部，促使血管充盈。术者用左手拇指按住猪耳背面，其余四指垫于耳下，将耳拖平并使注射部位稍高，右手持连接针头的注射器，向心方向沿耳静脉径路刺入血管内(沿静脉血管使针头与皮肤呈 $30°\sim45°$ 角)，轻轻抽动针筒活塞，见有回血时，再将针筒放平并沿血管向前进针，然后用左手拇指按住针头结合部，右手慢慢推进药液(图 2-9)。注射完毕，用酒精棉球压住针孔，右手迅速拔针，然后涂擦碘酊。

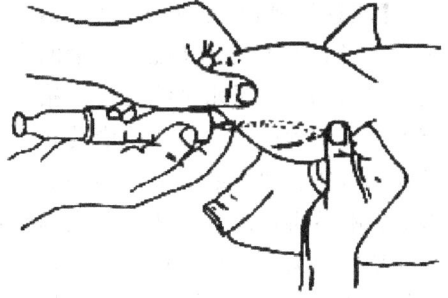

图 2-9　猪耳静脉注射法

(2)马、牛的静脉注射　马、牛静脉注射方法相似，多在颈静脉处注射。以马的颈静脉注射为例叙述如下：

注射部位多在颈静脉沟上 1/3 处进行。局部消毒，用左手拇指横压在注射部位稍下方(近心端)的颈静脉沟上，使脉管充盈怒张。右手持连接针头并装入药液的注射器，使针尖斜面朝上，沿颈静脉径路，在压迫点前上方约 2cm 处，使针头与皮肤呈 $30°\sim45°$ 角，准确迅速刺入静脉内，并感到针端空虚或听到清脆声，见有回血后，再沿脉管向前顺针，松开左手，同时用拇指、食指固定针头结合部，靠近皮肤，放低右手减少其间角度，平稳推动针筒活塞，慢慢推注药液(图 2-10)。

使用输液吊瓶时，应将吊瓶放低，见有回血时，再将输液瓶提至与动物头同高，并用夹子或胶布将输液管近端固定在颈部皮肤上，调节好滴注速度，使药液缓慢流入静脉血管内(图 2-11)。静脉注射时，必须注意将注射器或输液管内的空气(气泡)排净。输液完毕，左手持酒精棉球压紧针孔，右手迅速拔出针头，然后用 5% 的碘酊在注射部位按压。

4. 腹腔注射

腹腔注射是将药液直接注入动物腹腔的给药方法，常用于猪。注射部位：马在左侧肷窝部，牛在右侧肷窝部，较小的猪在两侧后腹部。以猪为例叙述如下：

将猪两后肢提起，倒立保定，局部剪毛，消毒。术者左手捏起猪的腹侧壁，右手持接好针头的注射器，在距耻骨前缘 $3\sim5$ cm 处腹中线旁，垂直刺入 $2\sim3$ cm，缓慢注入药液或进行输液(图 2-12)，拔出针头，消毒局部。腹腔注射宜用无刺激性的药液，如进行大量输液，宜用等渗溶液，并将药液加温至接近体温。

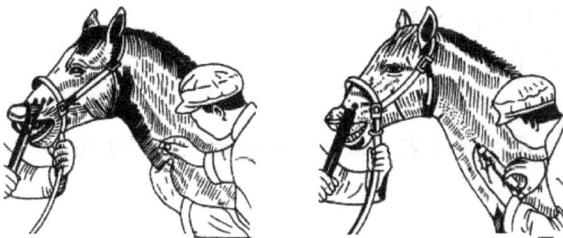

图 2-10　马颈静脉推注法

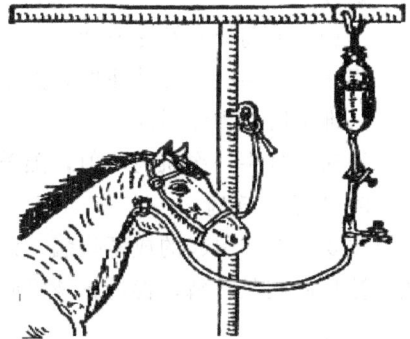

图 2-11　马颈静脉滴注法

【注意事项】在给猪灌药时要注意灌药时必须确切保定，术者和助手应密切配合。猪的头部应稍高，一般以口角与眼角的连线呈水平线为宜。猪在嘶叫时喉门开放，或猪发生了强烈咳嗽，应暂停灌药，并使头部降低，以免药液注入气管。每次灌入的药量不宜太多，也不可太急。应等其吞咽后再行灌入。如果发现病猪尚有食欲，药量较少且无特殊异味或大批群体发病时，最好将药物溶于水或混入饲料中让其自然采食，必要时可采用人工投服的方法给药。

在给牛灌药时注意不可连续灌服或将药液一下子全部灌入，以免误咽。其余注意的问题与猪灌药时大致相同。

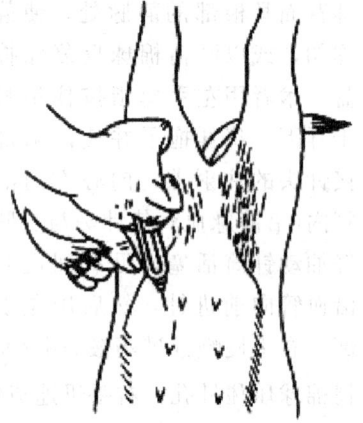

图 2-12 猪腹腔注射法

任务 3 调节新陈代谢药物应用

步骤 1 组方

1. 牛醋酮血病

由于饲喂富含蛋白质、脂肪而碳水化合物不足的饲料，使血液中酮体增高而引起。以低血糖、酮血、酮尿、酮乳为特征。治疗原则为补糖抑酮，缓解酸中毒。

处方

①25％葡萄糖注射液   1 000 mL

地塞米松磷酸钠注射液   20 mg

5％碳酸氢钠注射液   500 mL

辅酶 A   500 IU

用法：一次静脉注射，连用 3 天。也可用氢化可的松代替地塞米松。

②甘油或丙二醇   500 g

用法：一次口服，每天 2 次，连用 2 天，随后每天 250 g，再用 2 天。

2. 牛羊佝偻病

由钙、磷代谢障碍及维生素 D 缺乏引起的幼畜疾病。以消化紊乱、异嗜癖、跛行及骨骼变形为特征。治疗原则是调整饲料钙、磷平衡，补充维生素 D。

处方

①10％葡萄糖酸钙注射液   100～200 mL

用法：犊牛一次静脉注射，羔羊用 30 mL。

②维丁胶性钙注射液   2.5 万～10 万 IU

用法：犊牛一次肌肉注射，羔羊用 2 万 IU。

3. 牛羊骨软病

主要由缺磷引起的成畜疾病。以消化紊乱、异嗜癖、跛行、骨质疏松及骨骼变形为特征。治疗原则是补磷，促进钙磷吸收。

处方

①20％磷酸二氢钠注射液   400 mL

用法：一次静脉注射，每天 1 次，连用 5 天，羊用 100 mL。

②维丁胶性钙注射液　　　　　　　10 万 IU

用法：牛一次肌肉注射，羊用 2 万 IU。

4. 牛生产瘫痪

多因产前营养不足或产后泌乳过多，使体内大量的钙质进入初乳而引起的以血钙、血糖急剧降低的一种代谢性疾病。特征为低血钙、全身肌肉无力、知觉丧失及四肢瘫痪。治疗宜补充血钙、血糖。

处方

5％氯化钙注射液　　　　　　　　300 mL

10％葡萄糖注射液　　　　　　　　1 000 mL

10％安钠咖注射液　　　　　　　　20 mL

10％氯化钠注射液　　　　　　　　300 mL

用法：一次静脉注射。

5. 猪传染性胃肠炎

由猪传染性胃肠炎病毒引起的消化器官传染病。以呕吐、水样下痢、脱水及 10 日龄仔猪高死亡率为特征。

处方

①氟苯尼考注射液　　　　　　　　1 g

用法：一次肌肉注射，按每千克体重 20 mg 用药，每 2 日 1 次，连用 3～5 天。

②氯化钠　　　　　　　　　　　　3.5 g

氯化钾　　　　　　　　　　　　1.5 g

碳酸氢钠　　　　　　　　　　　2.5 g

葡萄糖　　　　　　　　　　　　20 g

温开水　　　　　　　　　　　　1 000 mL

用法：混合自由饮水。

③磺胺脒　　　　　　　　　　　　4 g

次硝酸铋　　　　　　　　　　　4 g

碳酸氢钠　　　　　　　　　　　2 g

用法：混合一次喂服，每日 2 次，连用 2～3 天。

6. 猪白肌病

由硒缺乏引起的一种代谢性疾病。病理特征以骨骼肌、心肌的变性坏死而导致运动障碍和心力衰竭，多发生于仔猪。

处方

亚硒酸钠维生素 E 注射液　　　　1～2 mg

用法：一次肌肉注射，隔日重复一次。

7. 仔猪营养性贫血

由于长期缺乏蛋白质、铁、铜、钴、叶酸及维生素 B_{12} 等造血物质所致。以生长缓慢、被毛粗乱、皮肤干燥、缺乏弹力、喜卧、异嗜、拉稀、黏膜苍白、血液稀薄等为特征。

处方1

①0.25%硫酸亚铁水溶液　　　　　适量

用法：饮服。

②维生素 B_{12} 注射液　　　　　　　2～4 mL

用法：一次肌肉注射，每日1次，连用3～5天。

处方2

硫酸铜　　　　　　　　　　　　　3 g

硫酸亚铁　　　　　　　　　　　　20 g

氯化钴　　　　　　　　　　　　　3 g

碘化钾　　　　　　　　　　　　　3 g

水　　　　　　　　　　　　　　　适量

用法：配制成溶液，每天分数次涂于母猪乳头上，任仔猪舐食。

8. 鸡维生素 B_1 缺乏症

由于饲料中维生素 B_1 缺乏或破坏引起。表现为多发性神经炎、消化不良。治疗主要以对因为主。

处方1

硫胺素片　　　　　　　　　　　　5 mg

用法：一次口服，每日一次，连用3～5天。

处方2

维生素 B_1 注射液　　　　　　　　5 mg

用法：一次肌肉注射，每日1次，连用数天。

步骤2　给药

同子项目1和2。

任务4　解毒药应用

步骤1　组方

猪有机磷中毒 多因误食有机磷污染的草料或田间杂草等，或因有机磷制剂驱虫剂量过大引起。以流涎、流泪、腹痛、呼吸急迫、肌肉震颤为特征。

处方

①1%硫酸阿托品注射液　　　　　100～200 mg

用法：一次皮下注射，按每千克体重2～4 mg用药。用药后注意瞳孔变化，若20分钟后无明显好转，应重复注射一次。

②4%解磷啶注射液　　　　　　　0.75～1.5 g

生理盐水　　　　　　　　　　　　60 mL

用法：一次静脉注射或腹腔注射。按每千克体重15～30 mg用药。2～3小时后减半量重复注射一次。

步骤2　给药

同子项目1和2。

●●●● 必备知识

第一部分 抗微生物药物

抗微生物药物是指能够抑制或杀灭细菌、支原体、真菌、病毒、衣原体、螺旋体、立克次氏体等病原微生物的各种药物，本章主要介绍抗菌药(抗生素和化学合成的抗菌药)、抗真菌药、抗支原体药、抗病毒药。

抗菌药物对病原菌具有抑制或杀灭作用，是防治动物细菌感染的一类药物。它是目前兽医临床使用最广泛、最重要的一类药物，常用的有抗生素和化学合成抗菌药。本节内容着重介绍抗菌药物的常用术语、细菌耐药性机理、分类等知识，为后续的抗菌药物深入学习奠定基础。

一、常用术语

(一)抗菌谱

抗菌谱指药物抑制或杀灭病原菌的种类范围。抗菌药物按抗菌谱可分为窄谱抗菌药和广谱抗菌药两类。窄谱抗菌药仅对单一菌种或单一菌属有抗菌作用，如青霉素主要对革兰氏阳性菌有作用，吡哌酸主要作用于革兰氏阴性菌；广谱抗菌药对多种不同种类的细菌具有抑制或杀灭作用，如四环素类药物与氟喹诺酮类药物等对革兰氏阴性细菌和革兰氏阳性细菌均有抑制和杀灭作用。现在半合成的抗生素和化学合成的抗菌药多数具有广谱抗菌作用。抗菌药的抗菌谱是临床选药的基础。

(二)抗菌活性

抗菌活性是指药物抑制或杀灭病原微生物的能力。可用体外抑菌试验和体内治疗试验方法测定。体外抑菌试验对临床用药具有重要的参考价值。在体外抑菌试验中常用最低抑菌浓度与最低杀菌浓度两个指标进行评价。能够抑制培养基中细菌生长的最低浓度称为最低抑菌浓度(MIC)；而能够杀灭培养基中细菌生长的最低浓度称为最低杀菌浓度(MBC)。

(三)抑菌作用与杀菌作用

抑菌作用是指抗菌药物抑制病原微生物生长繁殖的作用；杀菌作用是指抗菌药物杀灭病原微生物生长繁殖的作用。抗菌药的抑菌作用和杀菌作用是相对的，有些抗菌药在低浓度时呈抑菌作用，而高浓度时呈杀菌作用。临床上所指的抑菌药是指仅能抑制病原菌的生长繁殖，而无杀灭作用的药物，如磺胺类、四环素类、氯霉素类等。杀菌药是指具有杀灭病原菌作用的药物，如青霉素类、氨基糖苷类、氟喹诺酮类等。

(四)抗生素效价

效价是评价抗生素效能的标准，也是衡量抗生素活性成分含量的尺度。一般以游离态碱的重量或国际单位(IU)来计算。多数抗生素以其有效成分的一定的重量作为一个单位，如链霉素、土霉素，以游离态碱 $1\mu g$ 作为一个效价单位，即 $1g$ 为 100 万 IU。少数抗生素以特定盐 $1\mu g$ 或一定重量作为 $1IU$，如金霉素和四环素均以其盐酸盐的 $1\mu g$ 为 $1IU$，青霉素 G 钠 $0.6\mu g$ 的抗菌效力为 $1IU$，所以 $1mg$ 青霉素 G 钠盐等于 $1667IU$。也有的抗生素不采用重量单位，只以特定的单位表示效价，如制霉菌素。

(五)抗菌药后效应

抗菌药在停药后血药浓度虽已降至其最低抑菌浓度以下，但在一定时间内细菌仍受到持久抑制的效应。如大环内酯类抗生素和氟喹诺酮类抗菌药物等均有该作用。

（六）耐药性

耐药性又名抗药性，分为天然耐药性和获得耐药性两种。前者是由细菌染色体基因决定而代代相传的耐药，如肠道杆菌对青霉素的耐药，它属于细菌的遗传特征，不可改变。后者是指病原菌与抗菌药多次接触后对药物的敏感性逐渐降低甚至消失，致使抗菌药对耐药病原菌的作用降低或无效。临床上所说的耐药性一般是指后者。

（七）交叉耐药性

某种病原菌对一种药物产生耐药性后，往往对同一类的其他药物也具有耐药性，这种现象称为交叉耐药性。交叉耐药性包括完全交叉耐药性及部分交叉耐药性。完全交叉耐药性是双向的，如多杀性巴氏杆菌对磺胺嘧啶产生耐药后，对其他磺胺类药均产生耐药；部分交叉耐药性是单向的，如氨基糖苷类之间，对链霉素耐药的细菌，对庆大霉素、卡那霉素、新霉素仍然敏感，而对庆大霉素、卡那霉素、新霉素耐药的细菌，对链霉素也耐药。

二、分类

目前兽医临床常用的抗菌药物包括抗生素和化学合成的抗菌药（见图2-13、图2-14）。

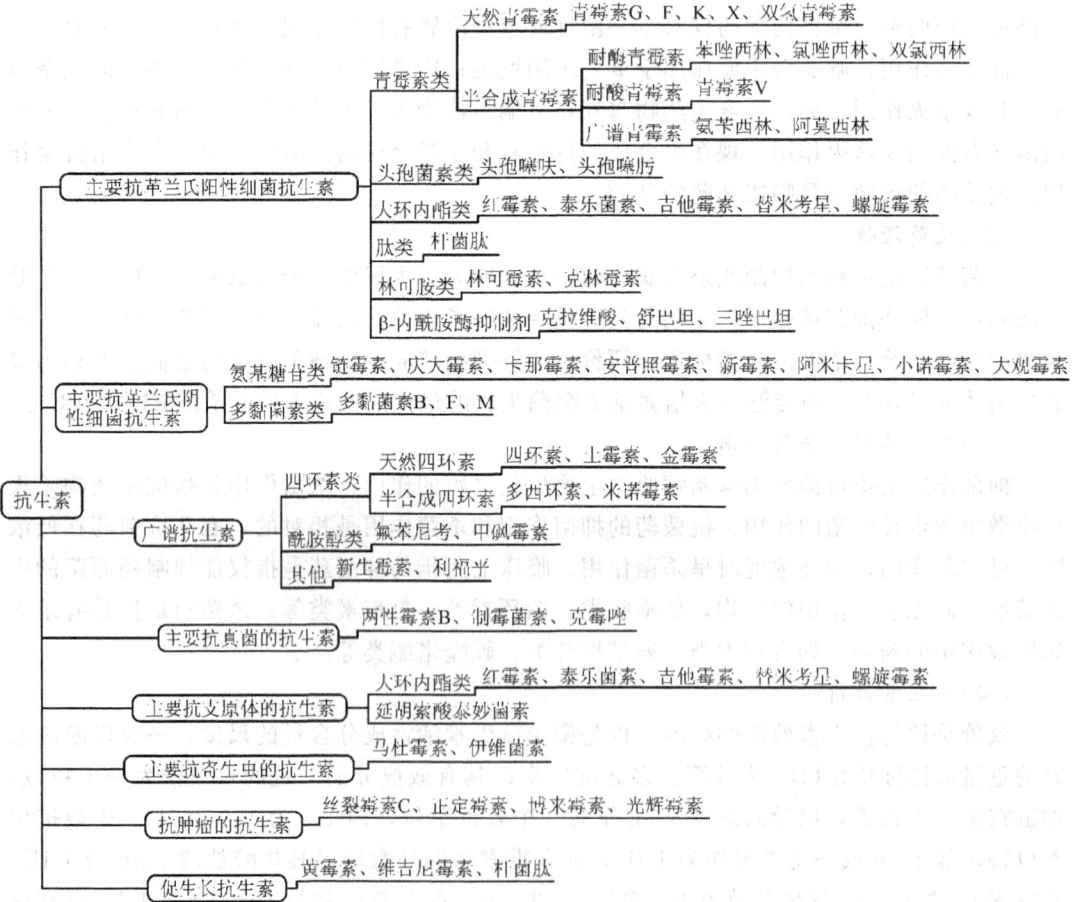

图 2-13　抗生素分类思维导图

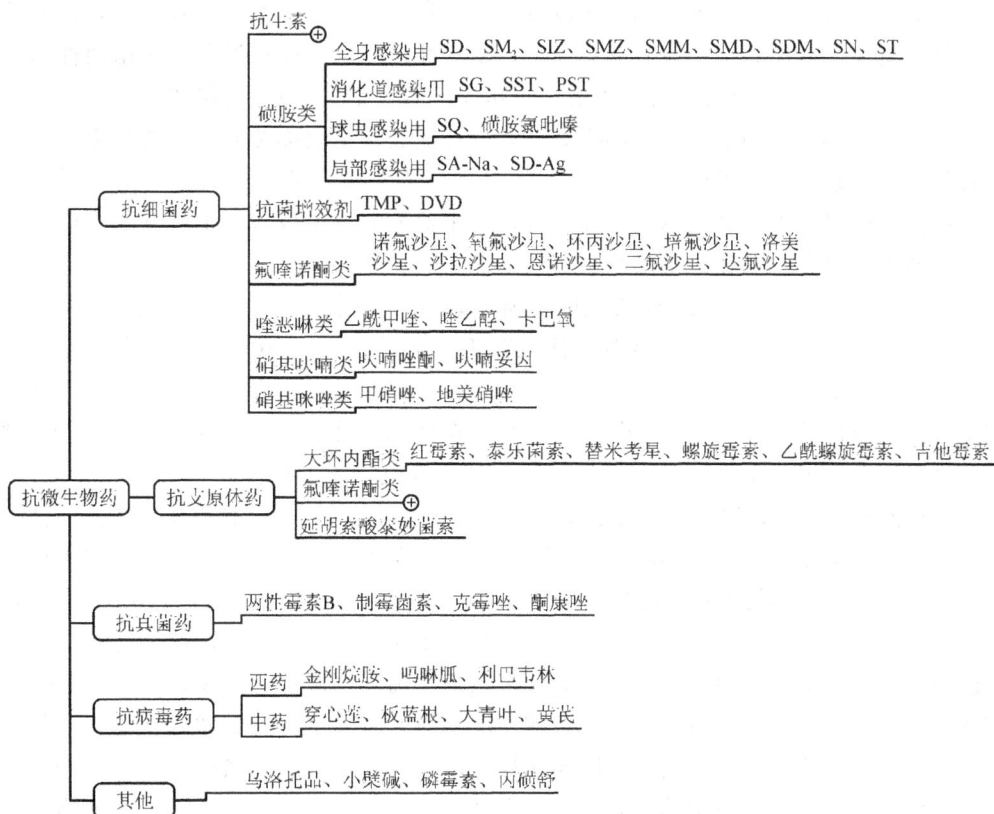

图 2-14 抗微生物药物分类思维导图

三、抗菌药物的作用机理

抗菌药物多以通过干扰细菌的生化代谢过程来杀菌或抑菌的。主要有以下几种方式（见表 2-4）：①干扰细菌细胞壁的合成，使细菌不能繁殖。因其主要影响正在繁殖的细菌细胞，所以又称作繁殖期杀菌剂。②损伤细菌细胞膜，破坏其屏障作用。③影响菌体蛋白的合成，使细菌丧失生长繁殖的基础。④影响核酸的代谢，阻碍遗传信息的传递。⑤干扰细菌 DNA 的复制。⑥抑制叶酸合成等。

表 2-4 常用抗菌药物作用机理的方式

作用方式	影响细胞壁合成	影响细胞膜通透性	抑制菌体蛋白合成	干扰叶酸合成	干扰 DNA 复制
常用药物	青霉素类 头孢菌素类 杆菌肽	多黏菌素 B 多黏菌素 E 两性霉素 B 制霉菌素	氯霉素类 四环素类 大环内酯类 林可胺类 氨基糖苷类	磺胺类 抗菌增效剂	喹诺酮类 灰黄霉素 利福平 抗肿瘤的抗生素

四、常用药物

青霉素 G(Penicillin G)

【理化性质】本品是从青霉菌培养液中提取的一种有机酸，难溶于水。临床上常用的是钠盐和钾盐，为白色结晶粉末，无臭或微有特异性臭，极易溶于水，有吸湿性，性质较稳定，耐热性也强。但配成水溶液后既不稳定，耐热性也降低，在室温下其抗菌活性易于消失，且易形成青霉烯酸（此与青霉素引起的过敏反应有一定关系）。例如 20 万 IU/mL 青霉素溶液于 30℃ 放置 24 小时，效价下降 56%，青霉烯酸含量增加 200 倍，故临床应用时要现用现配。青霉素类在近中性（pH＝6～7）溶液中较为稳定，酸性或碱性溶液均可加速分解，宜用注射用水或等渗氯化钠注射液溶解，溶于葡萄糖液中可有一定程度的分解。遇氧化剂、还原剂、醇类、重金属等均能破坏其活性。

【体内过程】内服易被胃酸和消化酶破坏，仅少量吸收，空腹时的生物利用度仅为 15%～30%，饱食后吸收更少。但新生仔猪和鸡大剂量（8～10 万单位/kg）内服可达到有效浓度。肌内或皮下注射后吸收较快，一般 15～30 分钟达到血药浓度，并迅速下降。常用剂量维持有效血药浓度仅 3～8 小时。吸收后在体内分布广泛，能分布到全身各组织，以肾、肝、肺、肌肉、小肠和脾脏等的浓度较高；骨骼、唾液和乳汁含量较低。当中枢神经系统或其他组织有炎症时，青霉素则较易透入，可达到有效浓度。青霉素在体内的消除半衰期较短，种属间的差异较小。青霉素吸收进入血液循环后在体内不易破坏，主要以原形从尿排出。在尿中约 80% 的青霉素由肾小管排出，20% 左右通过肾小球滤过。青霉素也可在乳中排泄，因此，给药后奶牛的乳汁应禁止给人食用，以免在易感人中引起过敏反应。

【药理作用】属窄谱杀菌性抗生素。对大多数革兰氏阳性菌、革兰氏阴性菌、放线菌和螺旋体等高度敏感，常作为首选药。对青霉素敏感的病原菌主要有链球菌、葡萄球菌、肺炎球菌、脑膜炎球菌、丹毒杆菌、化脓棒状杆菌、炭疽杆菌、破伤风梭菌、李氏杆菌、产气荚膜杆菌、牛放线杆菌和钩端螺旋体等。大多数革兰氏阴性杆菌对青霉素不敏感，对结核杆菌、立克次氏体则无效。

【临床应用】主要用于对青霉素敏感的病原菌所引起的各种感染。如猪链球菌病、马腺疫、坏死杆菌病、炭疽、破伤风、恶性水肿、气肿疽、猪丹毒、各种呼吸道感染、尿路感染、皮肤、软组织感染、乳腺炎、子宫炎、放线菌病、钩端螺旋体病等，也可用于家禽链球菌病、葡萄球病、螺旋体病、禽霍乱等病。

【耐药性】一般细菌对青霉素不易产生耐药性，但由于青霉素在兽医临床上长期、广泛应用，病原菌对青霉素的耐药现象已比较普遍，尤其是金黄色葡萄球菌，耐药细菌能产生青霉素酶，使青霉素水解而失去抗菌作用。现已发现多种青霉素酶抑制剂，如克拉维酸、舒巴坦等，与青霉素合用（或制成复方制剂）可用于对青霉素耐药的细菌感染，也可采用苯唑青霉素、头孢菌素类、红霉素及氟喹诺酮类药物等进行治疗。

【制剂、用法和用量】

注射用青霉素钠（钾）　40 万 IU、80 万 IU、160 万 IU。肌内注射，一次量，每千克体重，马、牛 1 万～2 万 IU，羊、猪、驹、犊 2 万～3 万 IU，犬、猫 3 万～4 万 IU，禽 5 万 IU。2～3 次/天，连用 2～3 天。乳管内注射，一次量，每一乳室，奶牛 10 万 IU，1～2 次/天。奶的废弃期 3 天。内服量（混于饲料或饮水中），雏鸡 2 000 IU/只·次。1～2 小时内服完。

休药期：禽、畜 0 天，弃奶期 3 天。

链霉素（Streptomycin）

【理化性质】本品是从灰链霉菌培养液中提取的。其硫酸盐，为白色或类白色粉末，有吸湿性，易溶于水。

【体内过程】本品内服难吸收，大部分以原形由粪便排出。肌内注射吸收迅速而完全，约(1小时)达到血药峰浓度，有效药物浓度可维持 6～12 小时。主要分布于细胞外液，易透入胸腔、腹腔中，有炎症时渗入增多。也可透过胎盘进入胎血循环，胎血浓度约为母畜血浓度的一半，因此，孕畜慎用链霉素，应警惕对胎儿的毒性不易进入脑脊液。链霉素大部分以原形通过肾小球过滤而排出，故在尿中浓度较高，可用于治疗泌尿感染。

【作用与应用】主要作用于革兰氏阴性菌及部分革兰氏阳性菌，对结核杆菌有特效。如大肠杆菌、沙门氏杆菌、布氏杆菌、变形杆菌、痢疾杆菌、鼻疽杆菌和巴氏杆菌等有较强的抗菌作用，但对绿脓杆菌作用弱。对金黄色葡萄球菌、钩端螺旋体、放线菌、败血支原体也有效。对梭菌、真菌、立克次氏体无效。主要用于敏感菌所致的急性感染，如大肠杆菌所引起的各种腹泻、乳腺炎、子宫炎、败血症、膀胱炎等；巴氏杆菌所引起的牛出血性败血症、犊牛肺炎、猪肺疫、禽霍乱等；鸡传染性鼻炎；马棒状杆菌引起的幼驹肺炎等。

【耐药性】反复使用链霉素，细菌极易产生耐药性，并远比青霉素快，且一旦产生，停药后不易恢复。因此，临床上采用联合用药，以减少或延缓耐药性的产生。与卡那霉素、庆大霉素之间存在部分交叉耐药性。

【不良反应】家畜对链霉素的不良反应不多见，但一旦发生，死亡率较高。过敏反应时可出现皮疹、发热、血管神经性水肿、嗜酸性白细胞增多等。乳房、阴唇等部位水肿。长时间应用可损害第八对脑神经，出现行走不稳、共济失调和耳聋等症状。用量过大可阻滞神经肌肉接头部位冲动的传导，出现呼吸抑制、肢体瘫痪和骨骼肌松弛等症状。此时立刻停药，肌内注射新斯的明或静脉注射 10% 的葡萄糖酸钙等抢救。

【注意事项】在弱碱性条件下，抗菌活性增强。例如，在 pH 为 8 时抗菌作用比在 pH 为 5.8 时强 20～80 倍。

【制剂、用法与用量】

注射用硫酸链霉素 0.75 g、1 g、2 g、5 g。肌内注射，每千克体重，家畜 10～15 mg，家禽 20～30 mg。2 次/天，连用 2～3 天。

休药期：牛、羊、猪 18 天；弃奶期 3 天。

土霉素(Oxytetracycline)

【理化性质】本品从土壤链霉菌中获得。为淡黄色的结晶性或无定型粉末。无臭。在日光下颜色变暗，在碱性溶液中易被破坏而失效。在水中极微溶解，易溶于稀酸、稀碱。常用其盐酸盐，易溶于水。

【体内过程】内服吸收不规则、不完全，主要在小肠的上段被吸收。胃肠道内的镁、钙、铝、铁、锌、锰等多价金属离子，能与本品形成难溶的螯合物，而使药物吸收减少。因此，不宜与含多价金属离子的药物或饲料、乳制品同用。内服 2～4 h 血药浓度达到峰值。反刍兽因吸收差，且抑制瘤胃内微生物活性，不宜内服给药。吸收后在体内分布广泛，易渗入胸、腹腔和乳汁，亦能通过胎盘屏障进入胎儿循环，脑脊液中浓度低。体内储存于胆、脾，尤其易沉积于骨骼和牙齿；有相当一部分可随胆汁排入肠道，再被吸收利用，形成"肝肠循环"，从而延长药物在体内的持续时间。主要由肾脏排泄，在胆汁和尿中浓度高，有利于胆道及泌尿道感染的治疗。但肾功能障碍时，则减慢排泄，延长消除半衰期，增强对肝脏的毒性。

【作用与应用】本品为广谱抗生素。除对革兰氏阳性菌和阴性菌有作用外，对立克次氏体、衣原体、支原体、螺旋体、放线菌和某些原虫亦有抑制作用。但对革兰氏阳性菌的作用不如青霉素类和头孢菌素类；对革兰氏阴性菌的作用不如氨基糖苷类和氯霉素。主要用于治疗敏感菌所致的各种感染。如猪肺疫、禽霍乱、布氏杆菌病和犊牛、仔猪和禽的白痢等。此外对防治畜禽支原体病、放线菌病、球虫病、钩端螺旋体病等也有一定疗效，还有促进幼龄动物生长的作用。

【耐药性】由于四环素类药物的广泛应用，近年来，细菌对其耐药状况较严重，一些常见的病原菌耐药率很高，因此限制了本类药物的应用。天然四环素之间有完全交叉耐药性，与半合成四环素存在部分交叉耐药性。

【不良反应】①局部刺激：其盐酸盐水溶液属强酸性，刺激性大，不宜肌内注射，静脉注射时药液漏出血管外可导致静脉炎；②二重感染：成年草食动物内服后，易引起肠道菌群紊乱，消化机能失调，造成肠炎和腹泻，故成年草食动物不宜内服；③肝脏毒性：长期应用可导致肝脏脂肪变性，甚至坏死，应注意肝功能检查。

【注意事项】①土霉素的盐酸盐水溶液的局部刺激性强，注射剂一般用于静脉注射，但浓度为20%的长效土霉素注射液则可分点深部肌肉注射。②在肝、肾功能不全的患病动物或使用呋塞米强效利尿药时，忌用本品。③食物可降低疗效，宜空腹给药。

【制剂、用法与用量】

土霉素片 0.05 g、0.125 g、0.25 g。内服，一次量，每千克体重，猪、驹、犊、羔 10～25 mg，犬 15～50 mg，禽 25～50 mg。2～3 次/天。连用 3～5 天。

注射用盐酸土霉素 0.2 g、1 g。肌内静脉注射，一次量，每千克体重，家畜 5～10 mg。2 次/天，连用 2～3 天。

盐酸土霉素可溶性粉 混饮，每 1 L 水，猪 100～200 mg，禽 150～250 mg。

休药期：土霉素内服，牛、羊、猪 7 天，禽 5 天，弃蛋期 2 天，弃奶期 3 天。土霉素注射液肌内注射，牛、羊猪 28 天，弃奶期 7 天。注射用盐酸土霉素静脉注射，牛、羊、猪 8 天，弃奶期 2 天。

甲砜霉素(Thiamphenicol)

【理化性质】甲砜霉素又名甲砜氯霉素、硫霉素。为白色结晶性粉末。无臭。微溶于水，溶于甲醇，几乎不溶于乙醚或氯仿。

【体内过程】内服后吸收迅速而完全，猪肌内注射吸收快，约 1 h 可达血药峰浓度，生物利用度为 76%，半衰期为 4.2 h；静脉注射给药的半衰期为 1h。内服后体内组织分布广泛，肾、肺、肝内含量高，比同剂量的氯霉素约高 3～4 倍，因此体内抗菌活性较强。甲砜霉素与氯霉素不同，甲砜霉素不在肝内代谢灭活，也不与葡萄糖醛酸结合，血中游离型药物浓度较高，故有较强的体内抗菌作用，且肝功能不全时血药浓度不受影响。由于存在肝肠循环，胆汁中药物浓度高，可为血药浓度的几十倍。血浆蛋白结合率为 10%～20%。本品主要通过肾脏排出，且大多数药物以原型从尿中排出，故可用于治疗泌尿道的感染。

【作用与应用】本品属广谱抗生素，对大多数革兰氏阴性菌和阳性菌均有抑制作用，但对革兰氏阴性菌的作用比阳性菌强。其敏感的革兰氏阴性菌有大肠杆菌、沙门氏菌、伤寒杆菌、副伤寒杆菌、产气荚膜杆菌、克雷伯氏杆菌、巴氏杆菌、布氏杆菌及痢疾杆菌等，尤其对大肠杆菌、巴氏杆菌及沙门氏菌高度敏感。敏感的革兰氏阳性菌有炭疽杆菌、葡萄球菌、棒状杆菌、肺炎球菌、链球菌、肠球菌等，但对革兰氏阳性菌的作用不及青霉素和四环素。绿脓杆菌对本品多有耐药性。此外，本品对放线菌、钩端螺旋体、某些支原体、部分衣原体和立克次氏体也有作用。主要用于幼畜副伤寒、白痢、肺炎及家畜的肠道感染，如禽大肠杆菌病、沙门氏菌病、呼吸道细菌性感染等。也用于防治鱼类等多种细菌性疾病。尤其对治疗伤寒和副伤寒效果显著。

【耐药性】细菌在体内外对本品均可缓慢产生耐药性，耐药菌以大肠杆菌为多。同类药物间有完全交叉耐药性。

【不良反应】本品有较强的免疫抑制作用，约比氯霉素强 6 倍，可抑制抗体的生成，禁用于疫苗接种期的动物和免疫功能严重缺损的动物。毒性较氯霉素低，通常不引起再生障碍性贫血，但能可逆性抑制红细胞生成。

【制剂、用法与用量】

甲砜霉素片　25 mg、100 mg、125 mg、250 mg。内服，一次量，每千克体重，家畜 10～20 mg，家禽 20～30 mg。2 次/天。

散剂　混饲：每 1000 kg 饲料，禽 200～300 g，猪 200 g。

休药期　片剂：28 日，弃奶期 7 日。散剂：28 日，弃奶期 7 日。

【磺胺类】

自从 1935 年发现第一个磺胺类药物——白浪多息以来，先后合成的这类药有成千上万种，而临床上常用的只有约二三十种。虽然 20 世纪 40 年代以后，各类抗生素不断地被发现和发展，在临床上取代了多数磺胺类药物，但由于磺胺类药对动物某些疾病疗效良好，例如，治疗鸡传染性鼻炎、猪弓形体、禽球虫等，同时又具有性质稳定、使用方便、价格低廉等优点，且与甲氧苄定和二甲氧苄定等抗菌增效剂合用，抗菌活性增强，故在抗微生物药物中仍占一席之地。磺胺类药物为白色或淡黄色结晶粉末，难溶于水，具有酸碱两性，其钠盐制剂易溶于水。

（一）磺胺类药物的分类

根据磺胺类药物在临床上的应用，可将其分为四类。

（1）用于全身感染　例如磺胺嘧啶（SD）、磺胺二甲嘧啶（SM₂）、磺胺异恶唑（SIZ）、磺胺甲恶唑（SMZ）、磺胺间甲氧嘧啶（SMM）、磺胺对甲氧嘧啶（SMD）、磺胺地托辛（SDM）、磺胺多辛（SDM′）、胺苯磺胺（SN）等。这类磺胺药肠道易吸收，故适用于全身感染。

（2）用于消化道感染　磺胺脒（SG）、琥磺噻唑（SST）、酞磺噻唑（PST）。这类磺胺药肠道难吸收，故适用于肠道感染。

（3）用于球虫感染　磺胺喹恶啉（SQ）、磺胺氯吡嗪，此外部分用于全身感染的磺胺药物也兼有这方面的作用，例如磺胺二甲嘧啶、磺胺间甲氧嘧啶等。

（4）外用局部感染　磺胺醋酰钠（SA-Na）、磺胺嘧啶银（SD-Ag）等外用磺胺药。

（二）体内过程

1. 吸收

内服易吸收的磺胺，其生物利用度大小因药物和动物种类而有差异。其顺序分别为：SM₂＞SDM′＞SN＞SD；禽＞犬＞猪＞马＞羊＞牛。一般而言，肉食动物内服后 3～4 小时；草食动物为 4～6 小时；反刍动物为 12～24 小时达血药峰浓度。尚无反刍机能的犊牛和羔羊，其生物利用度与肉食、杂食动物相似。此外，胃肠内容物充盈度及胃肠蠕动情况，均能影响磺胺药的吸收。磺胺的钠盐可经肌内注射等途径，迅速吸收。

2. 分布

磺胺被吸收后分布于全身各组织和体液中。以血液、肝、肾含量较高，神经、肌肉及脂肪中的含量较低，可进入乳腺、胎盘、胸膜、腹膜及滑膜腔。吸收后，一部分与血浆蛋白结合，但结合疏松，可逐渐释出游离型药物。磺胺类中以 SD 与血浆蛋白的结合率较低，因而进入脑脊液的浓度较高(为血药浓度的 $50\% \sim 80\%$)，故可作脑部细菌感染的首选药。磺胺类的蛋白结合率因药物和动物种类的不同而有很大差异，通常以牛为最高，羊、猪、马等次之。一般来说，血浆蛋白结合率高的磺胺类排泄较缓慢，血中有效药物浓度维持时间也较长。

3. 代谢

主要在肝脏代谢，最常见的方式是对位氨基的乙酰化。磺胺乙酰化后失去了抗菌活性，但仍保持原有的毒性。除 SD 外，其他乙酰化磺胺的溶解度普遍下降，增加了对肾脏的毒副作用。肉食及杂食动物，由于尿中酸度比草食动物高，较易引起磺胺及乙酰化磺胺的沉淀，导致结晶尿的产生，损害肾功能。若同时内服碳酸氢钠碱化尿液，则可提高其溶解度，促进从尿中排出。

4. 排泄

内服难吸收的磺胺药主要随粪便排出；肠道易吸收的磺胺药主要通过肾脏排出，少量由乳汁、消化液及其他分泌液排出。经肾排出的药物，以原形药、乙酰化代谢产物、葡萄糖醛酸结合物三种形式排泄。排泄的快慢主要取决于通过肾小管时被重吸收的程度。凡重吸收少者，排泄快，消除半衰期短，有效药物浓度维持时间短；而重吸收多者，排泄慢，消除半衰期长，有效血液浓度维持时间长。当肾功能损害时，药物的消除半衰期明显延长，毒性可能增加，临床应用时应注意。治疗尿路感染时，应选用乙酰化率低、原形排出多的磺胺药，例如 SMD、SMZ。

(三)抗菌谱与作用

广谱抑菌药。对大多数革兰氏阳性菌和部分革兰氏阴性菌有效，甚至对衣原体和某些原虫也有效。对磺胺类药物较敏感的病原菌有链球菌、肺炎球菌、沙门氏菌、化脓棒状杆菌、大肠杆菌等；一般敏感菌有葡萄球菌、变形杆菌、巴氏杆菌、产气荚膜杆菌、肺炎杆菌、炭疽杆菌、绿脓杆菌等。某些磺胺药还对球虫、卡氏住白细胞原虫、弓形虫等有效，但对螺旋体、立克次氏体、结核杆菌等无效。

不同磺胺类药物对病原菌的抑制作用亦有差异。一般来说，其抗菌作用强度的顺序为 $SMM > SMZ > SD > SDM > SMD > SM_2 > SDM' > SN$。

(四)作用机理

磺胺类药物主要通过干扰敏感菌的叶酸代谢而抑制其生长繁殖。对磺胺药敏感的细菌在生长繁殖过程中，不能直接从生长环境中利用外源叶酸，而是利用对氨基苯甲酸(PA-BA)、喋啶及谷氨酸，在二氢叶酸合成酶的催化下合成二氢叶酸，再经二氢叶酸还原为四氢叶酸，四氢叶酸是一碳基团转移酶的辅酶，参与嘌呤、嘧啶、氨基酸的合成。磺胺类的化学结构与 PABA 的结构极为相似，能与 PABA 竞争二氢叶酸，抑制二氢叶酸的合成，进而影响核酸的合成，结果细菌生长繁殖被抑制。

根据上述作用机理，应用时须注意：①首次量应加倍，使血药浓度迅速达到有效抑菌浓度；②在脓液和坏死组织中，含有大量的 PABA，可减弱磺胺类的作用，故局部应用时要清创排脓；③局部应用普鲁卡因时，因其在体内水解产生大量 PABA，可减弱磺胺类药物的疗效。

（五）耐药性

细菌对磺胺类易产生耐药性，尤以葡萄球菌最易产生，大肠杆菌、链球菌等次之。各磺胺药之间可产生程度不同的交叉耐药性，但与其他抗菌药之间无交叉耐药现象。

（六）常用药物的作用与应用

1. 磺胺嘧啶（Sulfadiazine，SD）

本药与血浆蛋白结合率低，易渗入组织和脑脊液，为脑部感染的首选药。对球菌和杆菌等效力强，例如溶血性链球菌、肺炎双球菌、脑膜炎双球菌、沙门氏菌、大肠杆菌等。对衣原体和某些原虫也有效，但对金黄色葡萄球菌作用较差。临床用于治疗敏感菌引起的脑部、呼吸道及消化道感染，如犬脑膜炎、马腺疫、猪萎缩性鼻炎、兔葡萄球菌病、禽霍乱和球虫感染等，亦常用于治疗弓形虫病。

2. 磺胺二甲嘧啶（Sulfadimerazine，SM_2）

本品抗菌作用及疗效同磺胺嘧啶，但较弱，乙酰化率低，不良反应少。主要用于溶血性链球菌、葡萄球菌、肺炎球菌、巴氏杆菌、大肠杆菌、李斯特菌所致疾病，及乳腺炎、子宫炎，也可用于防治兔、禽球虫病和猪弓形虫病等。

3. 磺胺间甲氧嘧啶（Sulfamonomethoxine，SMM）

本品又名磺胺-6-甲氧嘧啶。本品是体内外抗菌作用最强的磺胺药，除对大多数革兰氏阳性菌和革兰氏阴性菌有较强的抑制作用外，对球虫、住白细胞原虫、弓形虫等亦有较强的作用。细菌对此药产生耐药性较慢。主要用于防治鸡传染性鼻炎、鸡住白细胞原虫病、鸡球虫病、兔球虫病、猪弓形虫病、猪萎缩性鼻炎、牛乳腺炎、牛子宫内膜炎及敏感菌所引起的呼吸道、泌尿道和消化道感染。

4. 磺胺甲恶唑（Sulfamethoxazoe，SMZ）

本品又名新诺明，抗菌谱与磺胺嘧啶相似，但抗菌活性与磺胺-6-甲氧嘧啶相似或略弱，强于其他磺胺药，与 TMP 联合应用，可明显增强其抗菌作用。特点为蛋白结合率高，排泄较慢，乙酰化率高。主要用于敏感菌引起的呼吸道、泌尿道和消化道感染。

5. 磺胺对甲氧嘧啶（Sulfa-5-methoxypyrimidine，SMD）

本品又名磺胺-5-甲氧嘧啶。抗菌作用较弱，对球虫也有抑制作用。对泌尿系统感染疗效较好。主要用于防治球虫病，敏感菌引起的尿道、呼吸道、消化道、皮肤感染及败血症等。

6. 磺胺脒（Sulfaguanidine，SG）

内服大部分不吸收，肠内浓度高。适用于肠道感染，如肠炎、白痢和球虫病。

7. 胺苯磺胺（Sulfanilamide，SN）

水溶性较高，蛋白结合率低，透入脑脊液、羊水、乳汁、房水中浓度较高。但由于其抗菌力低，毒性大，故常外用治疗感染创。配成 10% 软膏，外用。

8. 磺胺嘧啶银（Sulfadiazine Silver，SD-Ag）

对绿脓杆菌和大肠杆菌作用强，且有收敛创面和促进愈合的作用。主要用于烧伤感染。撒布于烧伤创面或配成 2% 的混悬液湿敷。

（七）不良反应及预防措施

1. 不良反应

①神经系统：神经兴奋、共济失调，痉挛性麻痹。多见于静脉注射磺胺钠盐注射剂时，因剂量过大或注射速度过快而引起，内服过大剂量时也可发生，动物中以山羊最敏感，可见到视觉障碍、散瞳。

②消化系统：恶心、呕吐、腹泻、厌食等。

③泌尿系统：结晶尿、血尿、蛋白尿。

④血液系统：粒细胞减少、溶血性贫血，再生障碍性贫血、毛细血管性渗血等。

⑤免疫系统：免疫器官，如鸡的法氏囊、胸腺等，出血及萎缩，幼畜或幼禽免疫系统抑制。

⑥过敏反应：皮疹、荨麻疹、血管性水肿、敏感性皮炎等。

⑦家禽则表现增重减慢，蛋鸡产蛋率下降，蛋破损率和软蛋率增加。

2. 预防措施

①磺胺类药物连续使用时间不要超过 5 天，同时尽量选用含有增效剂的磺胺类药物，以降低其用量，降低其毒性。

②在治疗肠道疾病时，应选用肠道难吸收的磺胺药。使肠内浓度高而增强疗效，同时血液中浓度低，毒性较小。

③用药时间必须供给充足的饮水，增加排尿。

④使用磺胺类药物首次量加倍。

⑤除专供外用的磺胺药外，尽量避免局部应用磺胺药，以免发生过敏反应和产生耐药菌株。

⑥幼畜、肉食兽、杂食兽使用磺胺类药物时，宜与碳酸氢钠同服，以碱化尿液，加速排泄，减少对泌尿系统的损伤。

⑦尽量选用活性强、溶解度大、乙酰化率低的磺胺类药物。

⑧动物免疫期间、蛋鸡产蛋期间禁用磺胺类药物。

⑨肾功能不全、酸中毒、少尿的动物慎用或不用磺胺类药物。

【抗菌增效剂】

抗菌增效剂是一类新型广谱抗菌药物。由于它能增强磺胺药和多种抗生素的疗效，故称为抗菌增效剂。国内常用有甲氧苄啶（TMP）和二甲氧苄啶（DVD）两种。

【作用机制】

抗菌增效剂主要是抑制细菌的二氢叶酸还原酶，使二氢叶酸不能还原为四氢叶酸，从而阻碍细菌蛋白质和核酸的生物合成。当其与磺胺药合用时，可使细菌的叶酸代谢遭到双重阻断，抗菌作用增强数倍至数十倍，甚至出现强大的杀菌作用，还可减少耐药菌株的产生。

甲氧苄啶（Trimethoprim；Synaprim；TMP）

【理化性质】为白色或类白色晶粉；味苦。不溶于水，在氯仿中略溶，在乙醇或丙酮中微溶，在冰醋酸中易溶。

【体内过程】本品内服或注射后吸收迅速而完全，1～2 小时血药浓度达高峰。本品脂溶性较高，可广泛分布于各种组织和体液中，在肾、肝、肺、皮肤中的浓度高，其消除半衰期存在较大的种属差异，马 4.2 小时，水牛 3.4 小时，黄牛 1.4 小时，奶山羊 0.9 小时，猪 1.4 小时，鸡、鸭约 2 小时。本品主要从尿中排出，3 天内约排出剂量的 80%，其中 6%～15% 以原形排出，尚有少量从胆汁、乳汁和粪便中排出。

【作用与应用】本品抗菌谱与磺胺药基本相似，但抗菌作用较弱，对多数革兰氏阳性菌和阴性菌均有抑制作用。与磺胺药合用，可增强磺胺药的作用达数倍至数十倍，还可减少耐药菌株的产生。本品还能增强抗菌药物，如土霉素、青霉素、头孢菌素、红霉素、庆大霉素、多黏菌素等的抗菌作用，但单独应用时易产生耐药性。常与磺胺药或某些抗生素按一定比例(磺胺 1∶5，抗生素 1∶4)配伍用于呼吸道、消化道、泌尿生殖道感染，以及败血症、蜂窝织炎等。亦常与某些磺胺药，如 SG、SMM、SMD、SMZ、SD 等配伍，用于禽球虫病、卡氏住白细胞原虫病、传染性鼻炎、禽霍乱、大肠杆菌病等的治疗。

【耐药性】单独使用细菌易产生耐药性，故一般不单独使用。

磺胺嘧啶片　0.5 g。内服，一次量，每千克体重，家畜首次量 0.14～0.2 g，维持量 0.07～0.1 g。2 次/天，连用 3～5 天。休药期：片剂，牛 28 天。

磺胺嘧啶钠注射液　5 mL∶1 g、10 mL∶1 g、50 mL∶5 g。静脉注射，一次量，每千克体重，家畜 0.05～0.1 g。1～2 次/天，连用 2～3 天。休药期：牛 10 天，羊 18 天，猪 10 天；弃奶期：3 天。

复方磺胺嘧啶钠注射液　10 mL∶SD 1 g 与 TMP 0.2 g。肌内注射，一次量，每千克体重，家畜 20～30 mg。1～2 次/天，连用 2～3 天。休药期：牛羊 12 天，猪 20 天；弃奶期：2 天。

磺胺二甲嘧啶片　0.5 g。内服，一次量，每千克体重，家畜首次量 0.14～0.2 g，维持量 0.07～0.1 g。1～2 次/天，连用 3～5 天。休药期：片剂，牛 10 天，猪 15 天，禽 10 天。

磺胺二甲嘧啶钠注射液　5 mL∶0.5 g、10 mL∶1 g、100 mL∶10 g。静脉注射，一次量，每千克体重，家畜 50～100 mg。1～2 次/天，连用 2～3 天。休药期：28 天。

磺胺间甲氧嘧啶片　0.5 g。内服，一次量，每千克体重，家畜首次量 50～100 mg，维持量 25～50 mg。1～2 次/天，连用 2～3 天。休药期：28 天。

磺胺甲恶唑片　0.5 g。内服，一次量，每千克体重，家畜首次量 50～100 mg，维持量 25～50 mg。2 次/天，连用 3～5 天。休药期：28 天；弃奶期：7 天。

复方磺胺甲恶唑片　每片含 TMP 0.08 g、SMD 0.4 g。内服，一次量，每千克体重，家畜 20～25 mg。2 次/天，连用 3～5 天。休药期：28 天；弃奶期：7 天。

复方磺胺对甲氧嘧啶钠注射液　10 mL∶SMD 2 g 与 TMP 0.4 g。肌内注射，一次量，每千克体重，家畜 15～20 mg。1～2 次/天，连用 2～3 天。休药期：28 天；弃奶期：7 天。

磺胺脒片　0.5 g。内服，一次量，每千克体重，家畜首次量 0.14～0.2 g，维持量 0.07～0.1 g。2～3 次/天，连用 3～5 天。

【喹诺酮类】

喹诺酮类药物是一类化学合成杀菌性抗菌药，对细菌 DNA 螺旋酶具有选择性抑制作用。第一代药物为 1962 年合成的萘啶酸，目前已趋淘汰。第二代的主要品种有吡哌酸和动物专用的氟甲喹，前者于 1974 年制成，在临床上主要用于消化道感染(犬敏感，禁用)，后者常用作鱼、虾的抗菌药。现在广泛应用的是以 1979 年合成的以诺氟沙星为代表的第三代喹诺酮类，由于它们都具有 6-氟-7-哌嗪-4 喹诺酮环，故又称为氟喹诺酮类，现兽医临床常用的有氧氟沙星、环丙沙星、培氟沙星、洛美沙星、沙拉沙星、恩诺沙星、二氟沙星、达氟沙星等，后四种为动物专用药物。这类药物具有抗菌谱广，杀菌力强，吸收快和体内分布广泛，抗菌作用独特，与其他抗菌药无交叉耐药性，使用方便，不良反应少等特点。氟喹诺酮类在应用中也存在不足：大剂量或长期用药，可导致结晶尿，也可损伤肝脏和出现胃肠道反应；对中枢神经系统引起不安、惊厥等反应；对幼龄动物关节软骨有一定损害；可引起过敏反应等。

（一）抗菌谱

氟喹诺酮类为广谱杀菌性抗菌药。对革兰氏阳性菌、革兰氏阴性菌、支原体、某些厌氧菌均有效。如对大肠杆菌、沙门氏菌、巴氏杆菌、克雷伯氏杆菌、变形杆菌、绿脓杆菌、嗜血杆菌、支气管败血波氏杆菌、丹毒杆菌、链球菌、化脓棒状杆菌等均敏感。包括对耐青霉素的金葡菌、耐庆大霉素的绿脓杆菌、耐泰乐菌素的支原体也敏感。

（二）耐药性

随着氟喹诺酮类药物的广泛应用，细菌对该类药物的耐药性也迅速增长，尤其是大肠杆菌，且在各品种间呈交叉耐药。

（三）常用药物及应用

诺氟沙星（Norfloxacin）

【理化性质】诺氟沙星又名氟哌酸，为类白色至黄色结晶性粉末。无臭，味微苦。在水或乙醇中只能够极微溶解，在醋酸、盐酸或氢氧化钠溶液中易溶。其烟酸盐、盐酸盐和乳酸盐均易溶于水。

【体内过程】内服及肌内注射吸收迅速，1～2 小时达血药峰浓度，但不完全。内服给药的生物利用度：鸡 57%～61%，犬 35%；肌内注射的生物利用度：鸡 69%，猪 52%。血浆蛋白结合率低，10%～15%。在体内分布广泛。内服剂量的 1/3 经尿排出，其中 80% 为原形药物。清除半衰期较长，在鸡、兔和犬体内分别为 3.7～12.1 小时、8.8 小时及 6.3 小时。有效血药浓度维持时间较长。

【作用与应用】本品对革兰氏阴性菌，如大肠杆菌、沙门氏菌、巴氏杆菌及绿脓杆菌的作用较强；对革兰氏阳性菌有效；对支原体亦有一定的作用；对大多数厌氧菌不敏感。主要用于治疗猪和禽类的敏感细菌及支原体所致的各种感染性疾病，如禽的大肠杆菌病、巴氏杆菌病、沙门氏菌病和鸡的慢性呼吸道病以及仔猪黄、白痢等。

【制剂、用法与用量】

烟酸诺氟沙星可溶性粉 50 g：1.25 g。混饮，每 1 L 水，禽 100 mg；内服一次量，每千克体重，猪、犬 10～20 mg，1～2 次/天。

烟酸诺氟沙星注射液   100 mL：2 g。肌内注射，一次量，每千克体重，猪 10 mg。2 次/天。

休药期：烟酸诺氟沙星，猪、鸡 28 天。乳酸诺氟沙星，鸡 8 天。产蛋期禁用。

环丙沙星（Ciprofloxacin）

【理化性质】环丙沙星又名环丙氟哌酸，其盐酸盐和乳酸盐，为淡黄色结晶性粉末，味苦，易溶于水。

【体内过程】内服、肌内注射吸收迅速，生物利用度种属间差异较大。内服的生物利用度：鸡70%，猪37.3%～51.6%，犊牛53.0%，马6.8%；肌内注射的生物利用度：猪78%，绵羊49%，马98%。血药浓度的达峰值时间为1～3小时。在动物体内分布广泛。内服的消除半衰期：犊牛8.0小时，猪3.32小时，犬4.65小时主要通过肾脏排泄，猪和犊牛从尿中排出的原型药物分别为给药剂量的47.3%及45.6%。血浆蛋白结合率猪为23.6%，牛为70.0%。

【作用与应用】对革兰氏阴性菌的抗菌活性是目前应用的氟喹诺酮类中较强的一种；对革兰氏阳性菌的作用也较强。此外，对厌氧菌、绿脓杆菌亦有较强的抗菌作用。临床应用于全身各系统的感染，如对消化道、呼吸道、泌尿道、皮肤软组织感染及支原体感染等均有效果。

【制剂、用法与用量】

盐酸环丙沙星注射液　10 mg：0.2 g。肌内注射，一次量，每千克体重，家畜2.5 mg，家禽5 mg。2次/天。休药期：牛14天，猪10天，禽28天；弃奶期84小时。

盐酸环丙沙星可溶性粉50 g：1 g。混饮，每1 L水，家禽1 g。休药期：畜、禽8天。产蛋鸡禁用。

【抗微生物药物的合理应用】

抗菌药是目前兽医临床使用最广泛和最重要的药物。但目前不合理使用，尤其是滥用药的现象较为严重，不仅造成药品的浪费，而且导致畜禽不良反应增多、细菌耐药性的产生和兽药残留等，给兽医工作、公共卫生及人类健康带来了不良后果。因此，未来充分发挥抗菌药的疗效，降低药物对畜禽的毒副反应，减少耐药性的产生，必须切实合理使用抗菌药物。一般有以下一些原则。

（一）严格按照抗菌谱和适应症选药

通过症状、病理剖检、细菌分离鉴定等方法，明确致病菌类型后，严格按照根据抗菌药物的抗菌谱和适应症，有针对地选用抗菌药物。例如，革兰氏阳性菌引起的猪丹毒、破伤风、炭疽、马腺疫、气肿疽、牛放线菌病、葡萄球菌性和链球菌性炎症、败血症等疾病，可选用青霉素类、大环内酯类或第一代头孢菌素、林可霉素等；革兰氏阴性菌感染引起的巴氏杆菌病、大肠杆菌病、沙门氏菌病、肠炎、泌尿道炎症，则应选择氨基糖苷类、氟喹诺酮类等。而对于耐青霉素G的金色葡萄球菌所致的呼吸道感染、败血症等，可选用苯唑西林、氯唑西林、大环内酯类和头孢菌素类抗生素；对于绿脓杆菌引起的创面感染、尿路感染、败血症、肺炎等，可选用庆大霉素、多黏菌素等；对于支原体引起的猪气喘病和慢性呼吸道病，则应首选恩诺沙星、红霉素、泰乐菌素、泰妙菌素等；对于支原体和大肠杆菌等混合感染疾病，则可选用广谱抗菌药或联合使用抗菌药，可选用四环素类、氟喹诺酮类或联合使用林可霉素与大观霉素等。

（二）充分考虑药动学的特性来选择药物

例如，防治消化道感染时，应选择氨基糖苷类、氨苄西林、磺胺咪等消化道不易吸收的抗菌药；在泌尿道感染中，应选用青霉素类、链霉素、土霉素和氟苯尼考等主要以原形经尿路排出的抗菌药；在呼吸道感染时，宜选择达氟沙星、阿莫西林、氟苯尼考、替米考星等易吸收或在肺组织有选择性分布的抗菌药；脑部细菌感染时，常选用青霉素、磺胺嘧啶等进行治疗，因为它们在脑脊液的分布浓度高，易发挥疗效。

（三）制定合适的给药方案

抗菌药物在患病动物体内达到有效血药浓度（一般要求血药浓度大于MIC），并维持一定的时间，才能达到较好的疗效和尽可能避免产生耐药性。一般初次用药、急性传染病和严重感染时剂量宜稍大，而肝、肾功能不良时，应酌情减少用量。杀菌药的一般疗程要有3～4天，抑菌药则为3～5天。对于结核杆菌或真菌感染，疗程需要长一些。严重感染时多采用注射给药，一般感染以内服为宜，局部感染，如子宫炎、乳房炎，可选用用于局部抗感染的药物。尽量减少长期使用抗菌药物，以减少药残和耐药性的产生。

（四）正确的联合用药

联合应用抗菌药物的目的是扩大抗菌谱、增强疗效、减少用量、降低或避免毒副作用，减少或延缓耐药菌株的产生。临床上根据抗菌药物的抗菌机理和性质，将其分为四大类：第1类 繁殖期杀菌剂：β-内酰胺类（青霉素、头孢菌素类）；第2类 静止期杀菌剂：氨基糖苷类、多黏菌素类；第3类 速效抑菌剂：氯霉素、四环素类、大环内酯类；第4类 慢效抑菌剂：磺胺类。联合用药的效果，增强作用：1＋2，2＋3，3＋4；拮抗作用：1＋3，如青霉素＋氯霉素；其他：2＋2，毒性增加，如庆大霉素＋卡那霉素；无关作用：1＋4，一般无重大意义、须分开使用。

还应注意，氯霉素类、大环内酯类、林可霉素类，因作用机理相似，均竞争细菌同一靶位，而出现拮抗作用。此外，联合用药时应注意药物之间的理化性质、药物动力学和药效学之间的相互作用与配伍禁忌。

（五）采取综合治疗措施

机体的免疫力是协同抗菌药的重要因素，外因通过内因而起作用，在治疗中过分强调抗菌药的功效而忽视机体内在的因素，往往是导致治疗失败的重要原因之一。因此，在使用抗菌药物的同时，根据病畜的种属、年龄、生理、病理状况，采取综合治疗措施，增强抗病能力，如纠正机体酸碱平衡失调、补充能量、扩充血容量等辅助治疗，促进疾病康复。

第二部分　防腐消毒药

一、防腐消毒药的概念

（一）防腐消毒药

防腐消毒药是指杀灭或抑制病原微生物生长繁殖的一类药物。分为防腐药和消毒药。

1. 防腐药

抑制病原微生物生长繁殖的药物。主要用于抑制生物体表局部皮肤、黏膜和创伤的微生物感染；也用于食品、生物制品等的防腐。

2. 消毒药

迅速杀灭病原微生物的药物。主要用于环境、厩舍、动物的排泄物、用具和器械等非生物表面的消毒。

3. 防腐药、消毒药的关系

防腐药和消毒药是根据其用途和特性来区分的，两者之间并无严格的界限。消毒药浓度低时也能抑菌，而高浓度的防腐药也能杀菌。所以一般不将它们分开，总称为防腐消毒药（见图2-15）。

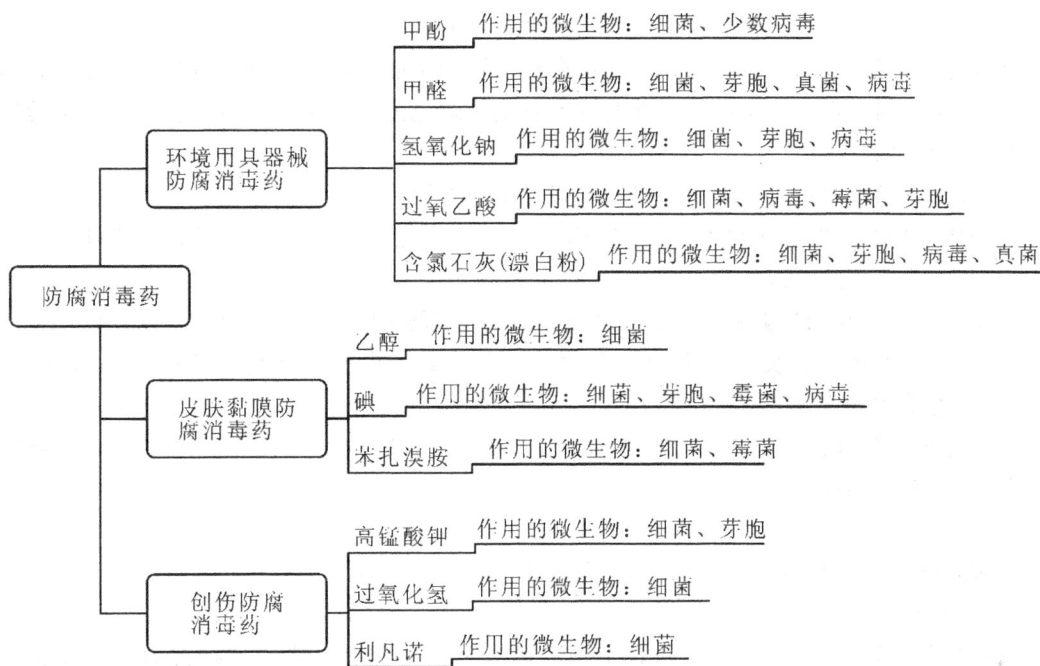

图 2-15　防腐消毒药分类思维导图

(二)防腐消毒药的特点

1. 抗菌谱

防腐消毒药的抗菌谱与抗生素药物及其他抗菌药物不同,这类药物的抗菌范围没有明显的抗菌谱,对多数病原微生物都有抑杀作用。

2. 损害、毒性

防腐消毒药在防腐消毒的浓度时,对动物机体也会有不同程度的损害,甚至出现毒性反应,所以大多只用作外部防腐消毒。

二、防腐消毒药的分类及应用

甲酚(Cresol)

【理化性质】甲酚又名煤酚。为无色或淡黄色澄清透明液体,是对、邻、间位三种甲基酚异构体的混合物,有类似苯酚的臭味。放置较久或在日光下颜色逐渐变深。难溶于水。由植物油、氢氧化钾、煤酚配制的含煤酚 50% 的肥皂溶液为煤酚肥皂溶液(来苏儿)。

【药理作用】能杀灭细菌的繁殖体,对结核杆菌、真菌有一定的作用,可杀灭亲脂性病毒,但对亲水性病毒无效,对芽胞的灭活作用也较差。

【临床应用】抗菌作用较苯酚强 3~5 倍,并且消毒使用浓度比苯酚低,所以较苯酚安全。

【制剂、用法与用量】使用植物油、氢氧化钾、煤酚制成的含 50% 的煤酚的肥皂溶液为煤酚皂溶液(甲酚皂溶液),即来苏儿。3%~5% 的煤酚皂溶液可用于厩舍、场地、排泄物等,1%~2% 的溶液用于皮肤、手臂的消毒,0.5%~1% 的溶液用于口腔和直肠黏膜的消毒。

【注意事项】有臭味,不宜在食品加工厂使用。

苯酚(Phenol)

【理化性质】苯酚又名石炭酸。无色或微红色针状结晶或块状结晶。有特臭，吸湿，溶于水和有机溶剂。水溶液呈酸性。遇光或暴露空气颜色渐深。碱性环境、脂类、皂类等能减弱其杀菌作用。

【药理作用】苯酚可凝固蛋白，具有较强的杀菌作用。

【临床应用】5%的溶液可在48小时内杀死炭疽芽胞；2%～5%的苯酚溶液可用于厩舍、器具、排泄物的消毒处理。

【制剂、用法与用量】临床常用的是复合酚(含苯酚41%～49%、醋酸22%～26%)，深红褐色黏稠液体，特臭。对细菌、霉菌、病毒、寄生虫卵等都具有较强的杀灭作用。100～200倍稀释液可喷雾消毒。

【注意事项】浓度大于0.5%时有局部麻醉作用；5%的溶液对组织产生强烈刺激和腐蚀作用。可能有致癌作用。

甲醛(Formaldehyde)

【理化性质】室温条件为无色气体，有特殊刺激气味，易溶于水和乙醇，在水中以水合物的形式存在。

【药理作用】既可以杀死细菌的繁殖型，也能杀死芽胞，还能杀死抵抗力强的结核杆菌、病毒、真菌等。

【临床应用】甲醛主要用于厩舍环境、器具、衣物等的消毒。由于甲醛具有挥发性，多采取熏蒸消毒的方式。2%的溶液可用于器械消毒；10%的福尔马林溶液可以用来固定标本；厩舍空间熏蒸消毒，每立方米空间用15～20 mL甲醛溶液，加等量的水，加热蒸发即可。

【制剂】40%的甲醛溶液即福尔马林，无色液体。

【注意事项】福尔马林在冷处久贮可生成聚甲醛发生混浊和沉淀。存放甲醛溶液温度不要太低，或加入10%～15%的甲醇可防止聚合。甲醛对皮肤黏膜有很强的刺激性，使用时应注意。

氢氧化钠(Sodium Hydrate)

【理化性质】氢氧化钠又名苛性钠、火碱、烧碱。白色不透明固体，吸湿性强，易潮解；暴露空气中，吸收空气中的 CO_2，逐渐变成碳酸钠。

【药理作用】能杀死细菌的繁殖型、芽胞和病毒，还能皂化脂肪、清洁皮肤。

【临床应用】1%～2%的溶液可用于消毒厩舍场地的车辆等，也可消毒食槽、水槽等。但消毒后的食槽、水槽应充分清洗，以防对口腔及食道黏膜造成损伤。5%的溶液用于消毒炭疽芽胞污染的场地。

【注意事项】应密闭保存。对机体组织有腐蚀性，使用时应注意防护。

过氧乙酸(Peracetic Acid)

【理化性质】过氧乙酸又名过醋酸。无色透明液体，弱酸性，有刺激性酸味，易挥发，易溶于水、酒精和醋酸。性质不稳定，遇热或有机物、重金属离子、强碱等易分解。低温下分解缓慢，所以应低温(3 ℃～4 ℃)保存。浓度高于45%的溶液容易爆炸。

【药理作用】过氧乙酸具有酸和氧化剂的双重作用，其挥发的气体也具有较强的杀菌作用，较一般的酸或氧化剂作用强，是高效、速效、广谱的杀菌剂。对细菌、芽胞、病毒、真菌等都具有杀灭作用。低温时也具有杀菌和抗芽胞作用。

【临床应用】用于厩舍、场地、用具的消毒。

【制剂】市售的过氧乙酸为 20% 的过氧乙酸溶液。

【注意事项】腐蚀性强，有漂白作用，溶液及挥发气体对呼吸道和眼结膜等有刺激性；浓度较高的溶液对皮肤有刺激性。有机物可降低其杀菌力。

乙醇（Alcohol）

【理化性质】乙醇又名酒清。无色澄明的液体，易挥发，易燃烧，与水能作任何比例的配合。

【药理作用】乙醇含量在 70% 以下时，含量高，作用强，在 70% 达到最强，超过 75% 以后，随浓度的增加，杀菌效力减弱。70% 的乙醇凝固蛋白的速度较慢，在表层蛋白完全凝固之前，通过细菌细胞膜的乙醇量足可以使细菌死亡，所以，临床使用的乙醇含量为 70%。

【临床应用】可杀灭繁殖型细菌，但对芽胞无效。主要用于皮肤局部、手术部位、手臂、体温计、注射部位、注射针头、医疗器械等的消毒。

【注意事项】凡未标明浓度的均为 95% 的乙醇；易挥发，应密封保存。

碘（Iodine）

碘属卤素类，碘与碘化物的水溶液或醇溶液均可用于皮肤消毒或创面消毒。

【理化性质】碘呈灰黑色或兰黑色、有金属光泽的片状结晶或块状物，有特殊臭味，具有挥发性。

【作用与应用】具有强大的杀菌作用，可杀灭细菌芽胞、真菌、病毒及原虫。

【制剂与用法】

碘酊　2% 的碘酊用于饮水消毒，在 1 L 水中加 5～6 滴，能杀死病菌和原虫；5% 的碘酊用于术部等消毒。

碘甘油　1% 的碘甘油用于鸡痘、鸽痘的局部涂擦；5% 的碘甘油用于治疗黏膜的各种炎症。

苯扎溴铵（Benzalkoium Bromide）

【理化性质】苯扎溴铵又名新洁尔灭，属于季铵盐类阳离子表面活性剂。为无色或黄色透明液体，易溶于水，水溶液呈碱性，性质稳定，无刺激性，耐热，无腐蚀性。

【药理作用】具有杀菌和去污的作用，对病毒作用较差。

【临床应用】常用于创面、皮肤、手术器械等的消毒和清洗。术前手臂的消毒可用 0.05%～0.1% 浓度清洗并浸泡 5 分钟；0.1% 浓度可用于皮肤消毒和手术部位的清洗，也可用于手术器械、敷料的清洗和消毒（浸泡 30 分钟左右）。

【注意事项】禁与肥皂、其他阴离子活性剂、盐类消毒药、碘化物、氧化物等配伍使用。禁用于合成材料消毒，不用聚乙烯材料容器盛装。

高锰酸钾（Potassium Permanganate）

【理化性质】黑紫色、细长的棱形结晶或颗粒，带金属光泽，无臭。易溶于水，水溶液呈深紫色。

【药理作用】强氧化剂，遇有机物或加热、加酸、加碱等即可释放出新生态氧（非离子态氧，不产生气泡），而呈现杀菌、除臭、解毒作用。

【临床应用】低浓度对组织有收敛作用，高浓度对组织有刺激和腐蚀作用。其抗菌作用较过氧化氢强，但极易被有机物分解而失去作用。所以在清洗皮肤创腔时，污物过多，应不断更换新药液，以保持药效。0.05％～0.2％的溶液创伤、溃疡、黏膜等，尤其适用深部化脓疮的脓液清洗。多种药物误食中毒都可用高锰酸钾洗胃解毒。

【注意事项】与某些有机物或易氧化的化合物研磨或混合时，易引起爆炸或燃烧。溶液放置后作用减低或失效，应现用现配。遇有机物失效。手臂消毒后会着色，并发干涩。

第三部分　抗寄生虫药物

一、抗寄生虫药物的定义和分类

抗寄生虫药是能杀灭或抑制寄生虫生长和繁殖的药物。根据药物的抗虫作用特点和寄生虫分类，可将抗寄生虫药分为抗蠕虫药、抗原虫药和杀虫药（见图2-16）。

(1)抗蠕虫药　又称驱虫药，是指对动物寄生性蠕虫具有驱除、杀灭或抑制活性的药物。根据蠕虫的类别，可将此类药物分为驱线虫药、驱绦虫药、抗吸虫（肝片形吸虫和血吸虫）药。但这种分类是相对的，如阿苯达唑具有驱线虫、抗吸虫和驱绦虫多类蠕虫作用。

(2)抗原虫药　根据原虫的种类，又可将此类药物分为抗球虫药、抗锥虫药和抗梨形虫药等。

(3)杀虫药　指杀灭体外或体表寄生虫(蜘蛛纲和昆虫纲)的药物。

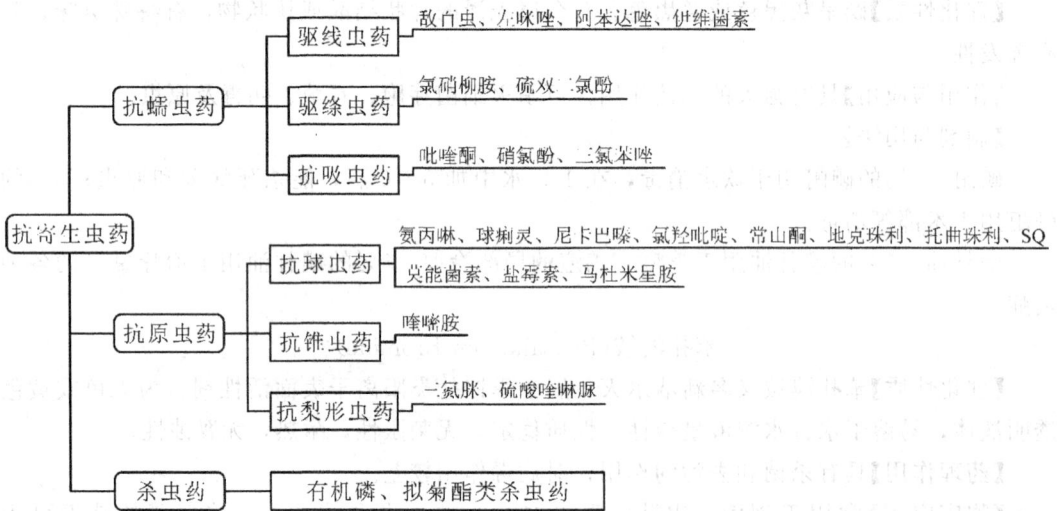

图2-16　抗寄生虫药物分类思维导图

二、常用药物

阿苯达唑（Albendazole）

【理化性质】阿苯达唑又名丙硫苯咪唑、丙硫咪唑、抗蠕敏、肠虫清。本品为白色或类白色粉末，无臭，无味。不溶于水，几乎不溶于乙醇，微溶于甲醇、稀盐酸、氯仿和丙酮，易溶于冰醋酸。

【抗虫机理】本品属苯并咪唑类，本类药物的作用机制是对一些蠕虫的成虫和幼虫的选择性及不可逆性地抑制寄生虫肠壁细胞胞浆微管系统的聚合，阻断其对多种营养和葡萄糖的摄取吸收，导致虫体内源性糖原耗竭，并抑制延胡索酸还原酶系统，阻止三磷酸腺苷的产生，致使虫体因能量缺乏无法生存和繁殖而死亡。

【作用与应用】本品为广谱、高效、低毒抗蠕虫药，对成虫、未成熟虫体和幼虫均有较强作用，还有杀灭虫卵的能力。对线虫、绦虫、多数吸虫等均有驱除作用。对线虫最敏感，对血吸虫无效。

牛、羊：(1)驱线虫　对大多数牛、羊消化道内寄生的主要线虫的成虫及其幼虫均有较好的驱除作用。如对血矛线虫、毛圆线虫、奥斯特线虫、细颈线虫、仰口线虫、食道口线虫、夏伯特线虫、马歇尔线虫、古柏线虫、网尾线虫、犊弓首蛔虫等牛羊消化道线虫的成虫及幼虫均有极好的驱除效果。

(2)驱吸虫和绦虫　对牛同盘吸虫，羊双腔吸虫、槽盘吸虫，牛、羊肝片吸虫；牛、羊莫尼茨绦虫、曲子宫绦虫、无卵黄腺绦虫等也有良好的作用。但对肝片吸虫及童虫效果不稳定。另外，通常对小肠、真胃效果优良，而对盲肠及大肠未成熟虫体效果较差。

猪：对猪蛔虫、食道口线虫、毛首线虫、后圆线虫(肺线虫)及寄生于猪胃中的六翼泡首线虫、刚刺颚口线虫和红色猪圆线虫等胃线虫有良好的效果；对猪肾虫也有一定疗效；对华枝睾吸虫有较好效果，对猪蛭形巨吻棘头虫效果不稳定。

犬、猫：对犬弓首蛔虫、猫弓首蛔虫、犬钩虫、肠期旋毛虫及犬的绦虫有较好效果。对猫的克氏肺吸虫也有杀灭作用。

家禽：对鸡蛔虫成虫及其未成熟虫体有良好的效果；对赖利绦虫成虫、鹅剑带绦虫、裂口线虫、棘口吸虫亦有较好效果；但对鸡异刺线虫、毛细线虫作用很弱。

马：对马副蛔虫、马尖尾线虫(蛲虫)的成虫和第 4 期幼虫、马圆线虫的成虫及幼虫均有高效。

野生动物：对白尾鹿捻转血矛线虫、奥斯特线虫、毛圆线虫、细颈线虫疗效甚佳。对肝片吸虫成虫及童虫效果极差。

对囊尾蚴亦有明显的杀死及驱除作用。

【不良反应】本品的毒性小，治疗量一般动物无不良反应。犬 50 mg/kg 每天 2 次用药会出现厌食症。猫会出现轻微嗜睡、抑郁、厌食等症状，并有抗服的现象。

本品有胚胎毒和致畸胎，但无致突变和致癌作用。

【注意事项】①不宜用于产奶牛和妊娠前期的动物(牛、羊妊娠 45 天内禁用)，如绵羊、兔和猪等动物妊娠早期使用，可能伴有致畸和胚胎毒性的作用。②马较敏感，不能大剂量连续应用。

【制剂、用法与用量】

阿苯达唑片　25 mg、50 mg、100 mg、200 mg、300 mg、500 mg。内服，一次量，每千克体重，马 5～10 mg；牛、羊10～15 mg；猪 5～10 mg；犬 25～50 mg；禽 10～20 mg。休药期：牛 14 天；羊 4 天；猪 7 天；禽 4 天。弃奶期 60 小时。

阿苯达唑混悬液　100 mL：10 g。内服，用专用投药器或无针头注射器按需要量将药注入口腔深部，一次量，每千克体重，马 5～10 mg；牛、羊 10～15 mg；猪 5～10 mg；犬 25～50 mg；禽 10～20 mg。休药期同阿苯达唑片。

复方阿苯达唑混悬液　100 mL：阿苯达唑 10 g＋阿维菌素 0.2 g。内服，用时将混悬液摇匀后，用投药枪或无针头注射器按需要量注入家畜口腔深部，一次量，每千克体重，马、猪、牛、羊、犬 0.1 mL。休药期：牛、羊 35 天；猪 28 天；泌乳期禁用。

氯硝柳胺(Niclosamide)

【理化性质】氯硝柳胺又称灭绦灵。是世界各国广为应用的传统抗绦虫药。本品为淡黄色结晶性粉末，无臭，无味。不溶于水，稍溶于乙醇、乙醚或氯仿。置空气中易呈黄色。

【体内过程】本品内服后难吸收，毒性小，在肠道内保持较高浓度。

【驱虫机制】氯硝柳胺通过抑制绦虫对葡萄糖的吸收以及虫体线粒体内的氧化磷酸化过程而干扰绦虫的三羧酸循环，使乳酸蓄积而杀死绦虫。一般在用药48小时，虫体即全部排出。由于虫体常被肠道蛋白酶分解，很难从粪便中检出绦虫的头节和节片。

【作用与应用】本品对多种绦虫均有杀灭效果，具有驱虫范围广、驱虫效果良好、毒性低、使用安全等优点。对马的裸头绦虫，牛羊莫尼茨绦虫、无卵黄腺绦虫、曲子宫绦虫、犬的多头绦虫、带状带绦虫，鲤鱼的裂头绦虫均有良效，治疗量对鸡各种绦虫几乎全部驱净，并且对绦虫头节和体节具有同等驱排效果。但对犬复孔绦虫不稳定，对细粒棘球绦虫效果差。对牛、羊的前后盘吸虫也有效；还有较强的杀钉螺(血吸虫中间宿主)作用，对血吸虫的毛蚴和尾蚴也有杀灭作用。

【不良反应】犬、猫对本品稍敏感，两倍治疗量即出现暂时性下痢，但能耐过。

【注意事项】对鱼类毒性较强，易中毒致死。动物在给药前应禁食一宿。

【制剂、用法与用量】常制成片剂。

氯硝柳胺片　0.5 g。内服，一次量，每千克体重，牛 40～60 mg；羊 60～70 mg；犬、猫 80～100 mg；禽 50～60 mg。休药期：牛、羊 28 天。

吡喹酮(Praziquantel)

吡喹酮又名环吡异喹酮，本品是较理想的广谱抗血吸虫药和抗绦虫药。20 世纪 70 年代被研制，目前广泛用于世界各国。

【理化性质】本品为白色或类白色结晶性粉末。无臭，味苦，有吸湿性。不溶于水和乙醚，能溶于乙醇，易溶于氯仿。

【体内过程】内服后在肠道吸收迅速，并迅速分布于各种组织，其中以肝、肾中含量最高，能透过血脑屏障。吡喹酮在体内代谢迅速，主要经肾排出。

【驱虫机制】本品抗血吸虫作用的机理据研究认为，其对血吸虫可能有 5-羟色胺样作用，引起虫体痉挛性麻痹；同时能影响虫体肌浆膜对 Ca^{2+} 的通透性，使 Ca^{2+} 的内流增加，还能抑制肌浆网钙泵再摄取，使虫体肌细胞内 Ca^{2+} 含量大增，使宿主体内血吸虫(包括日本分体血吸虫、曼氏分体血吸虫、埃及分体血吸虫)产生痉挛性麻痹而脱落，并向肝脏移动，在肝组织中死亡。

【作用与应用】为较理想的广谱驱绦虫药、抗血吸虫药和驱吸虫药，加之毒性极低，应用安全，是较理想的药物。主要用于动物的吸虫病、血吸虫病、绦虫病和囊尾蚴病。

治疗血吸虫病：对动物血吸虫病有良效。杀虫作用强而迅速，对童虫作用弱。能很快使虫体失去活性，并使病牛体内血吸虫向肝脏移动，被消灭于肝脏组织中。主要用于耕牛血吸虫病。

治疗其他吸虫病：能驱杀牛、羊的胰阔盘吸虫和矛形歧腔吸虫，猪的姜片吸虫、肉食动物的华枝睾吸虫、后睾吸虫和并殖吸虫，水禽的棘口吸虫等。

治疗绦虫病和囊尾蚴病：对大多数绦虫成虫及未成熟虫体均有良效。对牛、羊的莫尼茨绦虫、无卵黄腺绦虫等有良效，如一次应用治疗量几乎能全部驱净羊的大多数绦虫。对犬豆状带绦虫、犬复孔绦虫、犬细粒棘球绦虫、猫肥颈带绦虫几乎是 100% 疗效。对牛囊尾蚴、猪囊尾蚴、猪细颈囊尾蚴、豆状囊尾蚴、细颈囊尾蚴有显著的疗效，如较大剂量，连用 3 天对细颈囊尾蚴有 100% 效果。对家禽绦虫具有 100% 灭虫率。

【不良反应】①本品的注射液对组织有刺激性，肌内注射对局部刺激性较强，有疼痛不安的表现，如病牛极度不安，个别牛倒地不起，其他无异常；大剂量注射时可引起局部炎症，甚至坏死。②治疗量对动物安全，偶尔出现体温升高、肌肉震颤及臌气等，多能自行耐过。③犬内服后可引起厌食、呕吐、腹泻、流涎、无力、昏睡等，但发生率少于 5%，且多能耐过，猫的不良反应少见。④治疗血吸虫病时，个别牛会出现体温升高，肌肉震颤和瘤胃臌胀等现象。⑤病猪用药后数天内，体温升高、沉郁、乏力，重者卧地不起、肌肉震颤、减食或停食、呕吐、尿多而频、口流白沫、眼结膜和肛门黏膜肿胀等。若出现这种情况可静脉注射碳酸氢钠注射液或高渗葡萄糖溶液以减轻反应。

【注意事项】①本品不推荐用于 4 周龄以内的幼犬和 6 周龄以内的幼猫，但与非班太尔配伍，可用于各年龄的犬和猫。②本品内服后吸收完全，吸收后分布广泛，对寄生于宿主各器官内(肌肉、脑、腹膜腔、胆管和小肠)的绦虫幼虫和成虫均有杀灭作用。

【制剂、用法与用量】常制成片剂。

吡喹酮片　0.2 g、0.5 g。内服，治疗绦虫病，一次量，每千克体重，牛、羊、猪 10~35 mg(细颈囊尾蚴 75 mg，连用 3 天)；犬、猫：2.5~5 mg；家禽 10~20 mg。内服，治血吸虫病，一次量，每千克体重，牛、羊 25~35 mg。

吡喹酮注射液　10 mL：0.568 g、50 mL：2.84 g。皮下、肌内注射，一次量，每千克体重，牛 10~20 mg；犬、猫 0.1 mL(5.68 mg)。休药期 28 天。弃奶期 7 天。

【抗原虫药】

畜禽原虫病是由单细胞原生动物，如球虫、锥虫、梨形虫、弓形虫、利什曼原虫和阿米巴原虫等所引起的一类寄生虫病。原虫病危害极大，不仅流行广，而且可以造成畜禽大批死亡；尤其是鸡球虫病危害极为严重，直接危害畜牧业的发展。抗原虫药可分为抗球虫药、抗锥虫药和抗梨形虫药。

基本概念

1. 作用峰期

作用峰期是指药物对球虫发育起作用的主要阶段或药物主要作用于球虫发育的某一生活周期。如氨丙啉主要作用于球虫第一代裂殖体，作用峰期在感染后第 3 天。

2. 轮换用药

轮换用药又称变换用药。是连续使用一种抗球虫药达数月后，换用另一种作用机制不同的抗球虫药来防治球虫病的用药方法。

3. 穿梭用药

穿梭用药是为了避免耐药虫株的产生，在同一个饲养期内，换用两种或两种以上不同性质的抗球虫药，即开始使用一种药物，到生长期时再使用另外一种药物。

4. 联合用药

联合用药是在同一个饲养期内使用两种或两种以上的抗寄生虫药来防治寄生虫病，通过药物间的协同作用既可延缓耐药虫株的产生，又可增强药效和减少用量。

盐酸氨丙啉(Amprolium Hydrochloride)

【理化性质】盐酸氨丙啉又名盐酸安普罗铵、氨丙基嘧吡啶，25％的预混剂又叫氨宝乐(安宝乐)。本品为白色或类白色结晶性粉末，无臭或几乎无臭。易溶于水，微溶于乙醇，极微溶于乙醚，不溶于氯仿。

【抗虫机制】本品属抗硫胺类抗球虫药，其结构与硫胺相似。故在虫体的代谢过程中可取代硫胺，干扰虫体硫胺素(维生素 B_1)的代谢，使球虫发生硫胺缺乏症，而发挥抗球虫作用。

【作用峰期】氨丙啉主要作用于球虫第一代裂殖体(作用峰期在感染后第 3 天)，对子孢子和有性繁殖阶段的配子体、配子也有一定程度的抑制作用。

【作用与应用】本品对鸡柔嫩与堆型艾美耳球虫、羔羊、犬和犊牛的球虫感染有效。其中对柔嫩和堆型艾美耳球虫的作用最强，对毒害、布氏、巨型、变位艾美耳球虫作用稍差，所以最好联合用药，以增强其抗球虫的药效。

本品主要用于预防和治疗禽、牛和羊球虫病。

【耐药性】本品具有高效、安全、球虫不易对其产生耐药性等特点，也不影响宿主对球虫产生免疫力，是产蛋鸡的主要抗球虫药。

【不良反应】超过治疗量给药时，可引起多发性神经炎，增喂维生素 B_1 可减弱毒性反应。

【注意事项】①本品为硫胺素拮抗剂，用量过大会使鸡患维生素 B_1(硫胺素)缺乏症；饲料中添加硫胺素，即可解除其中毒症状，但每千克饲料维生素 B_1 的添加量应控制在 10 mg以下，否则抗球虫作用即开始减弱。②本品毒性小，安全范围大，性质稳定，可以和多种维生素、矿物质、抗菌药混合，但在饲料中会缓慢分解，在室温下贮存两个月约平均失效8％，因此应现配现用为宜。③若用药剂量过大或混饲浓度过高，易导致雏鸡患硫胺素缺乏症。犊牛、羔羊大剂量连续饲喂 20 天以上，会出现由于硫胺素缺乏引起的脑皮质坏死，从而出现神经症状。

【制剂、用法与用量】常用其盐酸盐制成可溶性粉。

(1)治疗鸡球虫病：常以每千克饲料 125～250 mg 浓度混饲，连喂 3～5 天；接着以每千克饲料 60 mg 浓度混饲，再喂 1～2 周。也可混饮，每升水，加入氨丙啉 60～240 mg。休药期：肉鸡 7 天，肉牛 1 天。产蛋期禁用。

(2)预防球虫病：常用本品与其他抗球虫药一起制成预混剂。

盐酸氨丙啉、乙氧酰胺苯甲酯预混剂 500 g：盐酸氨丙啉 125 g 与乙氧酰胺苯甲酯8 g。混饲，每 1 000 kg 饲料，鸡 500 g。休药期 3 天。

盐酸氨丙啉、乙氧酰胺苯甲酯、磺胺喹恶啉预混剂 500 g：盐酸氨丙啉 100 g、乙氧酰胺苯甲酯 5 g 与磺胺喹恶啉 60 g。混饲，每 1 000 kg 饲料，鸡 500 g。休药期 7 天。

复方盐酸氨丙啉可溶性粉含盐酸氨丙啉 20％、磺胺喹恶啉钠 20％、维生素 K_3 0.38％。以本品计，混饮，每升水，加入氨丙啉 500 mg，预防时连用 2～4 天；治疗时连用 3 天，停 2～3 天，再用 2～3 天。休药期 7 天。

现在也有如下规格的复方盐酸氨丙啉可溶性粉，100 g：盐酸氨丙啉 5 g＋磺胺喹恶啉钠 5 g＋维生素 K_3 0.1 g。

马度米星铵(Maduramicin Ammonium)

本品又称马杜霉素铵。是由一种马杜拉放线菌的发酵产物中提取的畜禽专用的较新型的聚醚类一价单糖苷离子载体抗生素，是目前聚醚类中作用最强、用药浓度最低的抗球虫药。

【理化性质】本品为白色或类白色结晶性粉末，有微臭，不溶于水，易溶于乙醇。其1%的预混剂为黄色或浅褐色粉末。

【抗虫机制】作用机理与莫能菌素相似。

【作用峰期】抗球虫活性峰期在子孢子和第一代裂殖体（即感染后第1～2天）。

【作用与应用】本品为广谱抗球虫药，具有抑制球虫生长和杀灭球虫的作用。对鸡的毒害、巨型、柔嫩、堆型、布氏、变位等艾美耳球虫有高效。对鸭球虫病也有良好的预防效果。按每千克饲料用药5 mg的浓度，其抗球虫效果优于莫能菌素、盐霉素、甲基盐霉素等其他聚醚类抗生素，也能有效控制对其他聚醚类抗球虫药具有耐药性的虫株。

此外，本品对大多数革兰氏阳性菌和部分真菌有杀灭作用，并有促进生长和提高饲料利用率的作用。

【耐药性】与化学合成的抗球虫药之间不存在交叉耐药性。

【注意事项】①本品毒性大，只用于鸡，禁用于其他动物及蛋鸡产蛋期。②由于马度米星铵的安全范围很窄，稍有超过剂量，就会引起不良反应。超过推荐预防量（5 mg/kg，以马度米星计），以7 mg/kg浓度混饲，对生长有明显的抑制作用，也不改善饲料报酬；以9 mg/kg浓度混饲，即可引起鸡中毒而死亡。因此，用药时必须精确计量，不要随意加大使用浓度，混料必须均匀。③鸡喂马度米星铵后，不可将其粪便再加工成动物饲料，否则会引起动物中毒。

【制剂、用法与用量】常制成预混剂。

马度米星铵预混剂　100 g∶1 g、500 g∶5 g。混饲，每1 000 kg饲料，加入本品500 g。休药期5天。

【抗梨形虫药】

家畜梨形虫病是一种由寄生于红细胞内梨形虫引起的，经蜱或其他吸血昆虫传播的原虫病。常发生于马、牛等动物。多以发热、黄疸和贫血为主要临床症状。往往引起患畜大批死亡。家畜的梨形虫主要有马巴贝斯虫、牛巴贝斯虫、牛环形泰勒虫、牛双芽巴贝斯虫和羊泰勒虫等。杀灭中间宿主蜱、虻和蝇是防治本类疾病的重要环节，但目前很难做到，所以应用抗梨形虫药防治仍为重要手段。古老的抗梨形虫药有台盼蓝、喹啉脲以及吖啶黄等，由于毒性太大，目前已极少用。目前较常用药物有三氮脒、硫酸喹啉脲、双脒苯脲和间脒苯脲。

三氮脒(Diminazene Aceturate)

【理化性质】三氮脒又名贝尼尔、血虫净、二脒那嗪。本品是传统使用的广谱抗血液原虫药。本品为黄色或橙色结晶性粉末，味微苦，无臭。遇光、遇热易变为橙红色。溶于水，几乎不溶于乙醇，不溶于氯仿或乙醚。在低温下水溶液析出结晶。

【体内过程】用药后血中浓度高，但持续时间较短，故主要用于治疗，预防效果差。

【抗虫机制】其作用机理是选择性地阻断锥虫动基体的DNA合成或复制，并与细胞核产生不可逆性结合，从而使锥虫的动基体消失，最终不能分裂繁殖。

【应用与作用】三氮脒对家畜驽巴贝斯虫、马巴贝斯虫、牛双芽巴贝斯虫、牛巴贝斯虫、羊巴贝斯虫等梨形虫效果显著，对牛环形泰勒虫、牛边虫、马媾疫锥虫、水牛伊氏锥虫亦有一定的治疗作用，但对其他梨形虫病的预防效果不佳。对犬巴贝斯虫和吉氏巴比斯虫引起的临床症状均有明显的消除作用，但不能完全使虫体消失。对猫巴贝斯虫无效。

本品与同类药物相比，具有用途广、使用简便等优点。是治疗家畜巴贝斯梨形虫病、泰勒梨形虫病、伊氏锥虫病及媾疫锥虫病较为理想的药物，但预防效果差。

【耐药性】剂量不足时锥虫和梨形虫都可产生耐药性。

【不良反应】本品毒性大、安全范围较小，一般动物治疗量无毒性反应，但有时马、牛会引起不安、起卧、频繁排尿、肌肉震颤等不良反应。马静脉注射治疗量，有时可见出汗、流涎、腹痛等症状。大剂量能使牛出现膨胀、卧地不起、体温下降，甚至死亡；乳牛产奶量减少；水牛连续应用会出现毒性反应，故以一次用药为好。轻度反应数小时会自行恢复，严重反应时需用阿托品和输液等对症治疗。

【注意事项】①骆驼对三氮脒敏感，故不宜应用；马较敏感，忌用大剂量；水牛较黄牛敏感，连续应用时应慎重。少数水牛注射后可出现肌肉震颤、尿频、呼吸加快、流涎等症状，经数小时后自行恢复。个别牛若反应严重，可肌内注射阿托品解救。②局部肌内注射有刺激性，可引起疼痛、肿胀，应分点深层肌内注射，但经数天至数周可恢复。

【制剂、用法与用量】常制成粉针剂。

注射用三氮脒 1 g、0.25 g。肌内注射，临用前用注射用水或灭菌生理盐水配制 5%～7%的无菌溶液深层肌内注射。一次量，每千克体重，马 3～4 mg；牛、羊 3～5 mg。一般用 1～2 次，连用不超过 3 次，每次间隔 24 小时。休药期：牛、羊 28 天，弃奶期 7 天。

每千克体重 3.5 mg 推荐剂量的三氮脒，对犬巴贝斯虫引起的临床症状有明显的消除作用；但应用每千克体重 7 mg 剂量才能彻底清除犬吉氏巴贝斯虫，但应注意此剂量会对犬引起明显的中枢神经系统症状。

对轻症病例用药 1～2 次即可。对泰勒梨形虫病需用药 1～2 个疗程，每 3～4 天为一个疗程。对水牛伊氏锥虫病疗效不稳定，对马媾疫锥虫病疗效较好，严重病例可配合对症治疗。

第四部分　作用于消化系统的药物

消化系统疾病是动物的常发病。由于家畜种类不同，其消化系统的结构与机能各有不同，因而发病种类和发病率也各有差异。如马属动物常发生便秘疝，而反刍动物则多发前胃疾病。一般地，草食动物比杂食动物发病种类多，发病率也较高。

引起消化系统疾病的原因很多，其主要原因是饲料不良和饲养管理不当，引起消化机能紊乱，称其为原发性消化系统疾病。主要表现为胃肠的分泌、蠕动、吸收和排泄等机能障碍，从而产生食欲不振，消化不良等症状。许多全身性疾病也往往伴随上述症状，称为继发性消化系统疾病。作用于消化系统的药物是在消除病因的基础上，通过纠正胃肠消化功能的紊乱，改善消化机能，从而促进营养成分的消化吸收，增强机体的抗病能力。作用于消化系统的药物很多，根据其作用和临床应用，可分为健胃药与助消化药、制酵药与消沫药、瘤胃兴奋药以及泻药和止泻药等（见图 2-17）。

一、健胃药

健胃药是指能促进唾液和胃液分泌，调节胃肠蠕动，提高食欲和加强消化的一类药物。按其性质和作用，将健胃药分为苦味健胃药、芳香性健胃药及盐类健胃药。

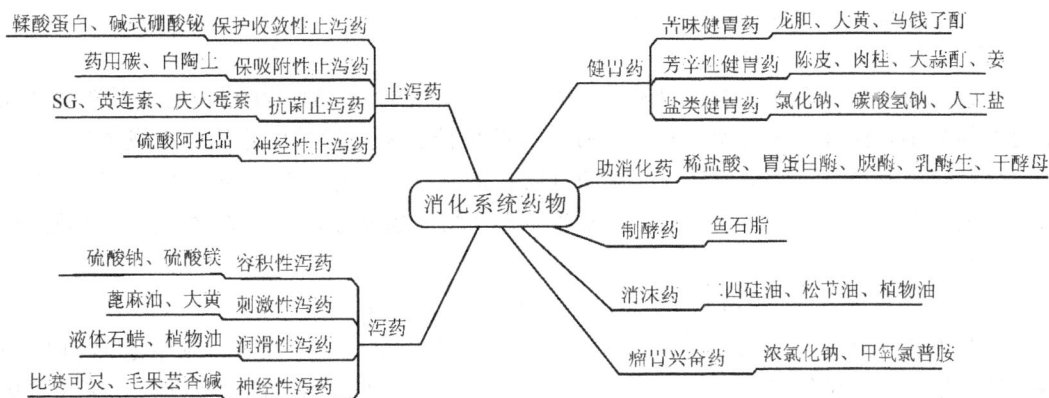

图 2-17　消化系统药物分类思维导图

(一)苦味健胃药

苦味健胃药多来源于植物,如龙胆、马钱子等,其主要作用在于苦味。在应用治疗剂量时,一般对机体其他系统不出现明显反应。

许多含生物碱等成分的植物药都有较强烈的苦味,其中如黄连、延胡索、益母草等因具有更为重要的特殊作用,所以不列入苦味健胃药。但必须指出,内服这些药物时,仍具有苦味健胃作用。

苦味健胃药的应用虽已有很久的历史,但其作用机理直到 20 世纪初,才为狗的假饲实验所阐明。在此实验中,若苦味健胃药不经口腔而由食道瘘直接注入胃内时,胃液的分泌并不增加。若将药物注入狗的口腔,不进行假饲,胃液分泌也不明显增多。但经口给以苦味药后,再进行假饲(经口食入,食物从食道瘘管排出,而不进入胃内)时,则胃液的分泌显著增多。这是由于苦味健胃药刺激口腔内味觉感受器所致,即经口内服苦味药时,刺激了舌味觉感受器,反射地兴奋食物中枢,从而加强唾液和胃液的分泌并增强食欲。在食欲减退时,其增加分泌的作用更为显著。

苦味健胃药主要用于大家畜的食欲不振,消化不良。应用时注意:制成合理的剂型,如散剂、舔剂、溶液剂、酊剂等,在饲前 5～30 分钟经口给药(不能用胃导管)或混入饲料中饲喂;用量不宜过大,同一种药物不宜长期反复应用,以免药效降低,动物产生耐受性。一般常与其他健胃药配合应用,用量不宜过大,中小家畜多厌苦味,比较少用。

龙胆(Radix Gentianae)

【来源与成分】为龙胆科植物龙胆或三花龙胆的干燥根茎和根。粉末为淡棕黄色。味极苦。应密闭干燥保存。龙胆含龙胆苦苷、龙胆苦素等。

【作用与应用】本品主要作用于舌的味觉感受器,反射性地使唾液和胃液分泌增加,可加强消化,提高食欲,对胃黏膜无直接刺激作用,也无明显的吸收作用。

临床上常与其他苦味健胃药配成复方,常用散剂、酊剂或煎剂等,经口灌服,主要用于马牛等大家畜的食欲减退、消化不良或某些热性病的恢复期等。

【制剂、用法与用量】

龙胆末　口服,一次量,马、牛 20～50 g,羊 5～10 g,猪 2～4 g。

龙胆酊　由龙胆 10 g、40% 酒精 100 mL 浸制而成。口服,一次量,马、牛 50～100 mL,

羊 5～15 mL，猪 3～8 mL，犬 1～3 mL。

（二）芳香性健胃药

本类药物含芳香性挥发油，内服后对消化道黏膜有轻度的刺激作用，能反射性地增加消化液的分泌，促进胃肠蠕动；此外还有轻度的抑菌和制止发酵的作用；挥发油吸收后，一部分经呼吸道排出，能增加支气管腺的分泌，稀释痰液，有轻度的祛痰作用。因具有健胃、驱风、制酵、祛痰的作用，临床上常将本类药物配成复方，用于消化不良、胃肠内轻度发酵和积食等。

陈皮（Pericarpium Citri Reticulatae）

为芸香科植物橘及其成熟果实的干燥果皮。内含挥发油、橙皮苷、维生素 B_1 和肌醇等。具有健胃、驱风等作用。常与本类其他药物配合，用于消化不良、积食、气胀和咳嗽多痰等。陈皮酊，由 20％的陈皮末制成酊剂。口服，一次量，马、牛 30～100 mL，羊、猪 10～20 mL。

（三）盐类健胃药

内服少量盐类，一般可产生两种作用，即渗透压作用，能轻微地刺激消化道黏膜；补充离子，调节体内离子平衡。常用的盐类健胃药有氯化钠、人工盐等。

人工盐（Artificial Carlsbad Salt）

人工盐又名人工矿泉盐。

【理化性质】本品由干燥硫酸钠 44％、碳酸氢钠 36％、氯化钠 18％、硫酸钾 2％混合配成。为白色粉末，易溶于水，水溶液呈弱碱性反应，应密闭保存。

【作用与应用】本品具有多种盐类的综合作用。内服小剂量能轻度刺激消化道黏膜，促进胃肠的分泌和蠕动，中和胃酸，加强饲料消化，常用于消化不良，胃肠弛缓，慢性胃肠卡他等；内服大量，能引起缓泻，可用于早期大肠便秘。此外，它还有利胆的作用，可用于胆道炎。本品中的碳酸氢钠经支气管腺排出时，有轻微的祛痰作用。禁与酸性物质或酸类健胃药、胃蛋白酶等药物配用。

【用法与用量】内服（健胃），一次量，马、牛 50～150 g，羊、猪 10～30 g，犬 5～10 g。缓泻，马、牛 200～400 g，羊、猪 50～100 g，犬 20～50 g。

二、助消化药

助消化药一般是消化液中的主要成分，如稀盐酸、淀粉酶、胃蛋白酶、胰酶等或者是有促进消化机能的天然物质，它们能补充消化液中所缺少的成分，发挥替代疗法或补充疗法的作用，从而迅速恢复正常的消化活动。

助消化药作用迅速、奏效快，且针对性强，要求查明原因，对症下药，否则，不仅无效反而有害，临床上需与健胃药配合应用。

助消化药有稀盐酸、胃蛋白酶、乳酶生、胰蛋白酶等。有些中草药，如酵母、药曲、山楂、麦芽、鸡内金等，具有类似助消化的作用。

稀盐酸（Dilute Hydrochloric Acid）

【理化性质】为无色透明液体，无臭。味酸、含盐酸约 10％，呈强酸性反应，应置玻璃塞瓶内密封保存。

【药理作用】盐酸是胃液中的主要成分之一，是由胃底腺的壁细胞分泌。通常家畜胃中盐酸的浓度约为 0.1％～0.5％，如猪的胃液盐酸浓度为 0.3％～0.45％；牛的真胃内盐酸浓度平均为 0.12%～0.38%。而肉食动物胃酸浓度稍高。

稀盐酸在消化过程中起着重要作用：

(1)有利于蛋白质的消化：适当浓度的稀盐酸能为胃蛋白酶原转变为具有高度活性的胃蛋白酶提供所需要的酸性环境，从而有利于消化蛋白质。另外，酸性食糜刺激十二指肠黏膜，可反射地引起幽门括约肌收缩，使十二指肠黏膜产生分泌，反射地引起胰液、胆汁和胃液的分泌，有利于蛋白质和脂肪等进一步消化。

(2)促进盐类吸收：稀盐酸使小肠上部食糜呈酸性，有利于钙、铁等盐酸的溶解，促进其吸收。

(3)止酵作用：保持一定的酸性环境，能抑制一些细菌的繁殖，制止胃内发酵的发生与发展。

【临床应用】稀盐酸主要用于胃酸缺乏引起的消化不良、胃内发酵、食欲不振、前胃弛缓、急性胃扩张、碱中毒等，也可用于各种疾病过程中所致的消化障碍性病症。内服，一次量，马 10～20 mL、牛 15～30 mL、猪 1～2 mL、羊 2～5 mL、犬 0.1～0.5 mL。

【应用注意】内服时，应用净水稀释 50 倍左右，用量不宜过大，否则，食糜酸度过高会反射地引起幽门括约肌痉挛，影响胃内排空，并产生腹痛。

稀盐酸忌与碱类，盐类健胃药、有机酸、洋地黄及其制剂配合应用。

健胃药和助消化药的合理选用

健胃药与助消化药可用于动物的食欲不振、消化不良，在临床上常配伍应用。但食欲不振、消化不良往往是许多全身性疾病或饲养管理不善的临床表现，因此，必须在对因治疗和改善饲养管理的前提下合理选用则能提高疗效。

马属动物出现口干、色红、苔黄、粪干等消化不良症状时，选用苦味健胃药龙胆酊、大黄酊、陈皮酊等；如果口腔湿润、色青白、舌苔白、粪便松软带水，则选用人工盐配合大蒜酊等较好。

当消化不良兼有胃肠弛缓或胃肠内容物有异常发酵时，应选用芳香性健胃药，并配合鱼石脂等制酵药。

猪的消化不良，一般选用人工盐或大黄苏打片。

吮乳幼畜的消化不良，主要选用胃蛋白酶、乳酶生、胰酶等。

草食动物吃草不吃料时，亦可选用胃蛋白酶，配合稀盐酸。牛摄入蛋白质丰富的饲料后，在瘤胃内产生大量的氨，影响瘤胃活动，早期可用稀盐酸或稀醋酸，疗效良好。

三、制酵药

发酵是微生物和酶的活动，对饲料的消化和吸收是必要的。在正常的生理情况下，反刍动物的瘤胃和马属动物的盲肠内都有大量的细菌存在，它们为了自身的生长繁殖而参与饲料的消化过程，所产生的甲烷、二氧化碳等对机体无用的气体可通过嗳气和胃肠蠕动排出体外。当反刍动物采食大量易发酵或腐败变质的饲料后，瘤胃内由于迅速发酵而产生过多气体，不能通过嗳气或肠道排出时，会在消化道内积聚，则往往诱发瘤胃臌胀等疾病，严重者可引起呼吸困难，甚至破裂而死，制酵药可通过抑制微生物活动而制止发酵。

凡能抑制细菌或酶的活动，阻止胃肠内容物发酵，使其不能产生大量气体的药物都可称为制酵药。一些具有抑菌作用并能促进胃肠蠕动的消毒防腐药是理想的制酵药。

鱼石脂（Ichthammol）

【理化性质】鱼石脂又名依克度。本品为棕黑色浓厚的黏稠液体，具有焦性沥青样臭，微溶于冷水，能溶于热水和乙醇，水溶液呈弱酸性。

【作用与应用】本品有抑菌作用，对局部皮肤黏膜有缓和的刺激作用，外用可消炎，消肿和促进肉芽新生等功效。内服有防腐制酵和促进胃肠蠕动等作用，常用于瘤胃臌胀、瘤胃弛缓、及急性胃扩张等；外用于皮肤慢性炎症，蜂窝织炎，腱及腱鞘炎等，多配成30％～50％的软膏局部涂敷。治疗马便秘时，常与泻药配合。内服，一次量，马、牛10～30 g，猪、羊1～5 g。用时先用1倍量乙醇溶解，然后加水稀释成3％～5％的溶液灌服。

四、消沫药

消沫药是能降低泡沫的局部表面张力，使泡沫迅速破裂而使气体逸散的一类药物。临床上用于治疗瘤胃泡沫性臌气。

牛、羊在放牧时采食大量含皂苷的豆科牧草（如紫苜蓿）后极易发生泡沫性臌胀，大量的不易破裂的小泡沫夹杂在瘤胃内容物中，通常的制酵药无效，瘤胃穿刺或投胃管也难以排除积存的气体。而良好的消沫药应具有以下特征，可使胃内泡沫排除。①表面张力低于起泡液；②与起泡液不互溶；③能连续不断地进行消沫作用。所以，当消沫药微粒同泡沫液膜接触时，能降低液膜局部的表面张力，液膜产生不均匀的收缩，表面张力降低的局部被拉薄，终于穿孔，使相邻的小气泡融合，消沫药微粒可以迅速进行下一个消沫过程，融合的气泡不断扩大，汇集成游离气泡而排出体外。

二甲基硅油（聚合甲基硅油）（Dimethicone）

【理化性质】为二甲基硅氧烷聚合物，微黄色澄明，非挥发性油状液体，不溶于水及乙醇，溶于有机溶剂，应密封保存。

【作用与应用】本品表面张力低，并为疏水性，进入胃内后能分散开或附着在瘤胃泡沫表面，降低其表面张力，使泡沫破裂融合扩大而汇集于瘤胃上方，利于排出。作用迅速可靠，通常用药后5分钟即发挥药效，10～30分钟作用最强，主要用于瘤胃泡沫性臌胀，使用安全，疗效可靠。

【制剂、用法与用量】

消胀片　每片含二甲硅油25 mg及氢氧化铝40 mg。内服，一次量，牛80～100片，羊20～30片。

二甲硅油片　50 mg、25 mg。内服，一次量，牛3～5 g，羊1～2 g。

制酵药与消沫药的合理选用

食物发酵变质所致的臌气，或急性胃扩张，严重的穿刺放气，一般可以使用制酵药，根据病情可配合泻药、促反刍药或制酵药，加速气体的排出。其他原因（如中毒、腹膜炎）引起的臌胀，除制酵外，主要对因治疗。

泡沫性臌气时，如选用制酵药仅能制止气体的产生，故必须选用消沫药。

五、瘤胃兴奋药

反刍动物消化生理的主要特征是在瘤胃内进行发酵性消化或微生物消化，瘤胃容积很大，食物停留时间很长，许多随饲料而来的微生物在瘤胃内生长繁殖，一方面将饲料分解消化，为其本身合成一些高价营养物质，再被机体吸收利用；另一方面通过微生物的发酵又会产生大量气体，因此，瘤胃的正常活动是为了保证其中的微生物和生物转化过程的进行。

　　由于反刍动物瘤胃解剖生理特点及在反刍动物消化过程的重要意义，所以在临床用药时，应尽量减少对瘤胃的损害。饲料不良，饲养管理不当，瘤胃内 pH 迅速降低以及某些全身性疾病（如高热、低血钙症），都可能出现瘤胃运动缓慢，反刍减弱或停止，从而产生瘤胃积食、瘤胃臌胀等严重疾病，此时应用瘤胃兴奋药进行治疗。

　　瘤胃兴奋药是能加强瘤胃收缩，促进瘤胃蠕动，兴奋反刍，从而消除积食和气胀的药物。常用药物有拟胆碱药、抗胆碱酯酶药、胃复安、浓氯化钠注射液、酒石酸锑钾等。

浓氯化钠注射液（Concentrated Sodium Chloride Injection）

　　本品为无色透明的灭菌水溶液，pH 为 4.5～7.5，专供静脉注射用。

　　【作用与应用】血液氯化钠是维持神经肌肉兴奋的重要因素。静脉注射浓氯化钠液后，可补充血液及细胞外液的氯化钠，提高血液的渗透压，组织中水分进入血液增加血量，改善血液循环；同时刺激血管壁化学感受器，反射性兴奋迷走神经，使胃肠蠕动和分泌加强。常用于前胃弛缓、瘤胃积食及马属动物便秘疝等。本品作用缓和，疗效良好，副作用少，用药后 2～4 小时作用最强。

　　静脉注射时速度宜慢，不可漏出血管外。不宜反复使用，不宜稀释。心脏衰弱的病畜慎用。

　　【制剂、用法与用量】

　　浓氯化钠注射液　50 mL：5 g、250 mL：25 g。静脉注射，一次量，每千克体重，家畜 0.1 g。

六、泻药

　　食糜自胃进入小肠后，立即进行消化液的化学消化和小肠运动的机械消化作用，其中的营养物质被完全消化和吸收，并把残渣排出体外。泻药是能促进肠管蠕动，增加肠内容积或润滑肠管、软化粪便，从而促进排粪的一类药物。

　　应用泻药时，一般应注意下列几个问题：①各种泻药都会不同程度地影响消化与吸收功能，可能引起机体虚弱和脱水，所以不宜反复多次应用，用药前后还应注意给予充分饮水。②对患肠炎的病畜或孕畜，应选用油类泻药，禁用刺激性泻药，以免加剧炎症或造成流产。③排出毒物时，应选用盐类泻药，而禁用油类泻药。因为多数毒物溶于油类，会促进毒物吸收，有引起中毒的危险。④单用泻药疗效不佳时，应进行综合治疗，如与制酵药等并用可以提高疗效。

　　根据泻药的作用特点可将其分为四类：容积性泻药、刺激性泻药、润滑性泻药和神经性泻药。

　　（一）容积性泻药

　　此类药物在临床上常用的硫酸钠和硫酸镁等都属盐类，所以又称其为盐类泻药。盐类泻药易溶于水，由于 SO_4^{2-} 不易被肠吸收，伴有的 Na^+ 与 Mg^{2+} 也不易被吸收，所以，内服后使肠内渗透压升高，从而保持大量水分，增大肠内容积，机械地压迫肠壁感受器，反射性地使肠的推进性蠕动增强而引起排粪。同时，盐类的离子对肠黏膜也有一定的化学刺激作用。

　　盐类泻药致泻作用的强弱与其离子吸收的难易密切相关，即难吸收的离子保持水量多，故泻下作用强。离子吸收的难易顺序是阳离子：$Mg^{2+}>Ca^{2+}>Na^+>K^+$；阴离子：$SO_4^{2-}>NO_3^->Br^->Cl^-$。

盐类泻药的致泻作用与其溶液的浓度也有关系。一般以接近等渗液时效果最好。如果浓度过高,须从血液中吸出水来稀释溶液,增加肠内容积而促进泻下。若体内水分不足或脱水时,则影响致泻作用,故在用盐类泻药前后,应多给予饮水和补液。

硫酸钠的等渗溶液为 3.2%,硫酸镁为 4%。导泻时,常配成 5%～8% 的溶液灌服,主要用于治疗大肠便秘。单胃家畜用药后 3～8 小时出现泻下,反刍动物则要经 18 小时以上才能排粪。如果与大黄等植物性泻药配合应用,可产生协同作用,既可减少两药用量,又可显著提高疗效。

应该注意,若盐类溶液的浓度过高(在 10% 以上),不仅会延长致泻时间,影响致泻效果,而且当其进入牛等反刍动物十二指肠后,能反射地引起幽门括约肌痉挛,妨碍胃内容物排空,有的甚至能引起肠炎。

硫酸钠(芒硝)(Sodium Sulfate)

【理化性质】硫酸钠($Na_2SO_4 \cdot 10H_2O$)为无色透明大块结晶或颗粒状粉末,无臭,味苦而咸,易溶于水。经风化失去结晶水后即成为无水硫酸钠或干燥硫酸钠,为白色粉末,有引湿性,应密闭保存。

【药理作用】小量内服,能轻度刺激消化道黏膜,使胃肠蠕动和分泌增强,产生健胃作用。大量内服时,在肠内解离出 Na^+ 和 SO_4^{2-},因 SO_4^{2-} 不易被肠壁吸收而形成高渗透压,在肠内保持大量水分(480 g 硫酸钠可保持 15 L 水),使肠内容积增大,对肠黏膜产生机械压迫,引起肠蠕动增强和排粪反射。随着肠管的蠕动,盐溶液可稀释肠内容物,并软化粪便,利于泻下或排粪。同时,肠蠕动增强可引起血液循环的变化,使血液重新分布,可减轻远隔器官的充血或炎症。因此,在脑炎、脑充血、胸膜炎或腹膜炎等情况下应用,通过诱导作用,使组织脱水,排出溶液。

此外,硫酸钠还具有利胆作用,可帮助胆汁排泄。外用还可以消炎、排毒。

【临床应用】小量内服,用于消化不良,常与健胃药配合应用。大量内服泻下,主要用于大肠便秘。牛第三胃阻塞时,可用 25%～30% 的溶液 250～300 mL 直接注入瓣胃内,以软化干结食团。排除肠内毒物或辅助驱虫药排除虫体,常配成 5%～8% 的溶液灌服。内服作诱导剂用于脑炎、脑充血、腹膜炎、胸膜炎、肺水肿等。10%～20% 的硫酸钠溶液外用于化脓创和瘘管的冲洗、引流。

【注意事项】治疗大肠便秘时,一般配成 5%～8% 的溶液灌服,用药浓度不能超过 10%,否则有诱发肠炎和引起机体脱水的可能。如果与大黄等植物性泻药配合泻下效果较好。硫酸钠不适用于小肠便秘,因小肠便秘的阻塞部位接近胃,易继发胃扩张,对小肠便秘和胃扩张的病畜,应改用其他泻药。

【制剂、用法与用量】内服:健胃,一次量,马、牛 15～50 g,猪、羊 3～10 g。导泻,马 200～500 g,牛 400～800 g,羊 40～100 g,猪 25～50 g,犬 10～20 g,猫 2～5 g,鸡 2～4 g,鸭 10～15 g。

(二)刺激性泻药

刺激性泻药有蒽醌苷类(如大黄、芦荟、番泻叶等)、蓖麻油、巴豆油、牵牛子、甘汞、酚酞、双醋酚酊等,此类药物内服后在胃内一般无变化,到达肠内后分解出有效成分,刺激局部肠黏膜、肠壁神经丛,反射地引起肠管蠕动加强,从而促进排粪,利于泻下。由于这些药物的刺激性成分不同,其作用强弱、快慢与效果也有很大差异。

大黄（Radix et Rhizoma Rhei）

大黄又名川军，大黄是我国特产药材之一，是蒽醌苷类中较多用的一种药物。

【来源与成分】为蓼科植物大黄、掌叶大黄或唐古大黄的干燥根茎，三种大黄的根茎中都含有蒽醌苷，水解后释放出蒽醌衍生物，如大黄素、大黄酚、大黄酸和鞣酸。大黄末呈黄色，不溶于水。

【药理作用】大黄按其剂量的不同，有健胃、收敛、致泻和抗菌等作用。

（1）健胃作用：大黄味苦，内服小剂量时，主要呈现苦味健胃作用。

（2）收敛作用：大黄内含有大量鞣质，内服中等剂量时呈现收敛止泻作用，使肠蠕动受到抑制，便肠液分泌减少，因此用大黄导泻时易继发肠便秘。

（3）致泻作用：大黄内含有蒽醌苷，大量内服后，在胃内并不起作用，在小肠吸收后大部分失效，只有 3% 在体内水解成大黄素、大黄酚、大黄酸，经大肠分泌到肠腔，刺激肠黏膜的欧氏神经丛，反射地增强肠蠕动而引起下泻。未吸收的大黄进入大肠后，其中所含的番泻苷在细菌的作用下分解为番泻苷元，也可使肠蠕动增强而促进排粪。大黄的泻下作用表现较为缓慢，一般须经 6～24 小时才能排粪，且由于鞣酸的收敛作用，有时排粪后可再引起便秘，因此多与硫酸钠配合应用。体内产生的大黄酸经尿排出时，碱性尿液呈紫红色，酸性尿液则呈棕黄色。

（4）抗菌作用：体外试验证明大黄素和大黄酸对金黄色葡萄球菌，大肠杆菌、链球菌，痢疾杆菌、绿脓杆菌和皮肤真菌等有较强的抑制作用。

（5）其他：大黄还有利胆、利尿、增加血小板、降低胆固醇等作用。

【临床应用】目前大黄在兽医临床上主要用作健胃药，常用其酊剂或散剂配合其他健胃药治疗消化不良。大黄与硫酸钠配合具有较好的致泻效果、单用大黄往往不能致泻。大黄末与陈石灰（2：1）配成撒布剂，外用治疗化脓创，与地榆末配合调油，搽于局部，用于治疗烧伤和烫伤等。

【制剂、用法与用量】致泻，配合硫酸钠等，马、牛 100～150 g，猪、羊 30～60 g，驹、犊 10～30 g，仔猪 2～5 g，犬 2～4 g。

（三）润滑性泻药

本类药物包括来源于矿物、植物和动物的一些中性油类，如液体石蜡、花生油、棉子油、芝麻油、菜子油、獾油、酥油等，故又称油类泻药。内服大量油类泻药，绝大部分以原形通过肠道，故其主要作用是润滑肠腔，软化粪便，并能阻止肠内水分的吸收，以利粪便移动而引起缓泻。适用于孕畜或有肠炎病畜的便秘，但不能用以排除毒物。

液体石蜡（Liquid Paraffin）

【理化性质】为石油提炼过程中的一种副产品。为无色透明的油状液体，无臭无味，呈中性反应，不溶于水和乙醇，能与多数油类混溶。

【药理作用】液体石蜡是一种矿物油，内服后在肠道内不被吸收，以原形通过肠管，能阻碍肠内水分的吸收，对肠黏膜有润滑作用，并软化粪便。其泻下作用缓和，对肠黏膜无刺激性，较为安全，孕畜也可应用。缺点是不宜多次服用，故其影响消化，阻碍脂溶性维生素及钙、磷的吸收，而且由于覆盖肠黏膜，可减弱肠黏膜对肠内容物刺激的感受性，从而使肠蠕动减弱。

【临床应用】适用于小肠便秘、瘤胃积食、患肠炎的家畜及孕畜的便秘。

【用法与用量】内服，一次量，马、牛 500～1 500 mL，羊 100～300 mL，猪 50～100 mL，犬 10～30 mL，猫 5～10 mL，鸡 2～5 mL。可加温水灌服。

（四）神经性泻药

神经性泻药包括拟胆碱药如氨甲酰胆碱、毛果云香碱，抗胆碱酯酶药如新斯的明等。它们有较强的促进瘤胃蠕动，增强腺体分泌，引起泻下，而且作用迅速，但其副作用很大，应用时必须注意（见必备知识九）。

七、止泻药

止泻药是指能保护肠黏膜、吸附毒物，收敛消炎而制止腹泻的药物。腹泻是多种疾病的症状，引起腹泻的原因很多，如消化不良、肠炎、中毒以及某些传染病等。但主要是由于肠道内的细菌、毒物或腐败分解产物引起的，通过腹泻能迅速将有害物质排出体外，因此认为腹泻本身对机体具有一定的保护意义。所以，在腹泻初期不宜马上选用止泻药，应先用泻药排除有害物质，再用止泻药。但是，严重而持久的腹泻，不仅能引起消化机能障碍，而且还能使机体发生全身性营养不良、脱水和酸中毒，腹泻后期消化道已无有害物质时，为了消除炎症和恢复消化机能，这时应该选用止泻药。

（一）收敛性止泻药

鞣酸蛋白（Tannalbumin）

【理化性质】淡黄色粉末，由鞣酸和蛋白质相互作用而成，含鞣酸50%，无臭，不溶于水和乙醇，应遮光、密封、置干燥处保存。

【作用与应用】鞣酸蛋白本身无活性，内服后，在胃内酸性环境下稳定，不易分解，到达小肠内，遇碱性肠液，分解为鞣酸和蛋白，前者呈收敛止泻作用，且此作用较持久，能到达肠道后部。主要用于急性肠炎、非细菌性腹泻等。

【应用注意】对细菌感染引起的腹泻，应先控制感染。

【用法与用量】内服，一次量，马、牛 10～20 g，猪、羊 2～5 g，犬、猫 0.5～1.0 g。

（二）吸附型止泻药

药用炭（Medicinal Charcoal）

【理化性质】药用炭又名活性炭。本品系动物骨骼或木材放于密闭室内加高温烧制，研成黑色微细粉末，无臭、无味，不溶于水，但潮湿后作用下降，故应置干燥处密封保存。

【作用与应用】本品粉末细小，具有很大的表面积，因而吸附力很强。能吸附胃肠内多种物质，如细菌、细菌代谢物、气体、色素各种化学物质，也能吸附营养物质。

另外，本品内服到达肠内后，能附着于消化道黏膜，保护肠黏膜免受刺激，使肠蠕动减慢，呈现止泻作用，可用于腹泻、肠炎、毒物中毒等。

【应用注意】药用炭的吸附作用是可逆性和物理性的，随温度升高，吸附作用会相应降低，故用于吸附毒物时，必须使用盐类泻药以促进排出。另外，因可阻碍营养物质的消化吸收，不能长期反复应用。本品忌与乳酶生配伍使用。

【制剂、用法与用量】

药用炭片　0.3 g、0.5 g。内服，一次量，马 20～150 g，牛 20～200 g，羊 5～50 g，猪 3～10 g，犬 0.3～2 g。

（三）抗菌止泻药

家畜腹泻多因微生物感染所引起，故临床上往往首先考虑使用抗菌药物，进行对因治疗,使肠道炎症消退而止泻。如选用磺胺脒、氟苯尼考、喹诺酮类、黄连素、呋喃唑酮和庆大霉素等,均有较强的抗菌止泻作用。

（四）抑制肠道平滑肌止泻药

当腹泻不止或有剧烈腹痛时,为了防止脱水,消除腹痛,可用肠道平滑肌抑制药,如阿托品、颠茄、654-2等,松弛胃肠平滑肌,减少肠管蠕动而止泻(见必备知识九)。

泻药与止泻药的合理选用

1. 泻药的合理选用

泻药主要用于治疗便秘或排出肠内有毒物质。对便秘的治疗,首先应确诊便秘的部位、粪块大小及硬度,再根据病畜的体质、症状及病情进行选药。泻药多与制酵药、镇静药、强心药、体液补充剂等配合应用。

大肠便秘早、中期,一般选用盐类泻药芒硝,为加强致泻效果可配合大黄,也可加入适量的油类泻药。为防止肠内异常发酵,可加适当驱风制酵药,并在用药前后给予大量饮水或补液,以防止机体脱水。

小肠便秘中早期多用油类泻药,也可用蓖麻油。幼畜及中、小家畜便秘还可选用甘油灌肠。禁用盐类泻药、以防引起胃扩张。

便秘后期(局部多有炎症)、孕畜、体弱病畜忌用盐类泻药,尤其是肾功能不全的病畜更不宜用盐类泻药,因肾功能不全时,排出受阻,吸收的 Mg^{2+} 会引起中枢抑制,吸收的钠盐可引起水肿。

对肠蠕动微弱的不全阻塞性便秘,也可选用新斯的明等拟胆碱药,但粪块坚硬、肠臌胀时禁用,以防肠管过强收缩而破裂。

排除毒物,一般选用盐类泻药,与大黄配合效果更好。油类泻药能促进脂溶性毒物吸收而加重病情。

在应用泻药时,要防止因泻下作用太猛、水分排出过多而引起病畜脱水或继发肠炎。所以,对泻下作用剧烈的泻药,一般只投一次,不宜多用。对幼畜、孕畜及体弱患畜更要慎重选用或不用。

2. 止泻药的合理选用

腹泻往往是某种原发病的临床症状之一,常是由于肠道内存在细菌、毒物或腐败分解产物引起的,为排出这些有害物质,腹泻本身对机体具有一定的保护意义。故腹泻初期不应立即使用止泻药,而应先用泻药排除有害物质,当恶臭粪便基本排尽后,再使用止泻药。

剧烈或长期的腹泻,妨碍养分吸收,引起水及电解质紊乱,必须立即应用止泻药,并补充水分和电解质,采取综合治疗。

毒物引起的腹泻,先用盐类泻药排出毒物,再使用药用炭等吸附止泻药,随后给予盐类泻药以排出药用炭吸附物。

细菌性腹泻,应给予抗菌止泻药。

严重的急性肠炎时,先选用抗微生物药,当恶臭粪便排尽后,再使用止泻药。

一般的急性水泻,常导致水、电解质紊乱,应先补液,再用止泻药。

第五部分　作用于呼吸系统的药物

呼吸器官是由呼吸道和肺组成,在呼吸中枢的调节下,进行正常的气体交换。呼吸器官对维持机体内环境的平衡具有十分重要的作用。又因它直接和外界接触，因此，外界的剧烈变化，对呼吸系统有着直接的影响，常导致呼吸系统疾病的发生。如寒冷、多风的天气，有贼风的厩舍，吸入烟气或异物至支气管内，这些外界刺激都可诱发呼吸道炎症，并易为腐败或其他病原微生物感染。此时，在选用抗菌药物进行对因治疗时，还应配合祛痰、镇咳与平喘药进行对症治疗。如果家畜未表现明显的全身症状，可单独使用祛痰、镇咳药。有些药物，如尼可刹米、戊四氮、樟脑、回苏灵等，虽然也能影响呼吸系统的功能，但它们仅在呼吸中枢被抑制时，用以兴奋被抑制的呼吸中枢，这类药物将在延髓兴奋药中叙述。

一、祛痰药

氯化铵（Ammomium Chlorde）

【理化性质】氯化铵又名氯化钮、卤砂。本品为白色晶粉，易潮解，易溶于水（1∶2.6）。

【作用与应用】内服后，能刺激胃黏膜，反射性地引起支气管腺体分泌，使稠痰变稀，易于咳出；在体内，氯化铵经支气管排出，排出时由于渗透压的作用，携带水分，亦能稀释稠痰，故祛痰效果较强。主要用于呼吸道炎症的初期、痰液黏稠而不易咳出的病例。

氯化铵在体内特别是在肝脏内，其铵离子经代谢形成尿素。氯离子的一部分与氢离子结合形成盐酸，使血与尿的 pH 降低；另一部分经肾脏排出时，也携带一部分阳离子与水分，产生利尿作用。由于尿变酸性，对服用磺胺病畜易使磺胺析出结晶，造成泌尿道损害，因此氯化铵不应与磺胺类药物配伍应用。

【制剂、用法与用量】片剂 0.3 g。内服，马 8～15 g，牛 10～25 g，猪 1～2 g，羊 2～5 g，犬 0.2～1 g。

二、镇咳药

喷托维林（Pentoxtverin）

【理化性质】喷托维林又名咳必清、维静宁。为白色结晶粉末，有吸湿性，易溶于水，水溶液呈酸性。

【作用与应用】具有选择性抑制咳嗽中枢的作用。同时，吸收后部分从呼吸道排出时，呼吸道黏膜产生轻度局部麻醉作用。大剂量有阿托品样作用，可使痉挛的支气管松弛。产生弱于可待因的镇咳效果。常与祛痰药合用治疗，伴有剧烈干咳的急性呼吸道炎症。多痰性咳嗽不宜单用咳必清进行治疗。

【制剂、用法与用量】

片剂 25 mg。内服，马、牛 0.5～1 g，猪、羊 50～100 mg，3 次/天。

复方咳必清糖浆 每 100 mL 内含咳必清 0.2 g、氯化铵 3 g、薄荷油 0.008 mL。内服，马、牛 100～150 mL，猪、羊 20～30 mL，3 次/天。

三、平喘药

麻黄碱（Ephedrine）

【作用与应用】麻黄碱的药理作用与肾上腺素相似，都作用于肾上腺素能神经受体。肾上腺素能神经受体主要有两种，即 α-受体与 β-受体。α-受体兴奋时，表现为皮肤黏膜和内脏血管收缩；而 β-受体兴奋时，则表现为血管舒张，心脏兴奋，支气管平滑肌弛缓。由于麻黄碱对 β-受体呈兴奋作用而使支气管平滑肌弛缓，故临床上常选用麻黄碱作平喘药。麻黄碱与肾上腺素不同，它对中枢神经系统呈显著的兴奋作用。麻黄碱性质稳定，可内服应用。其作用较肾上腺素缓慢而温和，作用时间较长，但连续用药易产生快速耐受性。

【制剂、用法与用量】针剂 10 mL∶0.3 g，5 mL∶0.15 g，1 mL∶0.05 g，1 mL∶0.03 g。皮下或肌肉注射，马、牛 0.05～0.5 g，猪、羊 0.02～0.05 g，犬 0.01 g。

祛痰、镇咳、平喘药的合理选用

祛痰、镇咳、平喘药均为对症治疗药，用药时首先必须考虑对因治疗，并针对性地选用对症治疗药。

呼吸道炎症初期，痰液黏稠而不易咳出时，可选用氯化铵祛痰。呼吸道感染伴有发热等全身症状时，应以抗菌药物控制感染为主，同时选用刺激性弱的祛痰药氯化铵。碘化钾刺激性强，不宜用于急性支气管炎。

当痰液黏稠、频繁，而无痛咳嗽却难以咳出时，选用碘化钾内服或其他刺激性祛痰药，如松节油等蒸气吸入。

轻度咳嗽或痰性咳嗽，不应选用镇咳药止咳，而选用祛痰药将痰排出后，咳嗽就会减轻。长时间频繁而剧烈的痛性干咳，应选用镇咳药，如可待因等，或选用镇咳药与祛痰药配伍的合剂。对急性呼吸道炎症初期引起的干咳，可选用非成瘾性镇咳药，如咳必清。

治疗喘息，应注重对因治疗。细支气管积痰引起的气喘，通常在镇咳、祛痰的同时得到缓解；支气管痉挛引起的气喘，选用平喘药治疗。此外肾上腺糖皮质激素、异丙肾上腺素均有平喘作用，可适用于过敏性喘息。

第六部分 作用于血液循环系统的药物

作用于血液循环系统的药物主要包括强心药、止血药、抗凝血药和抗贫血药等（见图 2-18）。中枢兴奋药兼强心药见第八部分作用于中枢神经系统的药物，拟肾上腺素药见第九部分作用于外周神经系统的药物，血容量扩充药见第十部分影响新陈代谢的药物。

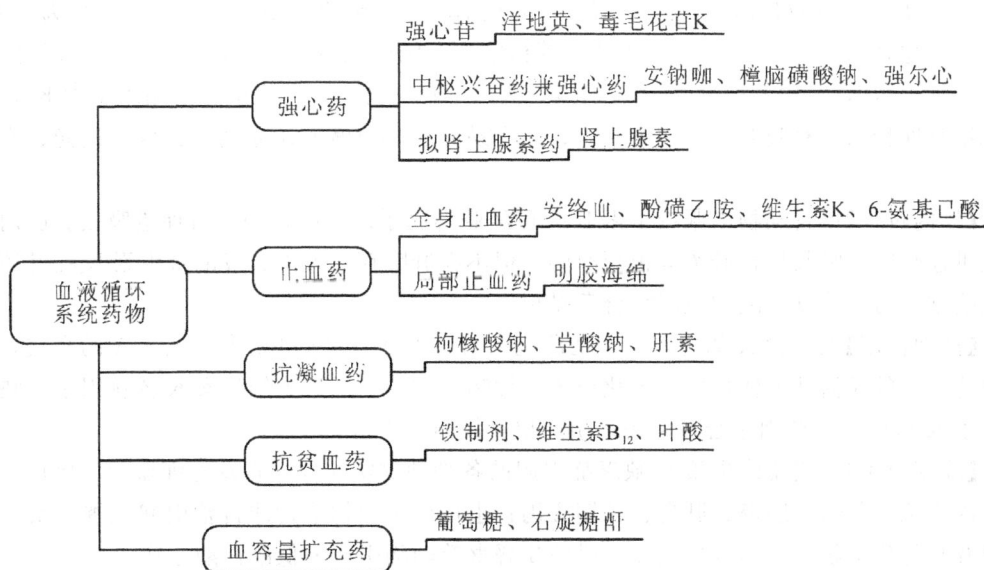

图 2-18 血液循环系统药物分类思维导图

一、强心苷

强心苷是一类选择性作用于心脏，加强心肌收缩力，从而改善心脏功能的药物。

强心苷主要来源于植物，在洋地黄、毒毛旋花、夹竹桃、羊角拗、铃兰、万年青、福寿草、罗布麻等植物中都含有强心苷成分。动物蟾蜍的皮肤也含有强心苷成分。

强心苷是由苷元（配基）和糖两部分结合而成。苷元是强心苷的药理活性部分，但苷元对心脏作用弱且短暂、水溶性低、稳定性差。苷元与糖分子结合后，就增加了苷元的水溶性、穿透细胞能力和对心肌细胞的亲和力，从而增强并延长其强心作用。

强心苷有较严格的适应征，主要用于慢性心功能不全。这种疾病是由于毒物或细菌毒素、过劳、重症贫血、维生素E缺乏、心肌炎、瓣膜病等，使心肌受到损害，心肌收缩力减弱，心输出不能满足机体组织代谢的需要。此时，心脏发挥其代偿适应功能，若病因不除，时间一久，心脏则失去代偿能力，发生心功能不全。此病以静脉系统充血为特征，故又名充血性心力衰竭，同时伴有呼吸困难、水肿和发绀等症状。

各种强心苷对心脏的作用性质基本相同，都是加强心肌收缩力、减慢心率、抑制传导，使心输出量增加，减轻淤血症状，消除水肿。只是在作用强弱、快慢和持续时间上有所不同。兽医临床一般将强心苷分成两类：

慢作用类：洋地黄、洋地黄毒苷。作用出现慢，维持时间长，在体内代谢缓慢，蓄积性大，适用于慢性心功能不全（充血性心力衰竭）。

快作用类：毒毛花苷K、西地兰、地高辛等适用于急性心功能不全（急性心力衰竭）或慢性心功能不全的急性发作。

二、止血药

能够促进血液凝固和制止出血的药物称为止血药。

维生素K（Vitaminum K）

【理化性质】维生素K广泛存在于自然界，是一类具有萘醌基结构的化学物质。维生素K有K_1、K_2、K_3（亚硫酸氢钠甲萘醌）及K_4（乙酰甲萘醌）等。维生素K_1、K_2是天然品，为脂溶性化合物。维生素K_1存在于苜蓿等植物中，维生素K_2为肠道微生物（如大肠杆菌）合成。维生素K_3、维生素K_4系人工合成，为水溶性化合物。兽医临床常用维生素K_3，为白色结晶性粉末，有吸湿性，易溶于水，遇光易分解，遇碱或还原剂易失效。避光、密封保存。

【体内过程】单胃动物内服维生素K后可经肠淋巴系统吸收，胆汁可促进吸收。肌内注射能迅速吸收。吸收后在肝浓集很短时间，但不在肝贮存。人工合成的维生素K在肝还原成氢醌型，与葡萄糖醛酸和硫酸结合后排出。

【药理作用】维生素K的主要生理功能是参与肝内凝血因子Ⅰ、Ⅶ、Ⅸ和Ⅹ的合成，它使这些因子的无活性前体物发生羧化成为活性物。这些因子称为维生素K依赖因子。缺乏维生素K可引起这些因子合成障碍，引起出血倾向或出血。

【临床应用】适用于维生素K缺乏症引起的各种动物实质性器官及毛细血管出血症，如长期内服抗菌药物、肠炎、肝炎、长期腹泻；也可用于动物采食甜苜蓿引起双香豆素类中毒以及其他化学物质，如水杨酸类、磺胺喹恶啉等药物引起的低凝血酶原症。

【注意事项】维生素K在动物治疗中极少发生中毒反应。过大剂量可见于幼龄动物溶血性贫血和蛋白尿发生。

【制剂、用法与用量】

亚硫酸氢钠甲萘醌注射液 1 mL：4 mg、10 mL：40 mg。肌内注射，一次量，马、牛 100～300 mg，猪、羊 30～50 mg，犬 10～30 mg。2～3 次/天。

维生素 K 注射液 1 mL：10 mg。肌内、静脉注射，一次量，犊牛 1 mg/kg，犬、猫 0.5～2 mg/kg。

酚磺乙胺（Etamsylate）

【理化性质】酚磺乙胺又名止血敏。为白色结晶性粉末。无臭，味苦。水中易溶，乙醇中溶解。有引湿性。遇光易分解变质，遮光、密封保存。

【药理作用】本品能使血小板数量增加，并能增强血小板的聚集和粘附力，促进凝血活性物质的释放，缩短凝血时间；还能增强毛细血管的抵抗力，降低其通透性，防止血液外渗。

【临床应用】适用于各种出血，如手术前预防出血、术后止血及消化道出血等。

【注意事项】①本品作用迅速，肌内注射 1 小时后作用达高峰，药效可维持 4～6 小时，一般应在外科手术前 15～30 分钟用药预防出血。②可与其他止血药（如维生素 K）并用。

【制剂、用法与用量】

止血敏注射液 1 mL：0.25 g、2 mL：0.5 g。肌内、静脉注射，一次量，马、牛 1.25～2.5 g；猪、羊 0.25～0.5 g。

6-氨基己酸（6-Aminocaproic Acid）

【理化性质】本品为白色或黄白色结晶性粉末。无臭，味苦。能溶于水，应密闭保存。

【药理作用】6-氨基己酸是抗纤维蛋白溶解药。能抑制血液中纤溶酶原的激活因子，阻碍纤溶酶原转变为纤溶酶，从而抑制纤维蛋白溶解，达到止血的作用。高浓度时，有直接抑制纤溶酶的作用。

【临床应用】适用于纤维蛋白溶酶活性增高所致的出血，如大型外科手术出血、子宫出血、肺出血及消化道出血等。

【注意事项】由于子宫、肺等脏器存在大量纤维蛋白溶酶原的激活因子，当这些脏器损伤或手术时激活因子大量释放出来，使血液不易凝固，此时，使用氨基己酸是适宜的，对一般出血不宜滥用。6-氨基己酸对泌尿系统手术后的血尿，因易发生血凝块阻塞尿道，故忌用之。本品作用弱而短，排泄较快，需给维持量。

【制剂、用法与用量】

6-氨基己酸注射液 10 mL：1 g、20 mL：2 g，静脉滴注，首次量，马、牛 20～30 g，加于 500 mL 生理盐水或 5%的葡萄糖溶液中；猪、羊 4～6 g，加入 100 mL 生理盐水或 5%的葡萄糖溶液中。维持量，马、牛 3～6 g；猪、羊 1～1.5 g。一次/小时。

三、抗凝血药

抗凝血药简称抗凝剂，是能够延缓或阻止血液凝固的药物。通过干扰凝血过程中某一个或某些凝血因子延缓血液凝固时间或防止血栓形成和扩大的药物。抗凝血药在兽医临床上主要用于体外抗凝血。

临床上常用的抗凝血药有肝素钠和枸橼酸钠。

枸橼酸钠（Sodium Citrate）

【理化性质】为无色或白色结晶性粉末，味咸。易溶于水，不溶于乙醇。在空气中微有潮解性，在热空气中有风化性。应密封保存。

【药理作用】枸橼酸钠的枸橼酸根离子与血浆中钙离子形成一种难解离的可溶性复合物枸橼酸钙，使血浆钙离子的浓度迅速减小，凝血作用受抑制，因而起抗凝血作用。

【临床应用】本品用于体外抗凝血，如检验血样的抗凝和输血的抗凝。输血时，可用2.5%～4%的溶液，每100 mL全血中加入此液10 mL即可。

【注意事项】①当输入含枸橼酸钠的血液或血浆过量或过快，可能引起枸橼酸中毒，此时应静脉注射钙剂解救。初生畜因酶系统发育不全，输血尤其注意。②其溶液碱性强。因此用于检验血样的抗凝时，只适用于常规血样的抗凝，而不适用于血液生化指标的血样抗凝。

【制剂、用法与用量】

枸橼酸钠　0.29 g。用10 mL生理盐水溶解后，每100 mL全血加此液10 mL。针剂：10 mL：0.4 g。每100 mL全血加此液10 mL。

四、抗贫血药

抗贫血药是指能增强机体造血机能，补充造血必要的物质，改善贫血症状的药物。

贫血是指单位容积循环血液中的红细胞数或血红蛋白的量低于正常值的一种病理现象。兽医临床常见的贫血可分为缺铁性贫血、出血性贫血、溶血性贫血、再生障碍性贫血。兽医临床以缺铁性贫血为常见。治疗缺铁性贫血只有补充铁才能奏效，最常用的是铁制剂。

铁制剂(Iron Preparations)

铁是构成血红蛋白、肌红蛋白和动物体某些组织酶的必需物质。在正常情况下，成年动物日粮中含有丰富的铁，故不易产生缺铁。但吮乳期或生长期幼畜、妊娠期或泌乳期母畜因需铁量增加而摄入量不足；胃酸缺乏、慢性腹泻等而致肠道吸收铁的功能减退；慢性失血使体内贮铁耗竭；急性大出血后恢复期；铁作为造血原料需要增加时，都必须补铁。缺铁可以阻碍幼畜的生长，还会增高动物对致病因子的易感性。

【体内过程】

(1)吸收：铁制剂内服后，以亚铁离子(Fe^{2+})形式在十二指肠或空肠上段被吸收。随饲料摄入的少量铁，以主动转运吸收；大量服用铁剂时，以扩散方式被动的吸收。胃酸、维生素C及饲料中的还原物质等，有助于Fe^{3+}还原成Fe^{2+}，能促进铁的吸收；多钙、多磷和含鞣质的饲料，可使铁盐沉淀，妨碍其吸收。铁盐还能与四环素类形成络合物，互相影响吸收。临床常用的铁制剂有硫酸亚铁、右旋糖酐铁和葡聚糖铁钴注射液等。

(2)转运：Fe^{2+}进入血液后被氧化为Fe^{3+}，Fe^{3+}与血浆转铁蛋白结合成血浆铁，被转运至各组织器官，以供利用和贮存。转铁蛋白的量及运铁能力有一定限度，当与铁结合达到饱和时，转运率不再增加，肠黏膜对铁的吸收亦停止。但在缺铁性贫血时，血浆铁的转运率和肠黏膜吸收功能均提高，吸收率可由正常的10%升至30%。

(3)分布：体内铁约65%存在于血红蛋白中，约30%作为贮备铁，以铁蛋白形式贮存于肝、脾和骨髓中，少量贮存于肌红蛋白和某些组织酶中。

(4)排泄：铁的每日排泄量极少，主要由肠黏膜和皮肤细胞脱落而排泄，尿液、胆汁和汗液也少量排泄。饲料和药物中未被吸收的铁主要随粪便排出。

【作用与应用】铁制剂主要用于缺铁性贫血的治疗和预防。

【不良反应】①胃肠反应 内服可见消化道反应，表现为食欲下降、腹泻、腹痛、严重胃肠炎等，宜在饲后给药。由于铁在肠道内可与硫化氢结合，妨碍了肠内的正常刺激因素，有时发生便秘现象。②便秘 铁与肠内硫化氢结合，减少肠内的正常刺激因素，使肠蠕动减慢，导致便秘，甚至产生更严重的后果。

【制剂、用法与用量】

硫酸亚铁 配成 $0.2\% \sim 1\%$ 的溶液。内服，一次量，马、牛 $2 \sim 10$ g，猪、羊 $0.5 \sim 3$ g，犬 $0.05 \sim 0.5$ g，猫 $0.05 \sim 0.1$ g。

葡聚糖铁钴注射液 2 mL∶0.2 g(Fe)、10 mL∶1 g(Fe)。肌内注射，一次量，仔猪 $100 \sim 200$ mg。

第七部分　作用于泌尿生殖系统的药物

作用于泌尿生殖系统的药物包括作用于泌尿系统的药物，如利尿药、脱水药，作用于生殖系统的药物，如性激素、促性腺激素和子宫兴奋药(见图 2-19)。

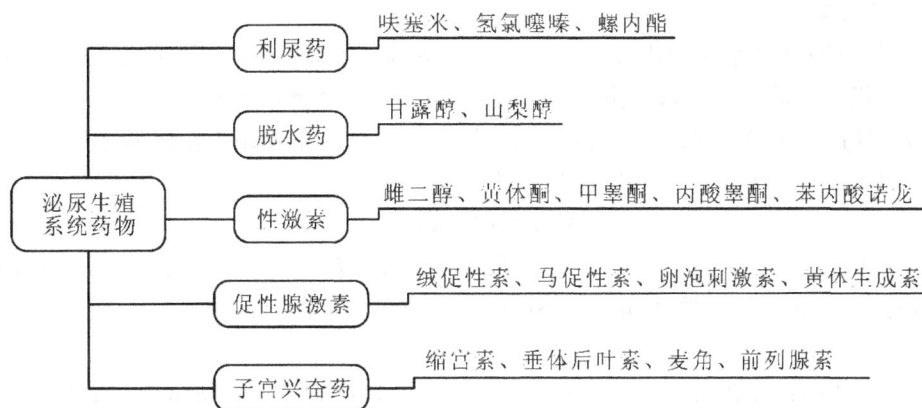

图 2-19　泌尿生殖系统药物分类思维导图

一、利尿药

利尿药是指作用于肾脏，促进电解质和水的排泄，增加尿量，用于减轻或消除水肿的药物。兽医临床主要用于水肿和腹水的对症治疗，也可用于促进体内毒物和尿道上部结石的排出等。

尿液的生成过程包括肾小球滤过、肾小管和集合管的重吸收及分泌三个环节。利尿药通过影响这三个环节而产生作用，按其作用强度和作用部位一般分为三类：高效利尿药(呋塞米)、中效利尿药(氢氯噻嗪)和低效利尿药(螺内酯)。

呋塞米(Furosemide)

【理化性质】呋塞米又名速尿、呋喃苯胺酸。本品为白色或类白色结晶性粉末。无臭、无味。不溶于水而易溶于乙醇。遮光、密封保存。

【药理作用】本品主要作用于肾小管髓袢升支，抑制对 Cl^- 的主动重吸收，使尿中 Cl^- 的排出量明显地高于 Na^+ 与 K^+ 的总和。随 Cl^- 重吸收减少，进而抑制 Na^+ 的被动重吸收，增加尿中 Cl^-、Na^+、K^+ 的含量，使尿液不能浓缩，故有强效利尿作用。

本品作用迅速，内服后 30 分钟左右排尿，$1 \sim 2$ 小时达高峰，维持 $6 \sim 8$ 小时；静脉注射后 5～10 分钟起效，维持 1～3 小时。另外，速尿还可增加尿中 Ca^{2+}、Mg^{2+} 的排出量。

【临床应用】适用于各种原因引起的全身性水肿、组织水肿，如脑水肿、肺水肿等，并可促进尿道上部结石的排出，也可用于预防急性肾功能衰竭。

【注意事项】①本品毒性小，利尿作用强，使用时宜用小剂量或间隙给药。大剂量或长时间用药易产生低血容量和低血钾症，与保钾利尿药，如氨苯喋啶配合，可防止失钾过多引起的低血钾症。②本品禁与头孢菌素类、洋地黄、氨基糖苷类抗生素配伍。与洋地黄合用使其毒性增加；与头孢菌素类合用易增强后者对肝脏的毒性；与氨基糖苷类抗生素合用增强对耳的毒性。

【制剂、用法与用量】

呋塞米片 20 mg、50 mg。内服，一次量，马、牛、羊、猪 2 mg，犬、猫 2.5～5 mg。2 次/天，连服 3～5 天，停药 2～4 天后可再用。

呋塞米注射液 2 mL：20 mg、10 mL：100 mg 肌内、静脉注射，一次量，每千克体重，牛、马、猪、羊 0.5～1 mg，犬、猫 1～5 mg。每日或隔日 1 次。

二、脱水药

脱水药指能使组织脱水的药物。由于此类药物在体内不被代谢或不易被代谢，多以原形经肾脏排泄，提高了原尿渗透压，使尿量增多，有利尿作用。因此，又名渗透性利尿药。

本类药物有甘露醇、山梨醇、高渗葡萄糖（50％）等。主要用于消除脑水肿、肺水肿，抑制房水生成，降低眼内压及治疗急性肾功能不全等。

甘露醇（Mannitol）

【理化性质】本品又名己六醇。为白色结晶性粉末。无臭、味甜。能溶于水，微溶于乙醇。等渗溶液为 5.07％，临床用其高渗（20％）溶液。

【药理作用】

（1）脱水作用：静脉注射高渗溶液后，迅速提高血液渗透压，使组织间液水分向血液渗透，产生组织脱水作用。对脑、眼作用明显。静脉注射后 20 分钟即可显效，2～3 小时达高峰，能维持 6～8 小时。

（2）利尿作用：本品可经肾小球滤过，但不被肾小管重吸收，故使肾小管内渗透压升高，减少 Na^+ 和水的重吸收而利尿。

【临床应用】临床上首选用于治疗各种脑水肿，也可用于其他组织水肿及预阶急性肾功能衰竭及抢救休克等。

【注意事项】本品静脉注射外漏可诱发局部红肿，严重时可引起组织坏死。

【制剂、用法与用量】

甘露醇注射液 100 mL：20 g、250 mL：50 g。应保持于 20 ℃～30℃室温下，天冷时易析出结晶，但可用热水（80 ℃）加热振摇溶解后再用，不影响药效。静脉注射，一次量，牛、马 1 000～2 000 mL；猪、羊 100～250 mL。2～3 次/天。

三、性激素

性激素是由动物性腺分泌的甾体（类固醇）类激素，包括雌激素、孕激素及雄激素。目前临床应用的是人工合成及其衍生物。应用此类药物的目的在于补充体内性激素不足、防治产科病、诱导同期发情及促进畜禽繁殖力等。

性激素的分泌，受下丘脑 垂体前叶的调节。下丘脑分泌促性腺激素释放激素（Gn-

RH)。它可促进垂体前叶分泌卵泡刺激素(FSH)和黄体生成素(LH),在 FSH、LH 的相互作用下,促进性腺分泌雌激素、孕激素及雄激素。当性激素增加到一定水平时,又可通过负反馈作用,使促性腺激素释放激素和促性腺激素的分泌减少。

1. 雌激素

由卵巢的成熟卵泡上皮细胞所分泌。天然品有雌二醇(从卵泡液中提取)及其代谢产物雌酮、雌三醇(从孕畜尿中提取);人工合成品有己烯雌酚和己烷雌酚,现已禁用。

苯甲酸雌二醇(Estradiol Benzoate)

【理化性质】白色结晶性粉末,无臭。不溶于水,微溶于乙醇或植物油,略溶于丙酮。临床用其灭菌油溶液。遮光、密封保存。

【药理作用】

(1)对生殖器官的作用:可促进未成熟母畜生殖器官的形成和第二性征发育;对已成熟母畜除维持其第二性征外,还促使阴道上皮组织、子宫平滑肌、子宫内膜增生和子宫收缩力增强,提高母畜生殖道的防御机能。

(2)对母畜发情的作用:注射雌激素后,可引起母畜发情,牛最敏感。但剂量大时,由于反馈性抑制,使促性腺激素分泌减少,并抑制排卵。

(3)对乳腺的作用:可促进乳腺导管发育和泌乳,如与孕酮配合,效果更为显著。若给泌乳母畜大量注射,因干扰催乳素对乳腺的作用,可停止泌乳,故能回乳。

(4)对代谢的影响:有蛋白同化作用,使动物增重加快,但因肉品中残留雌激素对人体有致癌作用并危害儿童及未成年人的生长发育,所以作为饲料添加剂和皮下埋植剂应用已被禁止。

(5)抗雄激素的作用:雌激素能抑制雄性动物促性腺激素的释放,而达到抑制雄激素的作用。

【临床应用】①治疗胎衣不下,排出死胎。配合催产素可用于分娩时子宫肌无力。②治疗子宫炎和子宫蓄脓,可帮助排出子宫内的炎性物质。③在牛发情征象微弱或无发情征象时,可用小剂量催情。④治疗前列腺肥大,老年犬或阉割犬的尿失禁,母畜性器官发育不全,雌犬过度发情,假孕犬的乳房胀痛等。⑤诱导泌乳。

【注意事项】大剂量使用、长期或不适当使用,可致牛发生卵巢囊肿或慕雄狂、流产、母畜卵巢萎缩、性周期停止等不良反应。

【制剂、用法与用量】

苯甲酸雌二醇注射液 为雌二醇苯甲酸酯的灭菌油溶液,1 mL:1 mg、1 mL:2 mg。肌内注射,一次量,马 10~20 mg,牛 5~20 mg,羊 1~3 mg,猪 3~10 mg,犬、猫 0.2~0.5 mg。

2. 孕激素

黄体酮(Progesterone)

【理化性质】黄体酮又名孕酮。由卵巢黄体分泌,现多用人工合成品。为白色或几乎白色结晶性粉末,无臭无味,不溶于水,溶于乙醇、乙醚或植物油,极易溶于氯仿。遮光、密封保存。

【药理作用】

(1)对子宫的作用:在雌激素作用的基础上,进一步促进子宫内膜增生、充血,腺体增生,为受精卵着床及胚胎发育作准备;降低输卵管及子宫肌的收缩力和妊娠子宫对缩宫素的敏感性，有安胎和保胎作用。同时还可使子宫颈口闭合，分泌黏稠液体，阻止精子或病原体进入子宫内。

（2）对卵巢的作用：孕激素可抑制发情及排卵。大剂量时可通过反馈作用，使下丘脑促性腺激素释放激素和垂体前叶促性腺激素分泌减少，从而抑制发情和排卵。

（3）对乳腺的作用：孕酮可促进乳腺腺泡发育，为泌乳作准备。

【临床应用】①用于防止流产、安胎、保胎及治疗奶牛卵巢囊肿。②用于母畜同期发情、排卵，以促进品种改良和便于同期人工授精、同期分娩，提高家畜的繁殖率等。

【制剂、用法与用量】

黄体酮注射液　为浅黄色或无色灭菌油溶液，应避光保存。1 mL：10 mg、1 mL：50 mg。肌内注射，一次量，马、牛 50～100 mg，猪、羊 15～25 mg，犬、猫 2～5 mg，母鸡醒抱 2～5 mg。

复方黄体酮注射液　1 mL：黄体酮 20 mg 与苯甲酸雌二醇 2 mg。用法、用量同黄体酮注射液，疗效好。

复方黄体酮缓释圈　为一种宽 35 mm、厚 2 mm 的淡灰色螺旋形弹性橡胶圈，内含黄体酮 1.55 g，橡胶圈的一端粘附一粒胶囊，内含苯甲酸雌二醇 10 mg。将一个缓释圈置入母牛阴道后，经 12 天再取出残余橡胶圈，并在取出后 48～72 小时内配种。

四、子宫兴奋药

子宫兴奋药是能选择性的兴奋子宫平滑肌，引起子宫收缩的药物。临床上用于催产、胎衣不下、排除死胎或治疗产后子宫出血。常用的药物有缩宫素、垂体后叶素和麦角制剂。

缩宫素（Oxytocin）

【理化性质】缩宫素又名催产素，从垂体后叶素中提取而得。现已人工合成。合成品不含加压素。为白色结晶性粉末，能溶于水，水溶液呈酸性。

【药理作用】

（1）兴奋子宫平滑肌：催产素能直接兴奋子宫平滑肌，加强收缩。子宫对催产素的反应受剂量及体内雌激素与孕激素的影响。能增强妊娠末期子宫的节律性收缩，使收缩力加强，频率增加，张力稍增。同时子宫颈平滑肌松弛，有利于胎儿娩出。剂量大时，引起子宫肌张力持续增高，舒张不全，出现强直收缩。雌激素可提高子宫对催产素的敏感性，而孕激素则相反。

（2）对乳腺的作用：催产素能加强乳腺腺泡周围的肌上皮细胞收缩，促进排乳。同时促使乳腺大导管平滑肌松弛、扩张，有利于乳汁的蓄积。

【临床应用】

（1）催产和引产：对于子宫颈口开放，宫缩乏力的临产母畜，可注射小剂量本品催产。

（2）产后子宫出血：可用较大剂量，使子宫强直收缩，压迫血管而止血。

（3）产后疾病：用于胎衣不下、排除死胎、子宫复旧不全、子宫脱垂等。

（4）催乳：用于新分娩母猪的缺乳症。

【注意事项】①临产时，若产道阻塞、胎位不正、骨盆狭窄、子宫颈口尚未开放等禁用。②严格掌握剂量，以免引起子宫强直收缩，造成胎儿窒息或子宫破裂。

【制剂、用法与用量】

缩宫素注射液　1 mL：10 IU、5 mL：50 IU。皮下、肌内注射，一次量，牛、马

30～100 IU，猪、羊 10～50 IU，犬 2～10 IU。

第八部分　作用于中枢神经系统的药物

作用于中枢神经系统的药物包括中枢兴奋药和中枢抑制药。另外还包括解热镇痛抗风湿药，主要与抑制下丘脑产生和释放的前列腺素 E 有关(见图 2-20)。

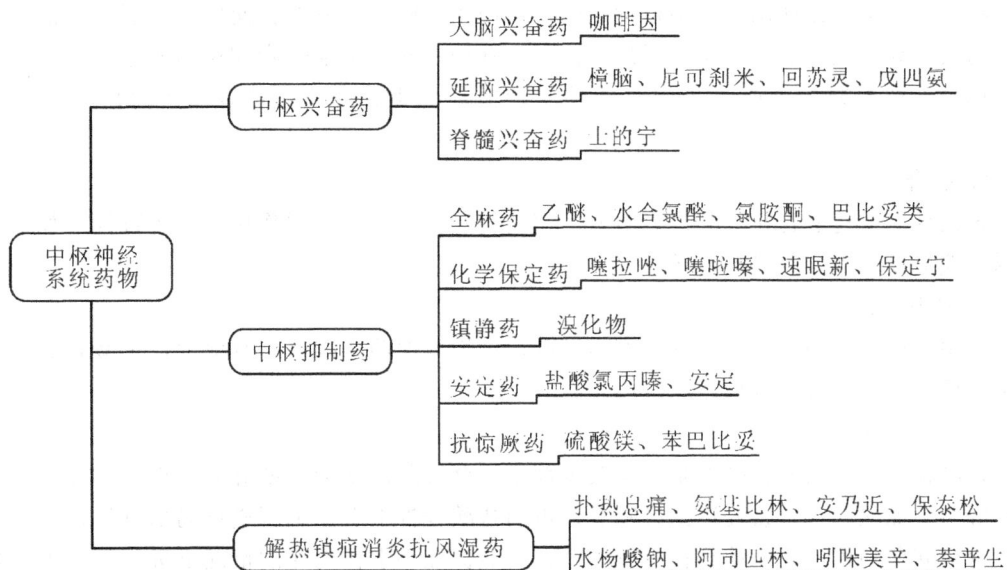

```
                              ┌─ 大脑兴奋药  咖啡因
              ┌─ 中枢兴奋药 ──┼─ 延脑兴奋药  樟脑、尼可刹米、回苏灵、戊四氮
              │                └─ 脊髓兴奋药  士的宁
              │
              │                ┌─ 全麻药     乙醚、水合氯醛、氯胺酮、巴比妥类
中枢神经       │                ├─ 化学保定药  噻拉唑、噻啦嗪、速眠新、保定宁
系统药物 ──────┼─ 中枢抑制药 ──┼─ 镇静药     溴化物
              │                ├─ 安定药     盐酸氯丙嗪、安定
              │                └─ 抗惊厥药   硫酸镁、苯巴比妥
              │
              └─ 解热镇痛消炎抗风湿药 ┌─ 扑热息痛、氨基比林、安乃近、保泰松
                                     └─ 水杨酸钠、阿司匹林、吲哚美辛、萘普生
```

图 2-20　中枢神经系统药物分类思维导图

一、全身麻醉药

全身麻醉是指使动物处于中枢神经系统部分机能产生可逆性的暂时抑制、意识与感觉(特别是痛觉)减弱或消失、反射运动停止、骨胳肌松弛的状态。

(一)麻醉的分期

中枢神经系统各部位对麻醉药的敏感程度不同，随着血药浓度的变化，中枢神经系统的各个部位出现不同程度的抑制，因而出现不同的麻醉时期。最先抑制的是大脑皮层，然后是间脑、中脑、桥脑，再次为脊髓，最后是延髓。因此，全麻过程大约可以分为下列几个时期，各期的主要体征见表 2-5。

表 2-5　麻醉各期的主要体征

麻醉分期		受抑制的部位	呼吸	脉搏	瞳孔	痛觉反射	骨骼肌	角膜反射	肛门反射
诱导期		大脑皮层	快，不规则	快而有力	张缩不定	有	紧张有力	有	有
麻醉期	浅麻醉期	中脑，胸段以下脊髓	慢而有力，胸腹式为主	稍慢均匀	逐渐缩小	消失	松弛	减弱	有
	深麻醉期	桥脑，胸段、颈段脊髓	慢而浅，腹式呼吸	慢而弱	由缩小至散大	消失	极度松弛	消失	减弱至消失
麻痹期		延髓	慢而浅，有时停止	慢，有间歇	散大	消失	极度松弛	消失	消失
苏醒期			逐渐恢复正常	逐渐由慢变快	逐渐增大	逐渐恢复	逐渐紧张有力	逐渐恢复	逐渐恢复

（二）麻醉方式

为了增强麻醉药的作用，减少副作用，常用的复合麻醉有如下几种方式。

1. 麻醉前给药

在使用全麻药前，先给一种或几种药物，以减少麻醉药的副作用或增强麻醉药的效能。例如在使用水合氯醛之前使用阿托品，能减少呼吸道黏膜腺体和唾液腺的分泌，减少干扰呼吸的机会。先使用一种中枢抑制药，再使用全麻药。例如在使用水合氯醛之前先使用氯丙嗪，动物较安静，易于接近静脉注射全麻药，并能增强全麻和镇痛效果，减少全麻药的用量，从而减少全麻过程中对各种生理活动的干扰，而且可以缩短全麻过程的苏醒期。

2. 混合麻醉

把几种麻醉药混合在一起进行麻醉，使它们互补长短，增强作用，减少毒性。如水合氯醛与硫酸镁、水合氯醛与乙醇等。

3. 基础麻醉

先用一种麻醉药造成浅麻醉，作为基础，再用其他药物维持麻醉深度，可减轻麻醉药的不良反应及增强麻醉效果。

4. 配合麻醉

兽医临床常用的配合麻醉是先用较少剂量的全麻药使动物轻度麻醉，再在术部配合局部麻醉药，如先用水合氯醛达到浅麻醉，再用盐酸普鲁卡因在术野进行局部麻醉，这样可以减少全麻药的用量，使动物在比较安全，又能保证手术在无痛的情况下进行，是兽医临床上比较常用的一种麻醉方式。

（三）常用药物

水合氯醛（Chlorali Hydras）

【理化性质】本品为白色或无色透明的结晶，有刺激性特臭，味微苦，露置空气中渐挥发且部分出现液化。本品极易溶解于水，易溶于乙醇、氯仿或乙醚。

【体内过程】内服与直肠给药均易吸收。犬内服后 15～30 分钟血中浓度达峰值。广泛分布于机体各组织。在肝或肾中还原成仍具有中枢抑制作用的代谢产物三氯乙醇，小部分氧化成无活性的三氯乙酸。代谢物主要与葡萄糖醛酸结合成氯醛尿酸，经肾迅速排出。

【药理作用】水合氯醛及代谢物三氯乙醇均能对中枢神经系统产生抑制作用，其作用机理主要是抑制网状结构上行激活系统。三氯乙醇极性较小，中枢抑制作用较强。水合氯醛对中枢神经系统的抑制作用随着药量增加，产生不同的作用，即小剂量镇静、中等剂量催眠、大剂量麻醉与抗惊撅。水合氯醛能降低新陈代谢，抑制体温中枢，体温可下降 1 ℃～5 ℃。

【临床应用】作为镇静药主要用于马属动物急性胃扩张、肠阻塞、痉挛性腹痛；子宫及直肠脱出；食道、膈肌、肠管、膀胱痉挛等。作为抗惊厥药可用于破伤风、脑炎、士的宁及其他中枢兴奋药中毒所致的惊厥，也可作为马、骡、驴、骆驼、猪、犬、禽类麻醉药或基础麻醉药。

【药物相互作用】本品可诱导肝微粒体酶活性，促进双香豆素等药的代谢，使其作用降低或抗凝血时间缩短；乙醇及其他中枢神经抑制药、硫酸镁、单胺氧化酶抑制剂可增强本品的中枢抑制作用；与氯丙嗪配合使用可增强全麻效果，减少用量，也可使体温明显下降。

【不良反应】本品对局部组织有强烈的刺激性；可引起牛、羊等动物唾液分泌的大量增加；对呼吸中枢有较强的抑制作用；对肝、肾有一定损害作用。

【注意事项】①配制注射液时不可煮沸灭菌，应密封避光保存。②水合氯醛对局部组织有强烈的刺激性，不可皮下或肌内注射，静脉注射时，不得漏出血管外；内服或灌肠时应配成1%～5%的水溶液，并加黏浆剂，但全麻以静脉注射为优，猪可腹腔注射。③严禁用于心脏病、肺水肿及机体虚弱的患畜。④水合氯醛中毒时立即注射氯化钙和中枢兴奋药，如安钠咖、樟脑制剂或尼可刹米等药物进行解毒，但不可用肾上腺素，因肾上腺素可导致心脏纤颤。⑤牛、羊敏感，一般不用，用前应先注射小剂量阿托品。⑥在寒冷季节手术应注意保温。

【制剂、用法与用量】

水合氯醛粉　内服(镇静)：一次量，马、牛10～25 g，猪、羊2～4 g，犬0.3～1 g。内服(催眠)：一次量，马30～50 g，猪、羊5～10 g。灌肠(催眠)：一次量，马30～60 g，猪、羊5～10 g。静脉注射(麻醉)：一次量，马0.08～0.12 g/kg，猪0.15～0.17 g/kg，骆驼0.1～0.11 g/kg。

水合氯醛硫酸镁注射液(为含8%的水合氯醛、5%的硫酸镁、0.9%的氯化钠的灭菌水溶液)　50 mL、100 mL。静脉注射(镇静)：一次量，马100～200 mL；静脉注射(麻醉)：一次量，200～400 mL。

水合氯醛酒精注射液(为含5%的水合氯醛、15%的乙醇的灭菌水溶液)　100 mL、250 mL。静脉注射(抗惊厥、镇静)：一次量，马、牛100～200 mL；静脉注射(麻醉)：一次量，马、牛300～500 mL。

二、化学保定药(制动药)

化学保定药也称制动药(Immobilizer)，是指在不影响意识和感觉的情况下，能使动物的情绪转为安静、凶猛的性格变为驯服，嗜眠或肌肉松弛，停止抗拒和各种挣扎活动，以达到类似保定目的的一类药物。化学保定药有重要的实用价值，对动物园、养鹿场和皮毛兽养殖场中的野生动物，为了生产上在诊治疾病、锯鹿茸、繁殖配种等时需要保定，野外野兽的捕捉，马、牛大家畜的运输、人工授精、诊疗检查等均需要应用它，取得保定的效果以方便工作。此类药物亦可作为麻醉辅助药而用于全身麻醉，使麻醉更为安全和符合手术的需要。

赛拉唑(Xylazole)

【别名】静松灵、二甲苯胺噻唑(Xylazine)

【理化性质】为白色结晶性粉末。味略苦。不溶于水，微溶于石油醚，易溶于氯仿、乙醚和丙酮。可与稀盐酸制成溶于水的二甲苯胺噻唑盐酸盐注射液。

【体内过程】本品静脉注射后约1分钟或肌内注射后约10～15分钟即可呈现良好的镇静和镇痛作用。马肌内注射1.5小时达血药峰浓度，绵羊肌内注射0.22小时达血药峰浓度，半衰期为4.1小时。

【药理作用】具有镇静、镇痛与中枢性肌肉松弛作用。动物应用本品后表现精神沉郁，嗜睡，头颈下垂，阴道脱出，站立不稳。头颈、躯干、四肢皮肤痛觉迟钝或消失，约30分钟开始缓解，1小时后完全恢复。牛最敏感，用药后产生睡眠状态。猪、兔及野生动物敏感性差。治疗剂量范围内，往往表现为唾液增加、汗液增多。另外，多数动物呼吸减慢、血压微降，可逐渐恢复。

【临床应用】主要用于反刍兽的化学保定和复合麻醉。也用于其他家畜及野生动物的镇痛、镇静等。

【药物相互作用】与水合氯醛、硫喷妥钠或戊巴比妥钠等中枢抑制药合用，可增强抑制效果；本品可增强氯胺酮的催眠镇痛作用，使肌肉松弛，并可拮抗其中枢兴奋反应；与肾上腺素合用可诱发心律失常。

【不良反应】本品对反刍兽最大的副作用是使瘤胃蠕动明显减弱甚至完全停止，若牛倒地时体位不佳，瘤胃内容物倒流至口腔，有可能使牛窒息致死。此外，尚有流涎和伸舌尖等副作用。还可引起犬、猫呕吐。治疗剂量的二甲苯胺噻唑引起的呕吐，可被氯丙嗪所阻断，但不能阻断大剂量引起的呕吐。马属动物用量过大，可抑制心肌传导和呼吸，致使心搏徐缓，甚至呼吸暂停。除在用药前用阿托品预防外，中毒时可采用人工呼吸，注射肾上腺素和尼可刹米抢救。

【注意事项】静脉注射速度不宜太快；产前 3 个月的马、牛禁用。静脉注射后 1 分钟、肌内注射后约 10～15 分钟呈现良好的镇痛和镇静，但种属差异较大。无蓄积性。

【制剂、用法与用量】
盐酸赛拉唑注射液　0.2 g∶2 mL、0.2 g∶10 mL、0.5 g∶10 mL。肌内注射：一次量，黄牛 0.2～0.6 mg/kg，牛 0.4～1 mg/kg，羊 1～3 mg/kg，梅花鹿 1～3 mg/kg，马 0.5～1.2 mg/kg。

三、镇静药

镇静药是指能加强大脑皮层的抑制过程，从而使兴奋和抑制恢复平衡的药物。单纯作为镇静药的是溴化物，内服给药后吸收迅速，但排泄缓慢，长期应用可引起蓄积中毒。在临床上常用于治疗中枢神经过度兴奋的病畜，如破伤风引起的惊厥、脑炎引起的兴奋，猪和家禽因食盐中毒引起的神经症状以及马、骡疝痛等。

溴化物（Bromide）

【理化性质】溴化物属卤素类化合物，包括溴化钠、溴化铵、溴化钾、溴化钙等。多为无色的结晶或结晶性粉末，味苦咸，易溶于水，有刺激性，应密封保存。

【体内过程】内服后迅速由肠道吸收，溴离子在体内多分布于细胞外液。主要经肾脏排泄，肾脏对溴离子和氯离子的排泄是按照它在体内所含浓度的比例而定：当体内氯化物含量增加时，氯离子的排出量增加，溴离子排出也增加。反之，当体内氯化物含量减少时，氯离子的排出量减少，溴离子排出也减少。溴化物的排泄，最初较快，以后缓慢。

【药理作用】溴化物在体内释放出溴离子，溴离子能加强和集中大脑皮层的抑制，呈现镇静作用。当大脑皮层兴奋过程占优势时，这种作用更为明显。大剂量可引起睡眠。两种以上溴化物合用有相加作用。

【临床应用】常用于治疗中枢神经过度兴奋、不安等病症。主要用以缓解脑炎引起的兴奋症状和解救猪禽食盐中毒（最好使用溴化钙）；马、骡疝痛时可用安溴注射液进行辅助治疗；还可作为镇静药。

【药物相互作用】氯化钠可增加其排泄速度。

【不良反应】溴化物对局部组织和胃肠黏膜有刺激性，静脉注射不可漏出血管外；内服浓度不要太高，应稀释，配成 1%～3% 的水溶液；长期应用可引起蓄积中毒。连续用药不宜超过一周。发现中毒应立即停药，可内服或静脉注射氯化钠，利用氯的排泄促使溴离子的排泄。

【注意事项】连续给予溴化物时，易引起蓄积中毒，表现嗜睡、乏力和皮疹等症状。中毒的解救方法是，除立即停药外，可内服或静脉注射氯化钠和应用利尿剂以加速溴化物的排泄。

【制剂、用法与用量】

三溴片　每片含溴化钾 0.12 g、溴化钠 0.12 g、溴化铵 0.06 g。内服：一次量，马 15～50 g；牛 15～60 g；猪 5～10 g；羊 5～15 g；犬 0.5～2 g；家禽 0.1～0.5 g。溴化钠注射液（10 mL∶1 g），静脉注射：马、牛 5～10 g。

溴化钙注射液　20 mL∶1 g、50 mL∶2.5 g。静脉注射：一次量，马、牛 2.5～5 g；猪、羊 0.1～1.5 g。注射时不可漏出血管外。安溴注射液，每 100 mL 含溴化钠 10 g，安钠咖 2.5 g，主要用于治疗马属动物疝痛性疾病、伴有疼痛不安的疾病及心力衰竭等。静脉注射：一次量，马、牛 80～100 mL；猪、羊 10～20 mL。

四、安定药

安定药是指能在不影响意识清醒的情况下，使精神异常兴奋的动物转为安定的药物。与镇静、催眠药不同，安定药对不安和紧张等异常兴奋具有选择性抑制作用。一般情况下，加大剂量时不引起麻醉，单独应用时抗惊厥作用不明显。

五、抗惊厥药

抗惊厥药是指能抑制中枢神经系统，解除骨骼肌非自主性强烈收缩的药物。主要用于全身性强直性痉挛或间歇性痉挛的对症治疗。常用药物有硫酸镁、苯巴比妥等。

硫酸镁（Magnesium Sulfate）

【理化性质】无色结晶，无臭，味苦且咸，有风化性，易溶于水。

【药理作用】本品给药途径不同，药理作用不同。当内服给药时，在肠道内不吸收，有泻下和利胆作用；当肌肉或静脉注射给药时，主要发挥镁离子的作用。镁为机体生活必需元素之一，对神经冲动传导及神经肌肉应激性的维持均起重要作用，亦是机体多种酶功能活动不可缺少的离子。血浆中镁离子浓度过低时，出现神经及肌肉组织过度兴奋，可致激动。镁离子浓度升高时，引起中枢神经系统抑制，产生镇静及抗惊厥作用。镁离子又引起神经肌肉传导阻断，使骨骼肌松弛。主要原因是运动神经末梢乙酰胆碱释放量减少，其次为乙酰胆碱在终板处去极化减弱及肌纤维膜的兴奋性下降。镁离子对平滑肌亦有舒张、解痉作用，致血管扩张，血压下降。

【临床应用】缓解破伤风、脑炎、士的宁等中枢兴奋药中毒所致的惊厥；治疗膈肌痉挛、胆管痉挛等；缓解分娩时子宫颈痉挛，尿潴留，慢性汞、砷、钡中毒等。

【药物相互作用】与硫酸多黏菌素、硫酸链霉素、葡萄糖酸钙、盐酸普鲁卡因、四环素、青霉素等药物存在配伍禁忌；钙、镁离子化学性质相似，两者可作用于同一受体，从而发生竞争性对抗。

【注意事项】静脉注射宜缓慢，也可用 5% 的葡萄糖注射液稀释成 1% 浓度的静脉滴注；过量或静脉注射过快，可致血压剧降，呼吸中枢麻痹，此时可立即静脉注射 5% 的氯化钙注射液解救。

【制剂、用法与用量】

硫酸镁注射液　10 mL∶1 g、10 mL∶2.5 g。静脉或肌内注射：一次量，马、牛、骆驼 10～25 g；猪、羊 2.5～7.5 g；犬、猫 1～2 g。治疗牛、羊低血镁症，静脉注射：一次量，0.2 g/kg。

六、大脑兴奋药

能提高大脑皮层神经细胞的兴奋性，促进脑细胞代谢，改善大脑机能。主要是咖啡因类药物，包括咖啡因、茶碱和可可碱，均有兴奋中枢、利尿、松弛平滑肌和加强心肌收缩的作用，但作用的强度有差异，中枢兴奋作用以咖啡因最强，茶碱次之，可可碱最弱。这类药物有咖啡因、苯丙胺等，主要作用于大脑皮层和脑干上部，能提高大脑的兴奋性和改善全身的代谢活动。

咖啡因（Caffeinum）

【理化性质】咖啡因含于多种植物中，是咖啡豆和茶叶的主要生物碱。属黄嘌呤衍生物。现可人工合成。为白色，有丝光的针状结晶或结晶性粉末，易集结成团。无臭，味苦，有风化性。微溶于水，易溶于沸水和氯仿，略溶于乙醇和丙酮。水溶液呈中性至弱碱性。与等量苯甲酸钠、水杨酸钠或枸橼酸混合能增加水中的溶解度。禁与鞣酸、苛性碱、碘、银盐接触、配伍，可产生沉淀。

【体内过程】咖啡因内服或注射给药，均易吸收，吸收速度取决于制剂与给药途径。一般经消化道给药吸收不规则，并有刺激性，但复盐形式吸收良好，刺激性亦小。也能从皮肤吸收。吸收后能分布于各组织，脂溶性高，易透过血脑屏障，可通过胎盘进入胎儿循环。主要经肝脏发生氧化、脱甲基化及乙酰化代谢。大部分以甲基尿酸和甲基黄嘌呤形式由尿排出。约 10% 以原形排出。

【药理作用】咖啡因有兴奋中枢神经系统、兴奋心肌、松弛平滑肌和利尿等作用。其作用机理主要是抑制细胞内磷酸二酯酶的活性，并由此导致一系列生理生化反应。

(1)对中枢神经系统的作用：咖啡因对中枢神经系统各主要部位均有兴奋作用，但大脑皮层对其特别敏感。可能是直接兴奋大脑皮层或是通过网状结构激活系统间接兴奋大脑皮层的结果。

(2)对心血管系统的作用：具有中枢性和外周性双重作用，且两方面作用表现相反。一般情况下，外周性作用占优势。对心脏，较小剂量时，心率减慢，这是兴奋迷走神经中枢所致。剂量稍增时，心率、心肌收缩力与心输出量均增加，这是直接兴奋心肌作用占优势的结果。对心血管，较小剂量时，兴奋延髓血管运动中枢，使血管收缩。剂量稍大时，由于对血管壁的直接作用占优势，促使血管舒张。

(3)对平滑肌的作用：除对血管平滑肌有舒张作用外，对支气管平滑肌、胆道与胃肠道平滑肌亦有舒张作用。但对胃肠道平滑肌则是小剂量起兴奋作用，大剂量可解除其痉挛，无治疗意义。茶碱对平滑肌的作用比咖啡因强。

(4)利尿作用：主要是加强心肌收缩力，增加心输出量；肾血管舒张，肾血流量增多，提高肾小球的滤过率，抑制肾小管对钠离子的重吸收所致。

(5)影响机体糖和脂肪的代谢：促使糖元分解，血糖升高。有激活脂酶的作用，使甘油三脂分解为游离脂肪酸和甘油酸，使血浆中的游离脂肪酸增多。

(6)其他作用：对骨骼肌有直接作用，使其活动增强。能引起胃液分泌量与酸度升高。

【临床应用】①咖啡因主要用于对抗中枢抑制状态，如麻醉药与镇静催眠药过量，严重传染病和过度劳役引起的呼吸循环衰竭等，可肌内注射咖啡因制剂安钠咖或与葡萄糖溶液静滴。②用于日射病、热射病、中毒引起的急性心力衰竭，作强心药，可调整患畜机能，增强心脏收缩，增加心输出量。③咖啡因与溴化物合用，调节皮层活动，恢复大脑皮层抑制与兴奋过程的平衡。④利尿。

【药物相互作用】与氨茶碱同用可增加其毒性；与麻黄碱、肾上腺素有相互增强作用，不宜同时注射；与阿司匹林配伍可增加胃酸分泌，加剧消化道的刺激反应；与氟喹诺酮类合用时，可使咖啡因代谢减少，从而使咖啡因的血药浓度提高。

【不良反应】剂量过大易引起中毒，反射亢进、肌肉抽搐乃至惊厥。中毒时，可用溴化物、水合氯醛、戊巴比妥等对抗兴奋症状。但不能使用麻黄碱或肾上腺素等强心药物，以防毒性增强。

【注意事项】忌与鞣酸、碘化物及盐酸四环素、盐酸土霉素等酸性药物配伍，以免发生沉淀；大家畜心动过速（100 次/分钟以上）或心律不齐时禁用；中毒时可用水合氯醛、溴化物、戊巴比妥解毒，但不能使用麻黄碱及肾上腺素，以免加重病情。

【制剂、用法与用量】

咖啡因粉　内服：一次量，牛 3～8 g，马 2～6 g，猪、羊 0.5～2 g，鸡 0.05～0.1 g，犬 0.2～0.5 g，猫 0.05～0.1 g。

苯甲酸钠咖啡因粉　安钠咖粉：含 38%～40% 的无水咖啡因。内服：一次量，牛、马 2～8 g，猪、羊 1～2 g，鸡 0.05～0.1 g，犬 0.2～0.5 g，猫 0.1～0.2 g。

苯甲酸钠咖啡因（安钠咖）注射液　0.24 g 无水咖啡因与 0.26 g 苯甲酸钠：5 mL、0.48 g 无水咖啡因与 0.52 g 苯甲酸钠：5 mL、0.48 g 无水咖啡因与 0.52 g 苯甲酸钠：10 mL、0.96 g 无水咖啡因与 1.04 g 苯甲酸钠：10 mL。皮下、肌内注射：牛、马 2～5 g，猪、羊 0.5～2 g，鸡 0.025～0.05 g，犬 0.1～0.3 g。静脉注射：牛、马 2～4 g，猪、羊 0.5～1 g，鹿 0.5～2 g。一般 1～2 次/天，重症给药间隔时间 4～6 小时。

七、延髓兴奋药

能兴奋延髓呼吸中枢。直接或间接作用于该中枢，增加呼吸频率和呼吸深度，故又称呼吸兴奋药。对血管运动中枢亦有不同程度的兴奋作用。本类药物多用于抢救一般呼吸抑制的患畜，抢救呼吸肌麻痹的效果不佳。最常用的是尼可刹米。

樟脑（Camphora）

【理化性质】兽医临床应用樟脑磺酸钠，为白色的结晶或结晶性粉末，无臭或几乎无臭，味先微苦后甜，极易溶于水、热乙醇中。

【药理作用】能直接兴奋延髓呼吸中枢和血管运动中枢，对大脑皮层也有兴奋作用，并兼有强心作用。对于衰弱的心脏，可加强心肌收缩，恢复心脏节律，增加心输出量。

【临床应用】临床上可用于感染性疾病、药物中毒等引起的呼吸抑制及急性心衰。尤其在动物缺氧时使用更为适宜。

【注意事项】重度心功能不全或营养状态极差的病畜，使用时应慎重；家畜宰前不宜使用；过量中毒时可静脉注射水合氯醛、硫酸镁和 10% 的葡萄糖溶液解救。

【制剂、用法与用量】

樟脑醑　为含 10% 樟脑的酒精溶液，外用涂擦。

复方樟脑搽剂　四、三、一搽剂，由樟脑醑：氨搽剂：松节油＝4：3：1 配制而成，供外用。

樟脑油注射液 为樟脑的灭菌油溶液，1 g：5 mL、2 g：10 mL。皮下、肌内注射：一次量，牛、马2～4 g，猪、羊0.6～1 g，犬0.2～0.4 g。

樟脑磺酸钠注射液 0.1 g：1 mL、0.5 g：5 mL、1 g：10 mL。皮下、肌内、静脉注射：一次量，牛、马1～2 g，猪、羊0.2～1 g，犬0.05～0.1 g。

氧化樟脑注射液（维他康复、强尔心） 0.05 g：10 mL。皮下、肌内、静脉注射：一次量，牛、马0.05～0.1 g，猪、羊0.02～0.05 g。

八、脊髓兴奋药

能选择性兴奋脊髓的药物。它是另一类型的中枢兴奋药，因中枢兴奋的表现是阻止抑制性神经递质对神经元的抑制作用所致。可提高脊髓的反射功能。这类药物的代表是士的宁，小剂量能提高脊髓反射兴奋性，大剂量引起强直性惊厥。

士的宁（Strychninum）

【别名】番木鳖碱、马钱子碱

【理化性质】士的宁是由植物番木鳖或马钱子的种子中提取的一种生物碱。为无色棱状结晶或白色结晶性粉末。无臭，味极苦。溶于水，微溶于乙醇，不溶于乙醚。应遮光密闭保存。

【体内过程】内服或注射均能迅速吸收，并较均匀地进行分布。约80%在肝脏内被氧化代谢破坏。约20%以原形由尿及唾液腺等排泄。排泄缓慢，易产生蓄积作用。

【药理作用】士的宁能选择性地提高脊髓的兴奋性。治疗量的士的宁可增强脊髓反射的应激性，缩短脊髓反射时间，神经冲动易传导，骨骼肌张力增加。中毒剂量对中枢神经系统所有部位皆产生兴奋作用，可使全身骨骼肌同时挛缩，发生强直性惊厥。士的宁对延髓呼吸中枢、血管运动中枢、大脑皮层等也有一定的作用。

【临床应用】临床用于运动神经不全麻痹、四肢瘫痪、桡神经麻痹、阴茎脱垂等。此外，内服尚可促进瘤胃蠕动，作苦味健胃药。常用于治疗直肠、膀胱括约肌的不全麻痹，因挫伤引起的臀部、尾部与四肢的不全麻痹及颜面神经麻痹。

【药物相互作用】中毒时可用水合氯醛、巴比妥类药物解救。

【不良反应】中毒，表现为神经过敏、不安、肌肉震颤、颈部僵硬、所有骨骼肌强直性收缩，呈角弓反张状，此种强直状态呈间歇性发作，反复发作几次后，动物因窒息而死，可以用戊巴比妥钠（苯巴比妥钠）或水合氯醛进行解救。

【注意事项】士的宁毒性大，安全范围小，若用量过大或反复使用，易引起蓄积中毒；因过量出现惊厥时应保持动物安静，并迅速肌内注射苯巴比妥钠等进行解救；孕畜及中枢神经系统兴奋症状的患畜禁用；吗啡中毒时及肝肾功能不全、癫痫、破伤风患畜禁用。

【制剂、用法与用量】

硝酸士的宁注射液 2 mg：1 mL、20 mg：10 mL。皮下注射：一次量，牛、马15～30 mg，猪、羊2～4 mg，犬0.5～0.8 mg。

番木鳖酊 内服健胃：一次量，牛、马10～30 mL；猪、羊1～2.5 mL。

九、解热镇痛消炎抗风湿药

解热镇痛药是一类具有解热、镇痛，且大多数兼有消炎、抗风湿的药物。虽然在化学结构上各异，但都能抑制体内前列腺素（PG）的生物合成，目前认为这是它们共同的作用基础。

对乙酰氨基酚（Acetaminophenum）

【别名】扑热息痛、醋氨酚、Paracetamolum

【理化性质】为白色结晶性粉末，无臭，味微苦。易溶于热水和乙醇，溶于丙酮，略溶于水。

【体内过程】内服后吸收迅速，30分钟后血药达峰浓度。在肝内代谢，大部分与葡萄糖醛酸或硫酸结合后经肾排出。

【药理作用】解热镇痛作用缓和持久，其强度类似阿司匹林，但几乎无消炎抗风湿作用。

【临床应用】主要作为犬等中小动物的解热镇痛药，用于发热、肌肉痛、关节痛和风湿症。

【不良反应】治疗不良反应较少，偶见发绀、厌食、呕吐，还可发生贫血、血红蛋白尿和黄疸。

【注意事项】猫禁用。

【制剂、用法与用量】

对乙酰氨基酚片剂　0.5 g。内服：一次量，牛、马 10～20 g，猪 1～2 g，羊 1～4 g，犬 0.1～1 g。

对乙酰氨基酚注射液　1 mL∶0.075 g、2 mL∶0.25 mg。肌内注射：马、牛 5～10 g，猪 0.5～1 g，羊 0.5～2 g，犬 0.1～0.5 g。

安乃近（Analginum）

【别名】罗瓦尔精、诺瓦经（Novalgin）

【理化性质】为氨基比林的磺酸钠盐。为白色或淡黄色结晶性粉末，无臭，味微苦。易溶于水，水溶液放置后渐变黄色，略溶于乙醇，难溶于乙醚。

【体内过程】本品内服吸收迅速，作用较快，药效维持 3～4 小时。

【药理作用】安乃近的解热作用为氨基比林的 3 倍，镇痛作用与氨基比林相同。尚有一定的消炎和抗风湿作用。不影响肠管正常蠕动。

【临床应用】临床上常用作解热、镇痛和抗风湿药，也用于肠痉挛、肠臌胀，制止腹痛。

【不良反应】长期连续使用则有颗粒性白细胞下降的趋势。

【注意事项】不宜长期连续使用；使用时应注意其用量，用量过大会引起虚脱。

【制剂、用法与用量】

安乃近片　0.5 g。内服：一次量，马、牛 4～12 g；猪、羊 2～5 g；犬 0.5～1 g。

安乃近注射液　1.5 g∶5 mL、3 g∶10 mL、6 g∶20 mL。肌内注射：一次量，马、牛 3～10 g；猪 1～3 g；羊 1～2 g；犬 0.3～0.6 g。

水杨酸钠（Natrii Salicylas）

【别名】柳酸钠

【理化性质】无色或微显红色的结晶性粉末或细微鳞片，或白色结晶性粉末。无臭或微有特殊的臭气，味甜而带咸。遇光易变质，易溶于水（1∶1）、乙醇（1∶10）或甘油。应避光保存。

【体内过程】本品内服后易自胃、小肠吸收，血药达峰时间 1～2 小时。生物利用度在种属间差异较大，猪和犬吸收最好，马较差，山羊极少吸收。血浆半衰期：马 1 小时、猪 5.9 小时、犬 8.6 小时、山羊 0.78 小时，血浆结合率：马 52%～57%、猪 64%～72%、山羊 58%～63%、犬 53%～70%、猫 54%～64%。本品能分布到全身各组织中，并透入关节腔、脑脊液及乳汁中，也易通过胎盘屏障。主要在肝中代谢，代谢物为水杨尿酸等，与部分原药随尿排出，在碱性尿液中排泄速度快，在酸性尿液中排泄慢。

【药理作用】本品的解热作用较弱，故临床上不作解热镇痛药用。而消炎抗风湿作用较强，其作用机理与抑制体内 PG 合成有关。多用于治疗风湿性关节炎，能迅速止痛、消肿和降温，也可促进尿酸排出而治疗痛风。

【临床应用】主要作为抗风湿药，用于急性风湿性关节炎。

【药物相互作用】不可与抗凝血药合用；与碳酸氢钠同时内服可减少本品吸收，加速排泄。

【不良反应】对胃黏膜有较强的刺激性，长期或大剂量使用时，能抑制肝脏生成凝血酶原，使血中凝血酶原含量降低，容易引起出血，还可引起耳聋、肾炎等。也能使血液中的 CO_2 和碱储备减少，使呼吸加深、加快。

【注意事项】本品内服，同时与淀粉或经稀释后灌服或静脉注射为宜；静脉注射要缓慢，且不可漏于血管外；不宜长期或大剂量使用；在临床上不作解热镇痛药用。

【制剂、用法与用量】

水杨酸钠片　0.3 g、0.5 g。内服：一次量，牛 15～75 g，马 10～50 g，猪、羊 2～5 g，犬 0.2～2 g，鸡、猪 0.1～0.12 g。

水杨酸钠注射液　为 10% 的水杨酸钠的灭菌水溶液。为无色或微黄色澄明溶液。1g/10 mL、5 g/50 mL 和 10 g/100 mL。静脉注射：一次量，牛、马 10～30 g，猪、羊 2～5 g，犬 0.1～0.5 g。

复方水杨酸钠注射液　为含 10% 的水杨酸钠、1.43% 的氨基比林、0.75% 的巴比妥、10% 的乙醇、10% 的葡萄糖的灭菌水溶液，为无色或淡黄色澄明溶液。20 mL、50 mL、100 mL。静脉注射：一次量，牛、马 100～200 mL，猪、羊 20～50 mL。

撒乌安注射液　为含 10% 的水杨酸钠、8% 的乌洛托品、1% 的安钠咖的灭菌水溶液，每支 50 mL。静脉注射：一次量，牛、马 50～100 mL，猪、羊 20～50 mL。

乙酰水杨酸（Acetylsalicylic Acid）

【别名】阿司匹林（Aspirinum）、醋柳酸。

【理化性质】白色结晶或结晶性粉末。无臭或微带醋酸臭，味微酸。遇湿气即缓缓水解。在乙醇中易溶，在氯仿或乙醚中溶解，在水或无水乙醚中微溶。在氢氧化钠溶液或碳酸钠溶液中溶解，但同时分解。

【体内过程】内服后在胃肠道前部吸收，犬、猫、马吸收快，牛、羊慢。反刍动物的生物利用度为 70%，血药达峰时间为 2～4 小时，半衰期 3.7 小时。本品全身广泛分布，血浆蛋白结合率为 70%～90%，能进入关节腔、脑脊液和乳汁，能透过胎盘屏障。主要在肝内代谢，也可在血浆、红细胞及组织中被水解为水杨酸和醋酸。经肾排泄，碱化尿液能加速其排泄。本品的半衰期有明显的种属差异，马不足 1 小时，犬 7.5 小时，猫 37.6 小时。

【药理作用】本品解热、镇痛效果较好，消炎和抗风湿作用强。可抑制抗体产生和抗原抗体的结合反应，还能抑制炎性渗出，对急性风湿症有特效。较大剂量可抑制肾小管对尿酸重吸收而促进其排泄。

【临床应用】为急性风湿病的特效药，常用于发热，风湿症，神经、肌肉、关节疼痛，软组织炎症和痛风症的治疗，还可用于炎症的初期。

【药物相互作用】与其他水杨酸类解热镇痛药、双香豆素类抗凝血药、巴比妥类、苯妥英钠、甲氨喋呤等与本品合用作用增强，甚至毒性亦增强；本品能使布洛芬的血药浓度明显降低，不宜合用；与糖皮质激素合用可使胃肠出血加剧；与碱性药物合用可加速本品的排泄，但可防止尿酸在肾小管内沉积；可用维生素 K 治疗本品引起的出血现象；与碳酸钙同服可减少对胃的刺激性。

【不良反应】连续使用有出血倾向；对消化道有刺激性，剂量较大可致食欲不振、恶心、呕吐乃至消化道出血；长期使用可引发胃炎、胃溃疡以及尿酸在肾小管沉积；对猫毒性大。

【注意事项】猫禁用。不宜空腹投药，肾功能不全患畜慎用。治疗痛风时，可同服等量的碳酸氢钠，以防尿酸在肾小管沉积。

【制剂、用法与用量】

阿司匹林片　0.5 g。内服：一次量，牛、马 15～30 g，猪、羊 1～3 g，犬 0.2～1 g。

复方阿司匹林（APC）片　每片含阿司匹林 0.226 8 g，非那西汀 0.162 g，咖啡因 0.032 4 g。内服：一次量，牛、马 30～100 片，猪、羊 2～10 片。

第九部分　作用于外周神经系统的药物

作用于外周神经系统的药物包括作用于传入神经系统和传出神经系统的药物（见图 2-21）。

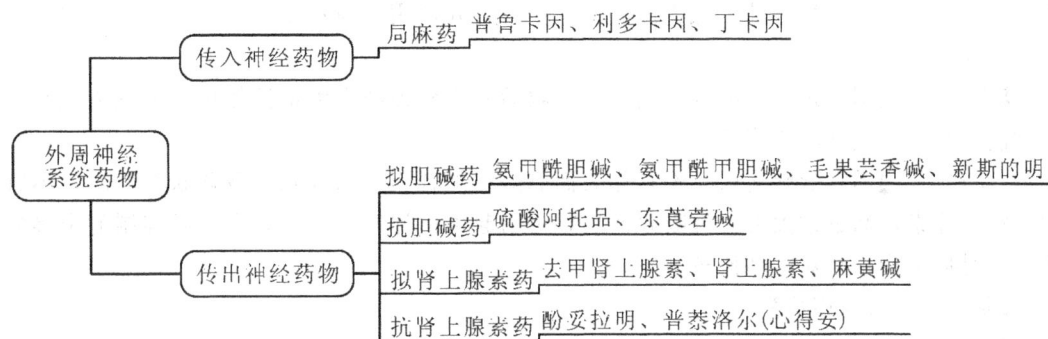

图 2-21　外周神经系统药物分类思维导图

传入神经药物 —— 局麻药：普鲁卡因、利多卡因、丁卡因

外周神经系统药物

传出神经药物 ——
拟胆碱药：氨甲酰胆碱、氨甲酰甲胆碱、毛果芸香碱、新斯的明
抗胆碱药：硫酸阿托品、东莨菪碱
拟肾上腺素药：去甲肾上腺素、肾上腺素、麻黄碱
抗肾上腺素药：酚妥拉明、普萘洛尔（心得安）

一、局部麻醉药

局部麻醉药（简称局麻药）是主要作用于局部、能可逆地阻断神经冲动的传导、引起机体特定区域丧失感觉的药物。

（一）作用与作用机理

1. 局部作用

局麻药对其所接触到的神经，包括中枢和外周神经都有阻断作用，使兴奋阈升高，动作电位降低，传递速度减慢，不应期延长，直至完全丧失兴奋性和传导性。局麻药的作用是抑制神经细胞膜的离子通透性，在神经兴奋时膜外钠离子不能大量内流进入膜内，钾离子不能外流，从而不能产生去极化，阻碍了动作电位的产生和神经冲动的传导。

2. 吸收作用

吸收入血的局麻药对中枢、心血管系统均有抑制作用，这种抑制作用实际上是局麻药的毒性反应。

（二）兽医常用的局麻方式

局麻方式有表面麻醉、浸润麻醉、传导麻醉、硬膜外麻醉和封闭疗法。

普鲁卡因(Procaini Hydrochloridum)

【别名】奴佛卡因(Novocainum)

【理化性质】属于对氨基苯甲酸酯类短效局部麻醉药,其盐酸盐为白色粉末,无臭、味微苦、有麻木感,易溶于水,水溶液呈酸性,不稳定,遇光、久贮、受热后效力下降,颜色变黄,故应遮光、密封保存。

【体内过程】本品吸收快,吸收后大部分与血浆蛋白暂时结合,而后逐渐分离、分布到全身。组织和血浆中的假性胆碱酯酶可将其迅速水解,生成二乙胺基乙醇和对氨基苯甲酸(PABA),进一步代谢后随尿排出。二乙胺基乙醇有微弱局麻作用。

【药理作用】本品对组织无刺激性,但对黏膜的穿透力及弥散性较弱。本品吸收后主要对中枢神经系统与心血管系统产生作用,小剂量表现为轻微中枢抑制,大剂量时出现兴奋,能降低心脏的兴奋性和传导性。低浓度缓慢静脉滴注时具有镇静、镇痛、解痉作用。

【临床应用】临床上主要用于动物的局部麻醉和封闭疗法。还可治疗马痉挛疝、狗的瘙痒症及某些过敏性疾病等。

【药物相互作用】在每 100 mL 盐酸普鲁卡因药液中加入 0.1% 的盐酸肾上腺素溶液 0.2~0.5 mL,可延长药效 1~1.5 小时;禁止与磺胺类药物、洋地黄、抗胆碱酯酶药、肌松药、巴比妥类、碳酸氢钠、氨茶碱、硫酸镁等合并使用;与青霉素形成盐,可延缓青霉素的吸收。

【不良反应】用量过大、浓度过高时,吸收后对中枢神经产生毒性作用。表现为先兴奋后抑制,甚至造成呼吸麻痹等。

【注意事项】不宜静脉注射;不宜作表面麻醉;硬脊膜外麻醉和四肢环状封闭时,不宜加入肾上腺素;剂量过大可出现吸收作用,可引起中枢神经系统先兴奋、后抑制的中毒症状,应对症治疗;马对本品比较敏感。

【制剂、用法与用量】

盐酸普鲁卡因注射液　5 mL:0.15 g、10 mL:0.3 g、50 mL:1.25 g、50 mL:2.5 g。浸润麻醉:常用 0.5%~1% 的溶液,多加入盐酸肾上腺素以延长麻醉时间;传导麻醉:常用 2%~4% 的溶液,大动物每个部位注入 10~20 mL,小动物为 2~5 mL,也宜加入适量盐酸肾上腺素;椎管内麻醉:牛、马硬膜外麻醉时可注入 3% 的溶液 30~60 mL (腰荐),不宜加肾上腺素;封闭疗法:局部封闭时,用 0.5% 的盐酸普鲁卡因溶液 50~100 mL,注入炎症、创伤、溃疡组织周围,可与青霉素配伍使用;静脉注射:用 0.25% 的盐酸普鲁卡因溶液,按 1 mL/kg 给药,可用于治疗肠痉挛等,能缓解疝痛,制止烧伤引起的疼痛。

局麻药的不良反应及解救措施

(一)毒性反应

局麻药有一定的毒性。不同的局麻药致死剂量有很大的差异。中毒症状主要表现为中枢神经系统兴奋,如躁动不安、肌肉震颤,最后发展为阵挛性惊厥,由兴奋转为抑制,出现精神沉郁、昏迷、呼吸与循环衰竭,中毒动物通常都是由于呼吸衰竭而致死。

(二)解救措施

静脉注射短时作用的巴比妥类或水合氯醛,以控制中枢神经系统的兴奋,尽量采取人工呼吸及输氧措施,促进呼吸及气体交换。

二、作用于传出神经系统的药物

作用于传出神经系统的药物种类繁多，临床应用广泛，常涉及到对休克、心跳停止、支气管哮喘、有机磷农药中毒、肠痉挛等很多疾病的治疗。但从其作用部位和作用机制来看，均作用于传出神经末梢的突触部位，通过影响突触传递的生理功能、生化过程而产生效应。其作用与刺激或阻断传出神经的效应基本类似。因此，充分了解传出神经的解剖生理，对于应用这类药物是非常重要的。

（一）传出神经系统的结构和功能

传出神经系统包括植物神经系统和运动神经系统两部分。植物神经自中枢发出后，都要经过神经节中的突触更换神经元，然后才能到达所支配的效应器。因此，植物神经有节前纤维和节后纤维之分。植物神经又可分为交感神经和副交感神经两种。交感神经主要起源于脊髓的胸腰段，在交感神经链，或腹腔神经节，或肠系膜神经节更换神经元，然后到达所支配的组织器官。副交感神经主要起源于中脑、延髓和脊髓的骶部，在效应器附近或效应器内的神经节更换神经元，然后到达所支配的组织器官。因此与交感神经相比，副交感神经节前纤维较长，节后纤维较短。交感与副交感神经在大多数组织器官中是同时分布的（肾上腺髓质例外，它只受交感神经节前纤维支配），而生理功能则是相互制约而协调地维持组织器官的正常机能活动。运动神经自中枢神经发出后，中途不需要更换神经元，就可以直接到达所支配的骨骼肌，因此，无节前纤维与节后纤维之分。

（二）传出神经的传递特点

神经元是神经组织的功能单位，由胞体和突起两部分组成。一个神经元的突起与另一个神经元的胞体发生接触而进行信息传递的接触点称为突触。神经末梢到达效应器官与效应细胞相接触时，其结构与突触极为相似，称为接点（如神经肌肉接头）。突触由突触前膜、突触间隙和突触后膜三部分组成。突触前膜神经末梢内含有许多线粒体和大量的囊泡，线粒体内含有合成递质的酶类，囊泡内含有递质。当神经冲动到达突触前膜时，膜对Ca^{2+}的通透性增加，Ca^{2+}进入神经末梢内与 ATP 协同作用，促进突触膜上的微丝收缩，使突触囊泡接近突触前膜。接触的结果是，使突触囊泡膜与突触前膜相接处的蛋白质发生构型改变，继而出现裂孔，神经递质经裂孔进入突触间隙。递质通过突触间隙即与突触后膜上的受体结合，改变突触后膜对离子的通透性。使突触后膜的电位发生变化，从而改变突触后膜的兴奋性。如果递质使突触后膜对Na^+的通透性增加，则使膜电位降低，出现去极化，并进一步发展为反极化（即膜内为正电荷，膜外为负电荷），引起突触后神经元或效应细胞兴奋；如果递质使突触后膜对K^+和Cl^-的通透性增加，则使Cl^-进入膜内，K^+透出膜外，结果膜内负电荷和膜外正电荷都增加，出现超极化，引起突触后神经元或效应细胞抑制。

（三）传出神经的化学递质及药理学分类

从上述可知，所有的传出神经纤维，不论是运动神经，还是植物神经，在传递信息上都具有一个共同的特点，就是当神经冲动到达神经末梢，便释放出某种化学递质，通过递质再作用于次一级神经元或效应器而完成传递过程。然后递质很快被其特异性酶所破坏或被神经末梢再摄入（如乙酰胆碱被胆碱酯酶分解破坏；去甲肾上腺素和肾上腺素可被单胺氧化酶和儿茶酚胺氧位甲基转移酶分解破坏或被再摄入），而使其作用消失。就目前所知，传出神经末梢释放的化学递质有两类：一类是乙酰胆碱；另一类是去甲肾上腺素和少量的肾上腺素。根据传出神经末梢释放的递质不同，又将传出神经分为胆碱能神经和肾上腺素能神经。

1. 胆碱能神经

凡是其神经末梢能够借助胆碱乙酰化酶的作用，使胆碱和乙酰辅酶 A 合成乙酰胆碱贮存于囊泡内，作为其化学递质的传出神经纤维，称为胆碱能神经。包括：①全部交感神经和副交感神经的节前纤维；②全部副交感神经的节后纤维；③少部分交感神经的节后纤维，如骨骼肌的血管扩张神经和犬、猫的汗腺外泌神经；④运动神经。

胆碱能神经突触也有胆碱受体，突触间隙中的乙酰胆碱过量时也可兴奋此受体，使乙酰胆碱释放减少。

2. 肾上腺素能神经

凡是其神经末梢能以酪氨酸为基本原料，经一系列酶促反应先后合成多巴胺、去甲肾上腺素和少量肾上腺素等儿茶酚胺类物质，贮存于囊泡内，作为其化学递质的传出神经纤维，称为肾上腺素能神经。主要包括上述胆碱能神经以外的所有交感神经的节后纤维。

近年来发现肾上腺素能神经突触前膜上也有 α 和 β 受体，突触前膜上的 α 受体被兴奋，引起负反馈，使递质释放减少；突触前膜上的 β 受体被兴奋，可使递质释放增加。

（四）传出神经受体的分布与效应

1. 传出神经的受体

受体是传出神经所支配的效应器细胞膜上的一种特殊的蛋白质或酶的活性中心，具有高度的选择性，能与不同的神经递质或类似递质的药物发生反应。根据其所结合的递质不同，传出神经的受体可分为胆碱受体和肾上腺素受体两类。

（1）胆碱受体：凡能选择性地与递质乙酰胆碱或其类似药物相结合的受体为胆碱受体。胆碱受体主要分布于副交感神经节后纤维所支配的效应器、植物神经节、骨骼肌及交感神经节后纤维所支配的汗腺等细胞膜上。由于不同部位的胆碱受体对药物的敏感性不同，进而又将胆碱受体分为：

①毒蕈碱型（Muscarinic，M）胆碱受体：副交感神经的节后纤维及少部分交感神经的节后纤维所支配效应器上的胆碱受体，对以毒蕈碱为代表的一些药物特别敏感，能引起胆碱能神经产生兴奋效应，并能被阿托品类药物所阻断，这部分胆碱受体称为毒蕈碱型胆碱受体，简称 M-胆碱受体或 M-受体。

②烟碱型（Nicotinic，N）胆碱受体：位于神经细胞和骨骼肌细胞膜上的胆碱受体对烟碱比较敏感，这部分胆碱受体称为烟碱型胆碱受体，简称 N-胆碱受体或 N-受体。又因其阻断药的不同，进而又分为两种亚型：六烃季胺等药物能选择性地阻断植物神经节细胞膜上的 N-胆碱受体称为 N_1-受体，而箭毒能选择性地阻断骨骼肌细胞膜上的 N-胆碱受体称为 N_2-受体。

（2）肾上腺素受体：凡能选择性地与递质去甲肾上腺素或肾上腺素及其类似药物相结合的受体，称为肾上腺素受体。它主要分布于交感神经节后纤维所支配的效应器细胞膜上。根据其对不同拟交感胺类药物及阻断药物反应性质的不同，也分为两种亚型，即 α-肾上腺素受体（简称 α-受体）和 β-肾上腺素受体（简称 β-受体）。α-受体又可分为 α_1-受体和 α_2-受体。α_1-受体主要分布于突触后膜，α_2-受体主要分布于突触前膜。α_2-受体兴奋时可反馈地抑制去甲肾上腺素和肾上腺素的释放。同样，β-受体也可分为 β_1-受体和 β_2-受体。一般来说，一种效应器上只有一种肾上腺素受体，如心脏只有 β_1-受体，支气管平滑肌只有 β_2-受体，大部分血管平滑肌只有 α-受体。也有某些效应器同时具有 α-和 β-两种受体，如骨骼肌血管和肝脏血管的平滑肌中虽然 β_2-受体占优势，但也有 α-受体。

2. 传出神经的受体分布及生理效应

传出神经系统药物的作用，多数是通过影响胆碱能神经和肾上腺素能神经的突触传递过程而产生不同的效应。因此，熟悉这两类神经所支配的效应器上的受体的分布及效应（见表 2-6），对于掌握这些药物的药理作用是十分重要的。

表 2-6　传出神经所支配的效应器上的受体的分布及效应（林庆华，1987）

效应器官		胆碱能神经兴奋		肾上腺素能神经兴奋	
		受体	效应	受体	效应
心脏	窦房结	M	心率减慢	β_1	心率加快
	传导系统	M	传导减慢	β_1	传导加速
	心肌	M	收缩力减弱	β_1	收缩力加强
血管	皮肤黏膜	M	扩张	α	收缩
	腹腔内脏	—	—	α、β_2	收缩、扩张（除肝血管外，均以收缩为主）
	脑、肺	M	扩张	α	收缩
	骨骼肌	M	扩张	α、β_2	收缩、扩张（以扩张为主）
	冠状血管	M	收缩	α、β_2	收缩、扩张（以扩张为主）
支气管平滑肌		M	收缩	β_2	舒张
胃肠道	胃平滑肌	M	收缩	β_2	舒张
	肠平滑肌	M	收缩	β_2	舒张
	括约肌	M	舒张	α	收缩
膀胱	逼尿肌	M	收缩	β_2	舒张
	括约肌	M	舒张	α	收缩
眼	括约肌	M	收缩	—	—
	辐射肌	—	—	α	收缩
	睫状肌	M	收缩	β_2	松弛
腺体	汗腺	M	分泌	α	分泌
	唾液腺	M	分泌多量稀液	α	分泌稠液
植物神经节		N_1	兴奋	—	—
骨骼肌		N_2	收缩	—	—
肾上腺髓质		N_1	分泌	—	—
糖原酵解		—	—	β_2	增加
脂肪分解		—	—	β_1	增加

注：马和犬的大汗腺（顶浆分泌腺）具有双重植物神经纤维支配；犬和猫的小汗腺（即外分泌腺）系交感神经纤维支配，但属胆碱能神经。

（五）传出神经系统药物的分类

常用传出神经系统药物按其对突触传递过程的主要环节及作用的性质进行分类，其分类情况详见表 2-7。

表 2-7　常用传出神经系统药物的分类

类　别		药　物	作用的主要环节
拟胆碱药	完全拟胆碱药	氨甲酰胆碱	直接作用于 M、N 受体
	节后拟胆碱药	毛果芸香碱	直接作用于 M 受体
	抗胆碱酯酶药	新斯的明、毒扁豆碱	抑制胆碱酯酶
抗胆碱药	骨骼肌松弛药	琥珀胆碱、箭毒	阻断 N_2 受体
	节后抗胆碱药	阿托品、普鲁本辛	阻断 M 受体
	神经节阻断药	美加明、阿方纳特	阻断 N_1 受体
拟肾上腺素药	α 肾上腺素受体激动药	去甲肾上腺素	作用于 α-受体
	α、β 肾上腺素受体激动药	肾上腺素	作用于 α-、β-受体
	β 肾上腺素受体激动药	异丙肾上腺素、克仑特罗	作用于 β-受体
	间接作用于肾上腺素受体	麻黄碱	促使去甲肾上腺素释放，部分可直接作用于 α-、β-受体。
		阿拉明	促使去甲肾上腺素释放，部分可直接作用于 α-受体。
抗肾上腺素药	α-肾上腺素受体阻断药	酚妥拉明、妥拉唑林	阻断 α-受体
	β-肾上腺素受体阻断药	心得安、心得宁	阻断 β-受体
肾上腺素能神经阻断药		利血平、胍乙啶溴苄胺	促进去甲肾上腺素耗竭，抑制去甲肾上腺素释放

氨甲酰甲胆碱（Carbamylmethylcholine，Bethanechol）

【别名】比赛可灵、乌拉胆碱

【理化性质】本品为白色结晶或结晶性粉末；稍有氨味，易潮解，极易溶于水，易溶于乙醇，不溶于氯仿和乙醚；密封保存。

【药理作用】本品直接作用于 M 受体，表现 M 样作用。其特点是对胃肠、子宫、膀胱和虹膜平滑肌作用较强，在体内不易被胆碱酯酶水解，作用可持续 3～4 小时；对循环系统的影响较弱。中毒时可用阿托品进行快速解毒，故临床应用较安全。

【临床应用】主要用于胃肠弛缓（前胃弛缓、肠弛缓），也可用于治疗便秘疝、术后肠管麻痹及产后子宫复旧不全、胎衣不下、子宫蓄脓等。

【注意事项】同氨甲酰胆碱。

【制剂、用法与用量】

氯化氨甲酰甲胆碱注射液　1 mL：2.5 mg、1 mL：5 mg、1 mL：20 mg。皮下注射：一次量，每 100 kg 体重，各种动物 5～8 mg。

阿托品（Atropinum）

【理化性质】阿托品是从茄科植物颠茄等提取的生物碱，现可人工合成。其硫酸盐为无色结晶或白色结晶性粉末。无臭，味极苦。在水中极易溶解，乙醇中易溶。水溶液久置、遇光或碱性药物易变质，应遮光密闭保存。注射剂 pH 为 3～6.5。

【体内过程】本品内服易吸收，吸收后迅速分布于全身各组织；能通过胎盘屏障、血脑屏障；在体内大部分被酶水解，少部分以原形随尿排出。滴眼时，作用可持续数天，这可能是通过房水循环消除较慢所致。给予阿托品后，迅速从血中消失，约 80% 经尿排出，其中原形占 30% 多，粪便、乳汁中仅有少量阿托品。

【药理作用】阿托品药理作用广泛，对 M 受体选择性高，竞争性与 M 受体相结合，使受体不能与乙酰胆碱（Ach）或其他拟胆碱药结合，从而阻断了 M 受体的功能，表现出胆碱能神经被阻断的作用。当剂量很大，甚至接近中毒量时，也能阻断神经节 N_1 受体。阿托品的作用性质、强度，取决于剂量及组织器官的机能状态和类型。

（1）对平滑肌的作用：阿托品对胆碱能神经支配的内脏平滑肌具有松弛作用，一般对正常活动的平滑肌影响较小，当平滑肌过度收缩或痉挛时，松弛作用极显著。对胃肠道、输尿管平滑肌和膀胱括约肌松弛作用较强，但对支气管平滑肌松弛作用不明显。对子宫平滑肌一般无效。对眼内平滑肌的作用是使虹膜括约肌和睫状肌松弛，表现为散瞳、眼内压升高和调节麻痹。

（2）对腺体的作用：阿托品可抑制多种腺体分泌，唾液腺与汗腺对阿托品极敏感。小剂量能使唾液腺、气管腺及汗腺（马除外）分泌减少，引起口干舌燥、皮肤干燥和吞咽困难等；较大剂量可减少胃液分泌，但对胃酸的分泌影响较小（因胃酸受体液因素胃泌素的调节）；对胰腺分泌影响很小，对乳腺分泌一般没有影响。

（3）对心血管系统的作用：阿托品对正常心血管系统并无明显影响。治疗剂量阿托品对血管和血压无显著的影响，这可能与多数血管缺乏胆碱能神经支配有关。大剂量阿托品可直接松弛外周与内脏血管平滑肌，扩张外周及内脏血管，解除小血管的痉挛，增加组织的血流量，改善微循环。另外，较大剂量阿托品还可解除迷走神经对心脏的抑制作用，对抗因迷走神经过度兴奋所致的传导阻滞及心率失常，使心率增加和传导加速。这是因为阿托品能阻断窦房结的 M 受体，提高窦房结的自律性，缩短心房不应期，促进心房内传导。阿托品对心脏的作用与动物年龄有关，如幼犬反应比成年犬弱；幼驹或犊牛心脏活动的加强，需要阿托品的剂量往往要比成畜大 0.75～1 倍。

（4）对中枢神经系统的作用：大剂量阿托品有明显的中枢兴奋作用，可兴奋迷走神经中枢、呼吸中枢、大脑皮层运动区和感觉区，对治疗感染性休克和有机磷中毒有一定的意义。中毒时，大脑和脊髓强烈兴奋，动物表现为兴奋不安、运动亢进、不协调、肌肉震颤，随后转为抑制、昏迷，终因呼吸肌麻痹窒息而死。毒扁豆碱可对抗阿托品的中枢兴奋作用。

【临床应用】用于胃肠痉挛、肠套叠等，以调节胃肠蠕动。制止腺体分泌，用于麻醉前给药，以防腺体分泌过多而引起呼吸道堵塞或误咽性肺炎。用于有机磷中毒和拟胆碱药中毒的解救；另外，对洋地黄中毒引起的心动过缓和房室传导阻滞有一定防治作用。大剂量时用于治疗失血性休克及中毒性菌痢、中毒性肺炎等并发的休克。作散瞳剂，以 0.5%～1% 的溶液或 3%～4% 的眼膏点眼，防止虹膜与晶状体粘连，用于治疗虹膜炎、周期性眼炎及进行眼底检查。

【药物相互作用】本品可增强噻嗪类利尿药、拟肾上腺素药物的作用；可加重双甲脒的某些毒性症状，引起肠蠕动的进一步抑制。

【不良反应】本品副作用与用药目的有关，其毒性作用往往是使用过大剂量或静脉注射速度过快所致；在麻醉前给药或治疗消化道疾病时易致肠膨胀、瘤胃臌胀、便秘等。

【注意事项】阿托品抑制腺体分泌可引起口干、皮肤干燥等不良反应，一般停药后可自行消失。当用阿托品治疗消化道疾病时，因其抑制平滑肌的作用，易继发胃肠臌气、便秘等，尤其是消化道内容物多时，加之饲料过度发酵，更易造成胃肠过度扩张乃至胃肠破裂。大剂量使用阿托品可引起中毒，各种家畜对阿托品的敏感性存在种间差异，一般肉食动物敏感性高。中毒表现为口腔干燥、瞳孔散大、脉搏呼吸加快、肌肉震颤、兴奋不安等，严重时体温下降、昏迷、运动麻痹，甚至窒息死亡。用毛果芸香碱等拟胆碱药解救，结合使用镇静药、抗惊厥药等对症治疗。

【制剂、用法与用量】

硫酸阿托品注射液　1 mL：0.5 mg、2 mL：1 mg、1 mL：5 mg。肌内、皮下或静脉注射：一次量，麻醉前给药，马、牛、羊、猪、犬、猫 0.02～0.05 mg/kg；解除有机磷酸酯类中毒，马、牛、羊、猪 0.5～1 mg/kg，犬、猫 0.1～0.15 mg/kg，禽 0.1～0.2 mg/kg。

硫酸阿托品片　0.3 mg，内服：一次量，犬、猫 0.02～0.04 mg/kg。

肾上腺素（Adrenalinum）

【别名】副肾素，副肾碱 Epinephrinum

【理化性质】由家畜肾上腺髓质中提取出的生物碱，也可人工合成。为白色或淡棕色轻质的结晶性粉末，无臭，味稍苦。遇空气及光易氧化变质。盐酸盐溶于水，在中性或碱性水溶液中不稳定。

【体内过程】本品内服无效，因可被消化液破坏，同时由于其收缩局部血管作用，可降低黏膜的吸收能力，并且可在肝脏迅速被酶代谢而失效。通常采用皮下或肌内注射，皮下注射由于其强烈收缩局部血管，只有约 10%～40% 可吸收入血液，故作用微弱。肌肉注射时因收缩血管作用缓和，可呈现较强烈的吸收作用。静脉注射时作用更强烈，可用于紧急情况下，但必须稀释药液并减少用量。肌肉注射时应注意勿使药液注入血管，以免发生危险。吸收后的肾上腺素，主要是由神经末梢回收和通过儿茶酚氧位甲基转移酶（COMT）与单胺氧化酶（MAO）的作用而失效。小量的肾上腺素及其代谢产物可与葡萄糖醛酸或硫酸结合，从尿排出。

【药理作用】肾上腺素能与 α 和 β 受体结合，其中 α 作用和 β 作用都强，吸收作用主要表现为心跳加快、增强，血管收缩，血压上升，瞳孔散大，多数平滑肌松弛，括约肌收缩，血糖升高等。

（1）对心脏的作用：由于肾上腺素激动了心脏的传导系统、窦房结与心肌上的 β_1 受体，表现出心脏兴奋性提高，使心肌收缩力、传导及心率明显增强。对离体心脏表现为正性肌力效应，表明本品使心室达到收缩顶峰的时间缩短。心脏搏出量与输出量增加，扩张冠状血管，改善心肌血液的供应，呈现快速强心作用。但使心肌代谢增强，耗氧量增加，加之心肌兴奋性提高，此时若剂量过大或静脉注射过快，可引起心律失常，出现期前收缩，甚至心室纤颤。

（2）对血管的作用：肾上腺素对血管有收缩和舒张作用，这与体内各部位血管的受体种类不同有关。本品对以 α 受体占优势的皮肤、黏膜及内脏的血管产生收缩作用，而对以 β 受体占优势的冠状血管和骨骼肌血管则有舒张作用。

(3)对平滑肌的作用：能松弛支气管平滑肌，特别是在支气管痉挛时作用更为明显，对胃肠道和膀胱的平滑肌松弛作用较弱，对括约肌有收缩作用。

(4)对代谢的影响：肾上腺素活化代谢，增加细胞耗氧量。由于激活腺苷酸环化酶促进肝与肌糖元分解，使血糖升高，血中乳酸量增加。肾上腺素又有降低外周组织对葡萄糖摄取的作用。加速脂肪分解，血中游离脂肪酸增多，这是肾上腺素激活甘油三酯酶所致。

(5)其他作用：肾上腺素能使马、羊等动物发汗，兴奋竖毛肌。收缩脾被膜平滑肌，使脾脏中贮备的红细胞进入血液循环，增加血液中红细胞的数量。肾上腺素还可兴奋呼吸中枢。

【临床应用】①常用于溺水、麻醉过度、一氧化碳中毒、手术意外及传染病等引起的心跳微弱或骤停；②过敏性疾病，如过敏性休克、荨麻疹、支气管痉挛等。对免疫血清和疫苗引起的过敏性反应也有效；③与局麻药配伍使用，延长麻醉时间，减少局麻药的毒性反应；④当鼻黏膜、子宫或手术部位出血时，可用纱布浸以 0.1% 的盐酸肾上腺素溶液填充出血处，以使局部血管收缩，制止出血。

【不良反应】本品可诱发兴奋、不安、颤抖、呕吐、高血压（过量）、心律失常等，重复注射可引起局部坏死。

【注意事项】心血管器质性病变及肺出血的患畜禁用；使用时剂量不宜过大，静脉注射时，应当稀释后缓慢静脉注射；禁用于水合氯醛中毒的病畜，也不宜与强心苷、钙剂等具有强心作用的药物配伍应用；用于急救时，可根据病情将 0.1% 的肾上腺素作 10 倍稀释后静脉注射，必要时可作心内注射，并配合有效的人工呼吸等措施；注射液变色后不能使用。

【制剂、用法与用量】

盐酸肾上腺素注射　0.5 mL∶0.5 mg、1 mL∶1 mg、5 mL∶5 mg。皮下注射：一次量，牛、马 2～5 mL；猪、羊 0.2～1 mL；犬 0.1～0.5 mL。静脉注射：一次量，牛、马 1～3 mL；猪、羊 0.2～0.6 mL；犬 0.1～0.3 mL。

第十部分　影响新陈代谢的药物

影响新陈代谢的药物包括糖皮质激素类药物、抗组胺药物、调节水盐代谢药物、钙磷与微量元素、维生素等（见图 2-22）。

一、肾上腺皮质激素类药物

肾上腺皮质激素为肾上腺皮质分泌的一类激素的总称。它们的结构与胆固醇相似，故又被称为皮质类固醇激素。

肾上腺皮质激素按其生理作用，主要分两类：一类是调节体内水和盐代谢的激素，即调节体内水和电解质平衡，称为盐皮质激素；另一类是与糖、脂肪及蛋白质代谢有关的激素，常被称为糖皮质激素。糖皮质激素在超生理剂量时有抗炎、抗过敏、抗中毒及抗休克等药理作用，因而在临床中被广泛应用。通常所称的皮质激素即为这类激素。

临床上常用的天然皮质激素有可的松和氢化可的松。现均已人工合成。近年来在可的松和氢化可的松的结构上稍加改变，合成许多抗炎作用比天然激素强，而水盐代谢等副作用小的药物，如泼尼松，泼尼松龙和地塞米松等。这些合成皮质激素将逐渐取代可的松等天然激素的应用。

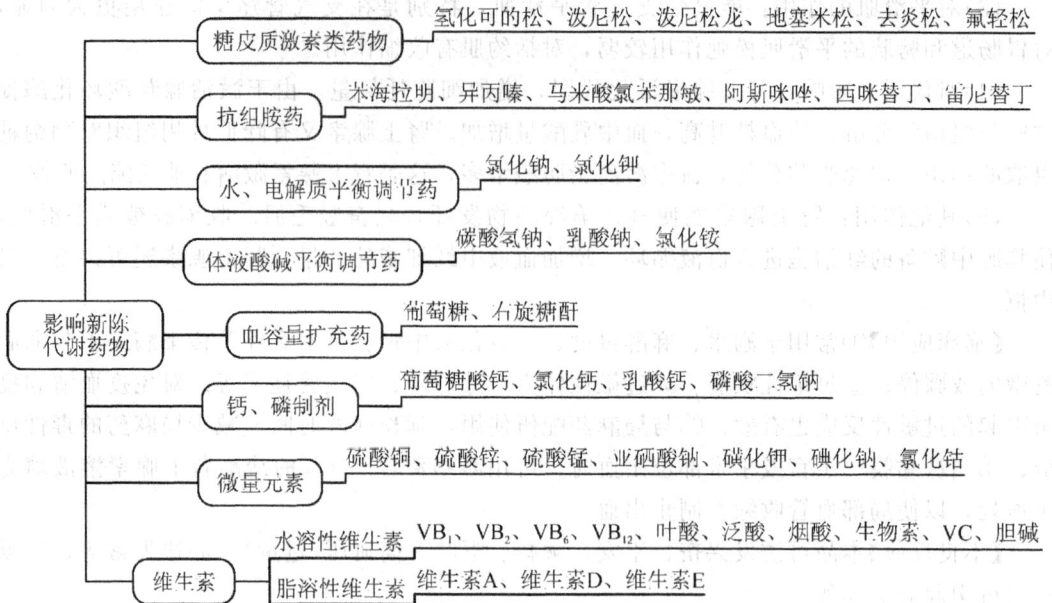

图 2-22　影响新陈代谢药物分类思维导图

常用糖皮质激素的作用特点

【体内过程】所有皮质激素都易从胃肠道吸收，尤其是单胃动物，给药后很快奏效，天然皮质激素持效时间短。人工合成的作用时间长，一次给药可持效 12～24 小时。

吸收进入血液的皮质激素大部分与皮质激素转运蛋白结合，还有少量与白蛋白结合，结合者暂无生物活性。游离型的量小，可直接作用于靶器官细胞呈现特异性作用。游离型皮质激素在肝脏或靶细胞内代谢清除后，结合型的激素就被释放出来，以维持动物体内的血浆浓度。

肝脏是皮质激素的主要代谢器官，大部分与葡萄糖醛酸或硫酸结合成酯，失去活性，水溶性增强，与部分游离型一起从尿中排出。反刍动物主要从尿中排出，其他动物可从胆汁排出。

【药理作用】

(1)抗炎作用：糖皮质激素能降低血管通透性，能抑制对各种刺激因子引起的炎症的反应能力，以及机体对致病因子的反应性。这种作用在于糖皮质激素能使小血管收缩，增强血管内皮细胞的致密程度，减轻静脉充血，减少血浆渗出，抑制白细胞的游走、浸润和巨噬细胞的吞噬功能。这些作用明显减轻炎症早期的红、肿、热、痛等症状的发生与发展。

糖皮质激素产生抗炎作用的另一机制是抑制白细胞破坏的同时，又有稳定溶酶体膜，使其不易破裂，减少溶解酶中水解酶类和各种因子(比如组织蛋白酶、溶菌酶、过氧化酶、前激肽释放因子、趋化因子、内源性致热因子)的释放。从而减少这些致炎物质对细胞的刺激，抑制炎症的病理过程，减缓或改善炎症引起的局部或全身反应。

糖皮质激素对炎症晚期也有作用。大剂量糖皮质激素能抑制胶原纤维和黏蛋白的合成，抑制组织修复，阻碍伤口愈合。

(2)抗过敏反应：过敏反应是一种变态反应，它是抗原与机体内抗体或与致敏的淋巴细胞相互结合、相互作用而产生的细胞或组织反应。糖皮质激素能抑制抗体免疫引起的速发性变态反应，以及细胞性免疫引起的延缓性变态反应，为一种有效的免疫抑制剂。糖皮质激素的抗过敏作用，主要在于抑制巨噬细胞对抗原的吞噬和处理，抑制淋巴细胞的转化，增加淋巴细胞的破坏与解体，抑制抗体的形成而干扰免疫反应。

（3）抗毒素作用：糖皮质激素能增加机体的代谢能力而提高机体对不利刺激因子的耐受力，降低机体细胞膜的通透性，阻止各种细菌的内毒素侵入机体细胞内的能力，提高机体细胞对内毒素的耐受性。糖皮质激素不能中和毒素，而且对毒性较强的外毒素没有作用。糖皮质激素抗毒素作用的另一途径与稳定溶酶体膜密切相关。这种作用减少溶酶体内各种致炎、致热内源性物质的释放，减轻对体温调节中枢的刺激作用，降低毒素致热源性的作用。因此，用于严重中毒性感染，如败血症时，常具有迅速而良好的退热作用。

（4）抗休克作用：大剂量糖皮质激素有增强心肌收缩力，增加微循环血流量，减轻外周阻力，降低微血管的通透性，扩张小动脉，改善微循环，增强机体抗休克的能力。由于糖皮质激素能改善休克时的微循环，改善组织供氧，减少或阻止细胞内溶酶体的破裂，减少或阻止蛋白水解酶类的释放，阻止蛋白水解酶作用下心肌抑制因子的产生，防止该因子所引起的心肌收缩力减弱、心输出量降低和内脏血管收缩等循环障碍。糖皮质激素能阻断休克的恶性循环，可用于各种休克，如中毒性休克、心源性休克、过敏性休克及低血容量性休克等。

（5）对代谢的影响：糖皮质激素有促进蛋白质分解，使氨基酸在肝内转化，合成葡萄糖和糖元的作用；同时，又有抑制组织对葡萄糖的摄取，因而有升血糖的作用。糖皮质激素也能促进脂肪分解，但过量则导致脂肪重分配。大剂量糖皮质激素还能增加钠的重吸收和钾、钙、磷的排出，长期应用会引起体内水、钠潴留而引起水肿，骨质疏松。

糖皮质激素能增进消化腺的分泌机能，加速胃肠黏膜上皮细胞的脱落，使黏膜变薄而损伤。故可诱发或加剧溃疡病的发生。

（6）对血液系统的作用：糖皮质激素能刺激骨髓的造血机能，使红细胞、血小板、嗜中性白细胞三者增多，但使淋巴组织萎缩，导致血中淋巴细胞、单核细胞和嗜酸性粒细胞数目减少。此外，还能增加血红蛋白和纤维蛋白的数量。

【临床应用】糖皮质激素具有广泛的应用，但多不是针对病因的治疗药物，而主要是缓解症状，避免并发症的发生。其适应症有：

（1）代谢性疾病：对牛的酮血症和羊的妊娠毒血症有显著疗效。

（2）严重的感染性疾病：各种败血症、中毒性菌痢、腹膜炎、急性子宫炎等感染性疾病，糖皮质激素均有缓解症状的作用。

（3）过敏性疾病：急性支气管哮喘、血清病、过敏性皮炎、过敏性湿疹。

（4）局部性炎症：各种关节炎、乳腺炎、结膜炎、角膜炎、黏液囊炎，以及风湿病等。

（5）休克：糖皮质激素对各种休克，如过敏性休克、中毒性休克、创伤性休克、蛇毒性休克均有一定的辅助治疗作用。

（6）引产：地塞米松已被用于母畜的分娩。在怀孕后期的适当时候（牛一般在怀孕第286天后）给予地塞米松，牛、羊、猪一般在24小时内分娩。

（7）预防手术后遗症：糖皮质激素可用于剖宫产、瘤胃切开、肠吻合等外科手术后，以防脏器与腹膜粘连，减少创口斑痕化，但同时它又会影响创口愈合。要权衡利弊，慎重用药。

【不良反应】皮质激素在临床应用时，仅在长期或大剂量应用时才有可能产生不良反应。

(1)类肾上腺皮质机能亢进症：大剂量或长期(约一个月)用药后引起代谢紊乱，产生严重低血钾、糖尿、骨质疏松、肌纤维萎缩、幼龄动物生长停滞。马较其他动物敏感。

(2)类肾上腺皮质机能不全：大剂量长时间使用糖皮质激素突然停药后，动物表现为软弱无力，精神沉郁，食欲减退，血糖和血压下降，严重时可见有休克。还可见有疾病复发或加剧。这是对糖皮质激素形成依赖性所致，或是病情尚未被控制的结果。

(3)诱发和加重感染：糖皮质激素虽有抗炎作用，但其本身无抗菌作用，使用后还可使机体防御机能和抗感染的能力下降，致使原有病灶加剧或扩散，甚至继发感染。因而一般性感染性疾病不宜使用。在有危急性感染性疾病时才考虑使用。使用时应配合有足量的有效抗微生物药物，在激素停用后仍需继续用抗微生物药物治疗。

(4)抑制过敏和过敏反应：糖皮质激素能抑制变态反应，抑制白细胞对刺激原的反应，因而在用药期间可影响鼻疽菌素点眼和其他诊断试验或活菌苗免疫试验。糖皮质激素对少数马、牛有时可见有过敏反应，用药后可见有荨麻疹，呼吸困难，阴门及眼睑水肿，心动过速，甚至死亡。这些常发生于多次反复应用的病例。

此外，糖皮质激素可促进蛋白质分解，延缓肉芽组织的形成，延缓伤口愈合。大剂量应用可导致或加重胃溃疡。

【注意事项】由于糖皮质激素副作用较大，临床应用时应注意采用补助措施。①选择恰当的制剂与给药途径　急性危重病例应选用注射剂做静脉注射，一般慢性病例可以口服或用混悬液肌内注射或局部关节腔内注射等。对于后者应用，应注意防止引起感染和机械的损伤。②补充维生素 D 和钙制剂　泌乳动物、幼年生长期的动物应用皮质激素，应适当补给钙制剂、维生素 D 以及高蛋白饲料，以减轻或消除因骨质疏松，蛋白质异化等副作用引起的疾病。③在下述病情中停止使用　缺乏有效抗菌药物治疗的感染、骨软化症和骨质疏松症、骨折治疗期、创伤修复期、严重肝功能不良、角膜溃疡初期、妊娠期(因可引起早产或畸胎)；结核菌素或鼻疽菌素诊断和疫菌接种期等。④用较小剂量，病情控制后应减量或停药，用药时间不宜过长；大剂量连续用药超过 1 周时，应逐渐减量，缓慢停药，切不可突然停药。

常用的天然皮质激素有可的松和氢化可的松。人工合成糖皮质激素有泼尼松(强的松)、泼尼松龙(强的松龙)、地塞米松(氟美松)、倍他米松、醋酸氟轻松(外用)等，其抗炎作用比母体强数倍至数十倍，而对电解质的代谢则大大减弱，也即钠、水潴留作用较弱。

氢化可的松(Hydrocortisone)

氢化可的松又名可的索。为天然糖皮质激素，白色或几乎白色的结晶性粉末。无臭遇光渐变质。在乙醇或丙酮中略溶，在氯仿中微溶，在水中不溶。

【作用与应用】多用作静脉注射，以治疗严重的中毒性感染或其他危险病症。肌内注射吸收很少，作用较弱，因其极难溶解于体液。局部应用有较好的疗效，故常用于乳腺炎、眼科炎症、皮肤过敏性炎症、关节炎和腱鞘炎等。作用时间不足 12 小时。

【制剂、用法与用量】氢化可的松注射液　静脉注射，一次量，马、牛 200～500 mg，猪、羊 20～80 mg，犬 5～20 mg。危急时可酌情加大剂量。应用时应加生理盐水或葡萄糖溶液稀释。

醋酸氢化可的松注射液 供关节或腱鞘内注射用，剂量随注射部位而定。马、牛 50～250 mg，每 5～7 日注射 1 次。

地塞米松（Dexamethasone）

地塞米松又名氟美松。为人工合成品。其磷酸钠盐为白色或微黄色粉末，无臭，味微苦。有引湿性。溶于水或甲醇，几乎不溶于丙酮或乙醚。

【作用与应用】抗炎作用与糖原异生作用为氢化可的松的 25 倍，而引起水钠潴留和浮肿的副作用很小。由于地塞米松可增加粪便中钙的排泄量，可能导致钙负平衡。地塞米松的应用日益广泛，有取代泼尼松龙等其他合成皮质激素的趋势。其应用除与其他皮质激素相同外，近年来地塞米松等皮质激素制剂已用于母畜同步分娩，地塞米松引产可使胎衣滞留率升高，产乳比正常稍迟，子宫恢复到正常状态也晚于正常分娩。地塞米松对马的引产效果不明显。

【制剂、用法与用量】

地塞米松片 内服量：牛 5～20 mg，马 5～10 mg，犬 0.125～1 mg。

地塞米松磷酸钠注射液 肌内注射（按地塞米松计算）：牛 5～20 mg，马 2.5～5 mg，猫、犬 0.125～1 mg。关节腔内注入量：马、牛 2～10 mg。

二、组胺与抗组胺药

组胺广泛存在于动物各种组织中，以胃肠道及肺含量最高，体内合成的组胺储存于肥大细胞和嗜碱性粒细胞内，具有强大的生物活性。组胺与靶细胞上的组胺受体结合产生效应。现已知的组胺受体有 H_1 和 H_2 两种，组胺与心血管、平滑肌和外分泌腺的受体结合，产生广泛作用：

1. 消化系统

能引起唾液腺、胰腺和胃液大量分泌，使胃肠平滑肌痉挛，出现腹泻和疝痛，能使反刍活动受到抑制。

2. 呼吸系统

组胺能引起支气管痉挛，黏膜水肿，严重时可发生肺气肿。豚鼠尤为敏感。

3. 心血管系统

组胺能使毛细血管和小动脉扩张，血管壁通透性增加，血浆向组织渗出，血压下降，心率加快。

4. 子宫

因动物种属不同而有差别，对大鼠子宫有松弛作用，对豚鼠子宫有收缩作用。

组胺在变态反应和过敏性休克的发生中可能起十分重要的作用。试验证明，抗组胺药可以有效地对抗动物过敏性休克的发生。但是组胺的释放是过敏反应中的一个环节，抗组胺药不能完全消除过敏反应的所有症状。抗组胺药仅指作用于组胺受体，阻断组胺与受体结合的药物。

苯海拉明（Diphenhydramine）

苯海拉明又称苯那君、可他敏，常用盐酸盐，易溶于水。

【作用与应用】本品能对抗或减弱组胺扩张血管、收缩胃肠及支气管平滑肌的作用，还有镇静、抗胆碱、止吐和轻度局麻作用，作用时间快而短暂。

适用于皮肤、黏膜的过敏性疾病，如荨麻疹、血清病、湿疹、接触性皮炎所致的皮肤瘙痒、水肿、神经性皮炎；小动物运输晕动、止吐；组织损伤伴有组胺释放的疾病，如烧伤、冻伤、湿疹、脓毒性子宫炎。单胃动物口服 30 分钟后出现反应，反刍动物宜静脉注射或肌内注射给药，作用维持 4 小时。本品中枢作用明显。

【制剂、用法与用量】

苯海拉明注射液　肌内注射，马、牛 100～500 mg，羊、猪 40～60 mg；犬 0.6～1 mg/kg 体重。

苯海拉明片　内服，一次量，马 200～1 000 mg，牛 600～1 200 mg，羊、猪 80～120 mg；犬 30～60 mg。

马来酸氯苯拉敏(Chlorphenamine Maleate)

马来酸氯苯拉敏又称扑尔敏，常用马来酸盐，易溶于水。本品的作用比苯海拉明强而持久，中枢抑制和嗜睡的副作用较轻。应用同苯海拉明。

【制剂、用法与用量】

扑尔敏注射液　肌内注射，一次量，马、牛 60～100 mg，羊、猪 10～20 mg。

扑尔敏片　内服，一次量，马、牛 80～100 mg，羊、猪 12～16 mg。

三、水、电解质平衡调节药

体液中电解质有一定的浓度和比例。各种电解质在机体内保持相对恒定，并处于动态平衡之中。在病理状态下停饮、腹泻、呕吐、过度出汗、失血等情况下，往往引起机体大量丢失水和电解质。水和电解质按比例丢失，细胞外液的渗透压无大变化的称为等渗性脱水。水丢失多，电解质丢失少，渗透压升高的称为高渗性脱水，反之称为低渗性脱水。临床上常用氯化钠、氯化钾等溶液调节水和电解质的平衡。

氯化钠(Sodium Chloride)

【理化性质】为白色结晶性粉末，无臭，味咸，有吸湿性，易溶于水，应封闭保存。

【作用与应用】氯化钠为调节细胞外液的渗透压和容量的主要电解质，具有调节细胞内外水分子平衡的作用。0.85%～0.9% 的氯化钠溶液与哺乳动物体液等渗，故又称生理盐水。钠离子在细胞外液的浓度变化，可极快地改变细胞外液的渗透压，致使细胞内的水分子或者激增或者激减，进而导致细胞膨胀或缩小，影响细胞代谢与正常机能活动。体液中钠离子的增减也影响血浆中 $NaHCO_3$ 和 H_2CO_3 的缓冲系统，进而影响酸碱平衡的调节。

等渗氯化钠溶液可用于严重腹泻或大量出汗以及水、钠离子、氯离子大量丢失等病例，也可用于大出血或中毒时的急救。在大出血而未能找到胶体溶液时，可用等渗氯化钠溶液静脉滴注，以防止血容量激减引起心输出量不足、血压下降和休克的发生。中毒时静脉输注等渗氯化钠溶液可促进毒物排出。高渗氯化钠溶液静脉输注还可促进瘤胃蠕动，增强动物的反刍机能。

【制剂、用法与用量】

等渗氯化钠注射液　静脉注射，一次量，马、牛 1 000～3 000 mL，羊、猪 200～500 mL，犬 100～500 mL，猫 40～50 mL。

复方氯化钠注射液(林格氏液、任氏液)　100 mL：氯化钠 0.85 g，氯化钾 0.03 g，氯化钙 0.033 g。静脉注射量，马、牛 1 000～3 000 mL，羊、猪 200～1 000 mL。

四、体液酸碱平衡调节药

酸碱平衡失调时，根据临床类型不同可分为呼吸性酸(或碱)中毒、代谢性酸(或碱)中毒，而以代谢性酸中毒为常见。治疗时除针对病因进行处理外，还应及时使用酸碱平衡调节药，迅速有效地恢复酸碱平衡。

碳酸氢钠(Sodium Bicarbonate)

【理化性质】碳酸氢钠又称重碳酸钠、小苏打，易溶于水。加热时能分解出二氧化碳，转变成碳酸钠，增强碱性。配制其注射液煮沸灭菌时，应密闭瓶口，防止二氧化碳散逸而变性。

【作用与应用】碳酸氢钠有增加机体碱储备，纠正酸度的作用。内服或静脉注射后，碳酸氢根离子与氢离子结合生成碳酸，再分解成二氧化碳和水。前者经肺排出，使体内氢离子的浓度下降，纠正代谢性酸中毒。该作用迅速，疗效可靠。适用于严重的酸中毒症、感染性中毒症或休克症。本品经尿排泄时，可碱化尿液，能增加弱酸性药物，如磺胺类等，在泌尿道的溶解度而随尿排出防止结晶析出或沉淀；还能提高某些弱碱性药物，如庆大霉素对泌尿道感染的疗效。此外，本品还有中和胃酸、祛痰与健胃等作用。

应用时，应注意将5%碳酸氢钠注射液稀释成1.3%～1.5%的碳酸氢钠的等渗液。急用时若不稀释，注射速度宜缓慢。本品为弱碱性药物，不可与酸性药物、生理盐水及磺胺等药物配伍应用。注射给药时切勿漏出血管外，以免对局部组织产生刺激。应用过量易引起碱中毒。对充血性心力衰竭、急性或慢性肾功能不全、水肿、缺钾等病例，应慎用。

【制剂、用法与用量】

碳酸氢钠注射液 含5%的碳酸氢钠。静脉注射量，马、牛15～30 g，羊、猪2～6 g，犬0.5～1.5 g。应用时可加5%～10%的葡萄糖溶液2.5倍量稀释为1.4%的等渗溶液静输。急用时也可不做稀释，但速度宜慢。

碳酸氢钠片 内服，一次量，马15～60 g，牛30～100 g，羊5～10 g，猪2～5 g，犬0.5～2 g。

五、血容量扩充剂

严重创伤、烧伤、高热、呕吐、腹泻，往往使机体大量丢失血液(或血浆)、体液，造成机体血容量减少，血压下降，血液渗透压失调，血管通透性升高，脑及心脏等重要器官供血、营养障碍，导致动物休克或死亡。血液制品是最完美的血容量扩充剂，但来源有限，葡萄糖溶液和生理盐水有扩容作用，但维持时间短暂，且不能代替血液和血浆的全部功能，故只能作为应急的替代品使用。目前临床上主要选用血浆代用品来扩充血容量。

葡萄糖(右旋糖)(Glucose)

【理化性质】为白色或无色结晶粉末，易溶于水。应密封保存。

【作用与应用】本品具有机体营养、能量供给、强心、利尿和解毒等功能。5%的葡萄糖溶液与体液等渗，输入后，能很快被利用，供给机体水分。其多余未被利用的部分葡萄糖可在肝脏中以糖元形式储存，因而有保护肝脏和提高解毒能力的作用。高渗糖既可供给心脏能量，又能在肾脏内呈现渗透性利尿作用，消除组织水肿。

5%的葡萄糖注射液还可用于重症动物静脉注射以补充能量、消除脱水症或各种中毒的解救，对牛酮血症，马及驴、羊妊娠毒血症等有保护肝脏及促使酮体下降的解救作用。

【制剂、用法与用量】

等渗葡萄糖注射液 含5%的葡萄糖。静脉注射量，马、牛1 000～3 000 mL，猪、羊250～500 mL，犬100～500 mL。

葡萄糖氯化钠注射液 含5%的葡萄糖和0.9%的氯化钠。静脉注射量，马、牛1 000～3 000 mL，猪、羊250～500 mL，犬100～500 mL。

高渗葡萄糖注射液 10%、25%、50%等各种浓度规格。静脉注射量，马、牛50～250 g，猪、羊10～50 g，犬5～25 g。

六、钙、磷

钙和磷占体内矿物元素总量的70%，主要以磷酸钙、碳酸钙、磷酸镁形式存在。骨骼中的钙占机体总钙量的99%，磷占总磷量的80%以上。钙磷具有广泛的生理机能，为机体所必需的常量元素。

【体内过程】钙和磷主要从十二指肠吸收。反刍动物的胃可吸收少量磷。小肠中的钙磷离子可以简单扩散和主动转运方式吸收入血。1，25 - 二羟维生素D_3（1，2，5CoH$_2$D$_3$）能刺激小肠黏膜合成钙结合蛋白，促进钙主动吸收。正常的血钙浓度为90～110 mg/L。血钙45%～50%以离子形式存在，40%～45%与蛋白质结合，另外5%与非离子化的无机元素结合。游离的钙离子在维持血钙浓度和骨骼钙化中起主要作用。缺钙时，机体总是先维持血钙，再满足骨钙需要。血磷包括有机磷和无机磷两种。大部分动物的血磷正常含量为60～90 mg/L。体内的钙磷代谢受多种因素调节。甲状旁腺激素（PTH）能促进钙自肠道吸收，减少钙的肾排泄，降钙素（CT）则相反。两种激素的活性（或分泌量）又受血钙（SCa^{2+}）反馈调节。尿磷（UP）和血清磷（SP）的变化，通过1，25$(OH)_2D_3$调节钙代谢。此外，汗腺能排出少量的钙，唾液腺能分泌少量的磷，但泌乳动物体内的钙磷不易分泌到乳中。

【药理作用】

钙的作用：①促进骨骼和牙齿钙化，保证骨骼正常发育，维持骨骼正常的结构和功能。②维持神经肌肉的正常兴奋性和收缩功能。无论骨骼肌，还是心肌和平滑肌，它们的收缩都必须有钙离子参加。③参与神经递质的释放。传出神经细胞突触前膜中神经递质的释放，受Ca^{2+}浓度调节。一般情况下，细胞内Ca^{2+}增加10倍，递质的释放量可增加10 000倍。④对抗镁离子的作用，如发生镁中毒时可用钙剂解救。⑤致密毛细血管内皮细胞。Ca^{2+}能降低毛细血管和微血管的通透性，减少炎症渗出和防止组织水肿，这是钙剂抗过敏和消炎作用的基础。⑥促进凝血。钙是重要的凝血因子，为正常的血凝过程所必需。

磷的作用：①与钙一样，磷也是骨骼和牙齿的主要成分，单纯缺磷也能引起佝偻病和骨软症。②维持细胞膜的正常结构和功能。磷脂，如卵磷脂、脑磷脂和神经磷脂，是生物膜的重要成分，对维持生物膜的完整性、通透性和物质转运的选择性起调节作用。③参与体内脂肪的转运与贮存。肝中的脂肪酸与磷结合形成磷脂，才能离开肝脏，进入血液而被转运到全身组织中。④参与能量贮存。磷是体内高能物质三磷酸腺苷、二磷酸腺苷和磷酸肌醇的组成成分。⑤磷是 DNA 和 RNA 的组成成分，还参与蛋白质的合成，对动物生长发育和繁殖等起重要作用。⑥磷也是体内磷酸盐缓冲液的组成部分，参与调节体内的酸碱平衡。

常用的钙、磷类药物有氯化钙、葡萄糖酸钙、碳酸钙、乳酸钙、磷酸二氢钠等。

氯化钙(Calcium Chloride)

主要用于急、慢性钙缺乏症，如骨软症、佝偻病和奶牛产后瘫痪。也用于毛细血管通透性增高所致的各种过敏性疾病，如荨麻疹、渗出性水肿、瘙痒性皮肤病等。还用于硫酸镁中毒的解救。

氯化钙注射液或氯化钙葡萄糖注射液　静脉注射，一次量(以氯化钙计)，马、牛 5～1.5 g；羊、猪 1～5 g；犬 0.1～1 g。

七、微量元素

动物机体所必需的微量元素，有铁、铜、锰、锌、钴、钼、铬、镍、钒、锡、氟、碘、硒、硅、砷 15 种。对机体可能是必需但尚未确定的，有钡、镉、锶、溴等。另有 15～20 种元素存在于体内，但生理作用不明，甚至对机体有害，可能是随饲料或环境污染进入，如铝、铅、汞。

微量元素虽仅占体重的 0.05%，但生理功能却十分重要。它们是许多生化酶的必需组成成分或激活因子。如同常量元素，必需微量元素在体内含量不足，均会引发各自的缺乏症，影响动物的生长和生产效能。但它们的含量过高，又都会产生毒副作用，甚至引起动物死亡。这是所有必需矿物元素都应遵循的规律。

亚硒酸钠(Sodium Selenite)

【体内过程】硒主要在十二指肠吸收，胃不能吸收硒。无机的亚硒酸钠盐较有机硒酸盐吸收快。硒的净吸收率，单胃动物为 85%，反刍动物为 35%。饲料中硫和砷化物能减少亚硒酸盐的吸收。吸收入血液的硒与血浆蛋白结合运到全身各组织中，其中肝、肾、胰、脾、肌肉中的硒含量较高。红细胞中硒浓度约为血浆硒的 2 倍。硒可通过胎盘进入胎儿体内，也易通过卵巢或乳腺进入鸡蛋或乳汁中。体内的硒主要通过肾、消化道和乳汁排泄。从消化道吸收的硒，40% 通过肾脏排泄。由非肠道给药的硒，70% 通过肾脏排泄。

【作用与应用】①抗氧化　硒是谷胱甘肽过氧化物酶的组成成分，参与所有过氧化物的还原反应，能防止细胞膜和组织免受过氧化物的损害。②维持畜禽正常生长　硒蛋白也是肌肉组织的正常成分。③维持精细胞的结构和机能　公猪缺硒，可致睾丸曲细精管发育不良，精子减少。④参与辅酶 Q 合成　辅酶 Q 在呼吸链中起递氢作用，参与 ATP 生成，其合成需要硒参与。⑤降低汞、铅、镉、银、铊等重金属的毒性　硒可与这些金属形成不溶性的硒化物，明显地减少这些重金属对机体的毒害作用。⑥促进抗体生成，增强机体免疫力。

幼畜硒缺乏时，发生白肌病。猪还出现营养性肝坏死，雏鸡发生渗出性素质、脑软化、胰损伤和肌萎缩等。本品主要用于防治白肌病及其他硒缺乏症。补硒时，添加维生素 E，防治效果更好。本品的治疗量与中毒量很接近，确定剂量时要谨慎。猪的休药期为 60 天。

【毒性与解救】

含硒制剂使用过量，可致动物急性中毒。经长期添加饲料饲喂动物，可致慢性中毒。急性硒中毒一般不易解救。慢性硒中毒，除立即停止添加外，可饲喂对氨苯胂酸或皮下注射砷酸钠溶液解毒。

【制剂、用法与用量】

亚硒酸钠注射液或亚硒酸钠维生素 E 注射液　肌内注射，一次量，马、牛 20～30 mg；驹、犊 5～8 mg；羔羊、仔猪 1～2 mg，家禽饮水 1 mg/L(预防剂量)和 10 mg/L(治疗剂量)。

亚硒酸钠维生素 E 预混剂　混饲，每 1 kg 饲料，畜禽 0.2～0.4 g。

八、维生素

维生素是一类结构各异、正常生命活动所必需的小分子有机物。

维生素 C(Vitamin C)

维生素 C 又名抗坏血酸。

【药动学】维生素 C 口服易被小肠吸收，分布到全身各组织，肾上腺、垂体、黄体、视网膜含量最高，其次是肝、肾和肌肉。体内贮存量有限。正常情况下，过多的维生素 C 会被代谢降解，随尿液排出体外。尿中只可检出少量的原形维生素 C。

【药理作用】

(1)参加氧化还原反应：维生素 C 极易氧化脱氢，具有很强的还原性，在体内参与氧化还原反应而发挥递氢作用(既可供氧，又可受氧)，如使红细胞的高铁血红蛋白还原为有携氧功能的低铁血红蛋白；将叶酸还原成二氢叶酸，继而还原成有活性的四氢叶酸；参与细胞色素氧化酶中离子的还原；在胃肠道内提供酸性环境，促进三价铁还原成二价铁，利于铁吸收，将血浆铁转运蛋白还原成组织铁蛋白，促进铁在组织中贮存。

(2)解毒：维生素 C 在谷胱甘肽还原酶的作用下，使氧化型谷胱甘肽还原为还原型谷胱甘肽。还原型谷胱甘肽的巯基能与重金属，如铅、砷离子和某些毒素(如苯、细菌毒素)相结合而排出体外，保护含巯基酶和其他活性物质不被毒物破坏。维生素 C 还可通过自身的氧化作用来保护红细胞膜中的巯基，减少代谢产生的过氧化氢对红细胞膜的破坏所致的溶血。维生素 C 也可用于磺胺类或巴比妥类中毒的解救。

(3)参与体内活性物质和组织代谢：苯丙氨酸羟化成酪氨酸，多巴胺转变为去甲肾上腺素，色氨酸生成 5-羟色胺，肾上腺皮质激素的合成和分解等都有维生素 C 参与。维生素 C 是脯氨酸羟化酶和赖氨酸羟化酶的辅酶，参与胶原蛋白的合成，促进胶原组织、骨、结缔组织、软骨、牙质和皮肤等细胞间质形成；增加毛细血管的致密性。

(4)增强机体抗病能力：维生素 C 能提高白细胞和吞噬细胞的功能，促进网状内皮系统和抗体形成，增强抗应激的能力，维护肝脏解毒，改善心血管功能。此外，还有抗炎和抗过敏作用。

维生素 C 缺乏时，动物发生坏血病，主要症状为毛细血管的通透性和脆性增加，黏膜自发性出血，皮下、骨膜和内脏发生广泛性出血，创伤愈合缓慢，骨骼和其他结缔组织生长发育不良，机体的抗病性和防御机能下降，易患感染性疾病。

【临床应用】动物在正常情况下不易发生维生素 C 缺乏症，因为猪、鸡、牛、羊、鱼都能有效地利用饲料中的维生素 C，体内还可由葡萄糖合成少量维生素 C。但在发生感染性疾病，处于应激状态，或饲料中维生素 C 显著缺乏时，有必要在饲料中补充维生素 C。

临床上除常用于防治缺乏症外，维生素 C 还可用作急、慢性感染，高热、心源性和感染性休克等的辅助治疗药。也用于各种贫血和出血症，各种因素诱发的高铁血红蛋白血症。还用于严重创伤或烧伤，重金属铅、汞，化学物质如苯和砷的慢性中毒，过敏性皮炎，过敏性紫癜和湿疹等的辅助治疗。

【制剂、用法与用量】

维生素 C 片　内服，一次量，马 1～3 g；猪 0.2～0.5 g；犬 0.1～0.5 g。

维生素 C 注射液　肌内或静脉注射，一次量，马 1～3 g；牛 2～4 g；羊、猪 0.2～0.5 g；

犬 0.02～0.1 g。

维生素 D(Vitamin　D)

【药动学】维生素 D_2 和维生素 D_3，以及维生素 D_2 原(麦角甾醇)和维生素 D_3 原(7-脱氢胆甾醇)，均易从小肠吸收。有利于脂肪吸收的各种因素，均能促进它们的吸收，其中胆酸盐最重要。消化道功能正常的动物内服维生素 D 的生物利用度为 80%，吸收机制为主动转运。吸收入血的维生素 D，由载体(α 球蛋白)转运到其他组织，主要贮存于肝脏和脂肪组织中，一部分分布到脑、肾和皮肤。

维生素 D 在体内转化为 1,25-二羟维生素 D 才能发挥作用。而 1,25-二羟维生素 D 的合成受血清钙的强烈影响。血清钙正常或升高时，1,25-二羟维生素 D 合成受抑制。肝脏、肾脏是维生素 D 转化为 1,25-二羟维生素 D 的主要场所。

【药理作用】活化维生素 D 作用的靶器官是肠道、骨骼和肾脏，与甲状旁腺激素和降钙素一起，促进小肠对钙磷的吸收，保证骨骼正常钙化，维持正常的血钙和血磷浓度。

维生素 D 对骨骼有双重作用：促进钙盐沉积和溶解骨钙。这两种作用相辅相成，依机体的需要而变。机体缺钙时，维生素 D 增加肠道对钙的吸收，减少肾脏对钙磷的排泄。在保证血钙含量稳定的前提下，增加骨盐沉积，促进骨骼钙化。当血钙浓度降低时，维生素 D 则促进骨盐吸收入血。

维生素 D 缺乏时，肠道内钙磷的吸收减少，肾小管钙磷再吸收障碍，血中钙磷浓度下降，致使幼年动物发生佝偻病，成年动物特别是怀孕或泌乳的母畜，发生骨软症。母鸡的产蛋率降低，蛋壳易碎。乳牛的产乳量大减。

【临床应用】维生素 D 通常添加于饲料以防治佝偻病和骨软症。犊、猪、犬、禽易发生佝偻病，马、牛较多发生骨软症。应用时，应连续数周给予大剂量维生素 D，通常为日需量的 10～15 倍。维生素 D 也可用于骨折患畜，促进骨的愈合。妊娠和泌乳的母畜及其幼畜，对钙、磷需要量大，常需补充维生素 D，以促进钙磷吸收。乳牛产前 1 周每日肌内注射维生素 D_3，能有效地预防乳热症和产褥热。另外，除补充维生素 D 外，还应让动物充分光照促进维生素 D 原转化，促进钙磷的吸收。

【制剂、用法与用量】

维生素 AD 注射剂　肌内注射，一次量，每 1 kg 体重，家畜 1 500～3 000 IU。

鱼肝油　每毫升含维生素 A 1 500 IU 以上，维生素 D 150 IU 以上。内服量，马、牛 20～60 mL，猪、羊 10～15 mL，犬 5～10 mL，鸡 1～2 mL。

第十一部分　解毒药

从广义上讲，凡能消除动物体内毒性作用的药物均称为解毒药。按兽医临床应用，解毒药可分为非特异性解毒药、特异性解毒药和其他解毒药(见图 2-23)。

【非特异性解毒药】

1. 催吐剂

在毒物被胃肠道吸收前，应用催吐剂引起呕吐，排空胃内容物，防止中毒或减轻中毒症状。但当中毒症状十分明显时，使用催吐剂意义不大。常用的催吐剂有：0.5%～1% 的硫酸铜溶液，有条件时可应用吐根碱或阿扑吗啡。但对不具备呕吐功能的动物，如禽，可将嗉囊内毒物摘取。反刍动物等可用洗胃或瘤胃内摘除毒物。

2. 保护剂

保护剂是指分子量大，不具备药理作用，溶于水呈现胶状溶液，如米汤、牛奶、豆浆、淀粉浆或蛋清等一类物质。这类物质在胃肠道内附着在黏膜上，保护黏膜不受毒物刺激，且能干扰毒物吸收，但因其作用有限，仅是综合措施中的一种辅助方法。

3. 吸附剂

吸附剂为一些不溶于水而性质稳定的细微粉末状物质，表面积很大，具有很大吸附力以吸附毒物，阻止毒物从胃肠道吸收。常用的有活性炭、白陶土，安全性大，效果可靠。

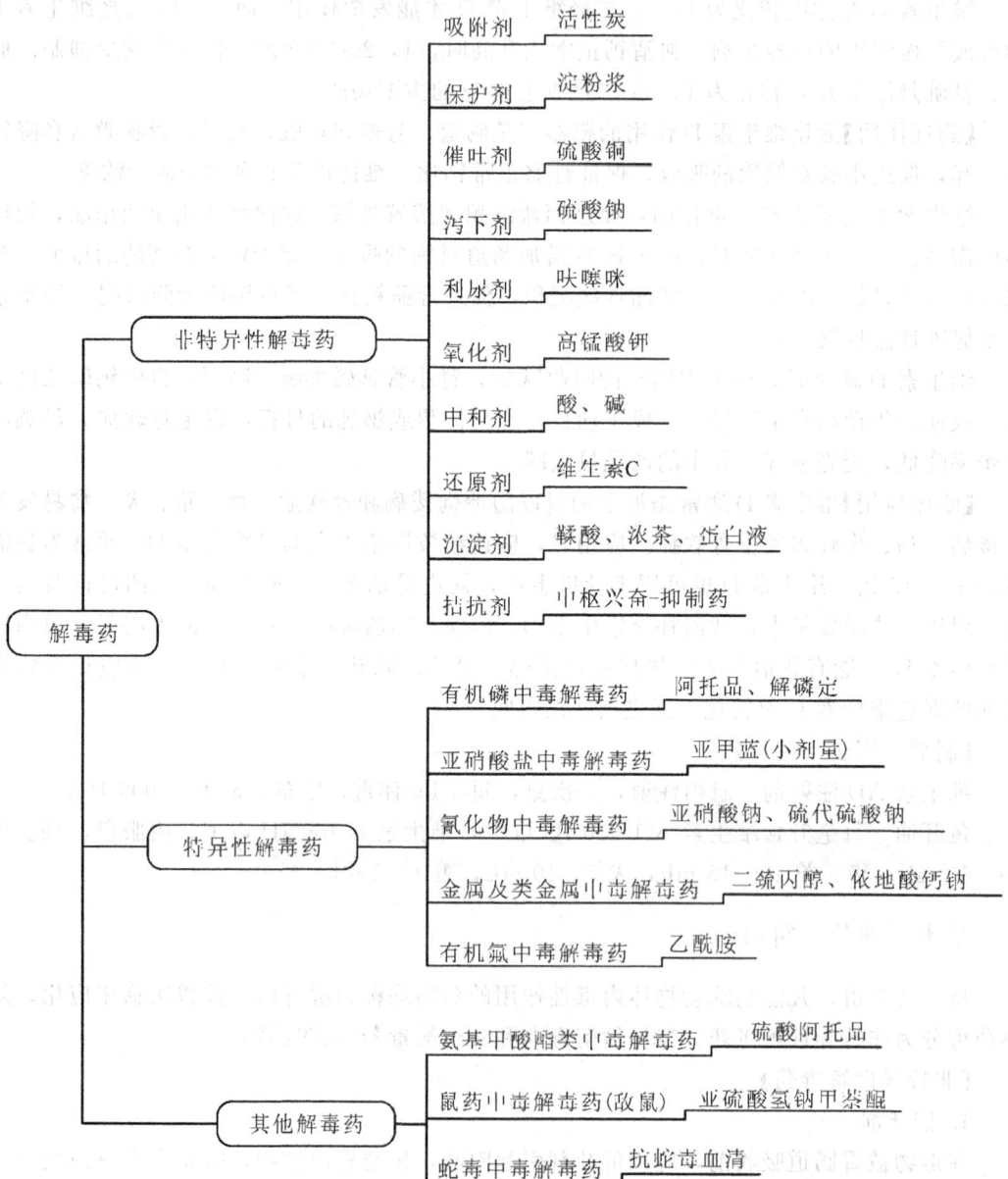

图 2-23　解毒药分类思维导图

4. 沉淀剂

沉淀剂为一些能与毒物产生沉淀反应而阻止毒物吸收的物质。常用有鞣酸($2\%\sim4\%$)溶液和浓茶。这些对多数生物碱，如士的宁、奎宁等及重金属盐有一定效果。

5. 氧化剂

高锰酸钾为常用药，以氧化有机毒物而获解毒效果。它对阿片碱、士的宁、毒扁豆碱、奎宁等生物碱，以及氰化物、磷化物均有氧化作用而使其失去毒性，但对阿托品、可卡因等中毒无效；对农药 1059（甲基对硫磷）和 1605（对硫磷）等硫磷类中毒，因氧化为毒性更大的对氧磷类，应禁用本品。高锰酸钾作为氧化剂使用后自身被还原为二氧化锰，且与蛋白质结合成蛋白盐类的复合物，因此在低浓度时有收敛作用，高浓度时则可产生刺激及腐蚀作用。临床用于洗胃时，通常应用浓度为 1∶5 000。

6. 泻下剂

通过导泻促进肠道内的毒物排出体外，减轻中毒。这些药可口服或经导胃管注入。兽医临床常用药物有硫酸镁或硫酸钠等盐类泻药。其常用溶液浓度为 $5\%\sim8\%$。使用时应让动物充分饮水或灌服适量的水，以防止脱水。

7. 利尿剂

通常选用速尿或利尿酸加速毒物从体内血液中经肾排出。该两药的利尿作用强且作用快，使用方便。既可口服也可静脉注射，是极为实用的急性中毒解救剂。为增强安全性，必要时应以小量重复给药，或静脉滴注。弱酸性药物，如水杨酸盐或巴比妥类等中毒时，为促进毒物自血液中排泄，应碱化尿液，促进毒物解离，防止其在肾小管重吸收，从而使尿内排泄增加。应用两药后，尿液碱化可收到同等效果。

8. 拮抗剂

通过药理性拮抗作用，消除或降低毒物的毒性，使已遭破坏的生理功能恢复正常。这种解毒剂称对症解毒剂。其针对危害生命的重要症状进行治疗，如呼吸兴奋药、升压药等。如不予及时纠正症状，即可有致死的危险。

【特异性解毒药】

特异性解毒药是针对毒物中毒的病因，消除毒物在体内的毒性作用的药物。借助药物高度专属药理性能，拮抗毒物的作用，对临床抢救急性中毒病例具有特殊重要的意义。

一、有机磷中毒的毒理与解毒药

有机磷酸酯为广泛应用的有效杀虫剂。

（一）有机磷酸酯类的毒理

有机磷杀虫剂或农药进入动物体内，其亲电子性的磷原子迅速与胆碱酯酶的酯解部位上丝氨酸的羟基产生共价键结合，生成磷酰化胆碱酯酶，使酶失去水解乙酰胆碱的活性，使乙酰胆碱在体内蓄积，胆碱能受体过度兴奋出现中毒症状。

（二）常用解毒药

1. 胆碱酯酶复活剂

胆碱酯酶复活剂为能使被有机磷酸酯抑制的胆碱酯酶重新恢复活性的药物。

常用胆碱酯酶复活剂有碘磷啶（解磷啶）、氯磷啶、双解磷及双复磷。这些复活剂分子内含有肟基（＝NOH）及五价氮离子（－N⁺≡）。其中肟基有很强的负电性，为亲核基团，易与正电荷的磷原子进行共价键结合，从磷酰化胆碱酯酶的活性中心夺取磷酰化基团，生成磷酰化的复活剂,进而解除有机磷酸酯对胆碱酯酶的抑制,恢复该酶的活性。另外,这些复活剂能与有机磷酸酯直接结合,阻止游离有机磷酸酯对酶的抑制。

胆碱酯酶复活剂仅对生成不久的磷酰化胆碱酯酶有效。磷酰化胆碱酯酶生成越久,复活剂的作用越差,甚至失效,此现象称"老化"。老化使之成为不可逆过程。因此,复活剂越早使用越好。

解磷啶(Pralidoxime Iodide)

解磷啶又称碘磷啶或派姆,本品静脉注射后作用迅速,消除也快,因而作用短暂,必要时可重复给药。

临床上其主要用于中度及重度有机磷酸酯中毒的治疗。本身无直接对抗乙酰胆碱的作用,故应与阿托品配合进行对症治疗,特别适用于1605、1059和乙硫磷等急性中毒,对乐果、敌百虫治疗效果较差。本品对骨骼肌的神经肌肉接点作用特别突出,能迅速恢复骨骼肌的正常活动,但不易透过血脑屏障。因此,该药对中枢神经系统中毒症状治疗效果不佳。

治疗剂量下不良反应少见。注射剂量过大或过快可产生心动过速,并能直接与胆碱酯酶结合,抑制该酶的活性,引起神经肌肉传导阻滞。本品使用时不宜与碱性药物配伍,以防止水解后产生氰化物而中毒。

【制剂、用法与用量】

解磷啶粉针剂　用生理盐水稀释成4%的注射液,静脉注射量:各动物15~30 mg/kg。必要时可重复注射。

氯磷啶注射液　剂量同解磷啶。

双复磷注射液　肌内注射或静脉注射量:15~30 mg/kg。

双解磷注射液　肌内注射或静脉注射量:马、牛3~6 g,猪、羊0.4~0.8 g,以后每隔2小时1次,剂量减半。

2. 生理拮抗剂

阿托品是M受体阻断剂,能阻断乙酰胆碱的M样胆碱症状与部分中枢神经系统症状,对N胆碱样作用无效,也不能恢复酶的活性。

二、亚硝酸盐中毒的毒理与解毒药

动物亚硝酸盐中毒多为饲料、饮水或化肥中硝酸盐转化为亚硝酸盐而产生。有些青饲料如包心菜、甜菜、南瓜秧等含有较高硝酸盐,而动物中牛、羊、猪消化道内又有微生物能将之转化为亚硝酸盐。如果食入太多含有硝酸盐的青饲料,这些动物则易发生亚硝酸盐中毒。此外,青饲料储存或调制(煮焖)不当使细菌大量繁殖,将饲料中的硝酸盐转化为亚硝酸盐,动物食入后也可发生中毒。

(一)亚硝酸盐中毒的毒理

亚硝酸盐有强的氧化性能,与血红蛋白结合后,使正常血红蛋白的二价铁氧化为三价铁的高铁血红蛋白(MHb),呈现高铁血红蛋白症。当机体食入多量亚硝酸盐后,使MHb生成速度大大超过MHb还原的速度,导致红细胞内的MHb量大大增加。由于MHb失去携带氧的功能,造成组织器官严重缺氧。MHb量越大,中毒症状越严重,特别是大脑及其他生命中枢、心脏等重要器官组织细胞严重缺氧,导致窒息死亡。动物中犬、马、猪较牛、羊敏感,急性中毒时,动物呈现不安,运动失调,心跳快而弱,呼吸迫促而困难,体温下降，微血管舒张发绀，血液呈酱色而不凝等症状。

（二）常用解毒药

亚甲蓝为亚硝酸盐中毒的特异性解毒剂。

亚甲蓝（Methyltltioninium Chloride）

本品又称美蓝、甲烯蓝，为深绿色有光泽的柱状晶粉，易溶于水和醇。

【作用与应用】本品具有氧化还原的性质。小剂量亚甲蓝在体内还原型辅酶Ⅰ的作用下，形成还原型白色亚甲蓝（MBH₂），此后 MBH₂ 使高铁血红蛋白 MHb 还原为正常的亚铁血红蛋白（Hb），使之恢复携氧功能。还原型 MBH₂ 被氧化成氧化型亚甲蓝（MB）。

亚硝酸盐急性中毒时，小剂量（1～2 mg/kg）亚甲蓝缓缓静脉注射用于治疗高铁血红蛋白过多症。

增加 MB 剂量时，达到 5～10 mg/kg 时，血中形成高浓度的亚甲蓝，由于体内还原型辅酶Ⅰ的量有限，不能使全部亚甲蓝转变为还原型亚甲蓝，此时血中过量氧化型亚甲蓝能使 Hb 氧化为 MHb，使病情加重。因此，用于治疗亚硝酸盐中毒时，亚甲蓝剂量宜小，静脉注射速度宜慢，若临床效果不明显时，可在半小时左右，小剂量重复给药一次。

【制剂、用法与用量】

亚甲蓝注射液　静脉注射，一次量，每 1 kg 体重，家畜，解救高铁血红蛋白症 1～2 mg，解救氰化物中毒 10 mg（最大剂量 20 mg）。

三、氰化物中毒的毒理与解毒药

动物可因食入含有氰苷或氢氰酸的饲草料或氰化物污染的牧草及饲料而引起中毒。苦杏仁和亚麻子含有氰苷，在胃酸作用下转变为有毒的氢氰酸；高粱幼苗、玉米幼苗、马铃薯幼芽及南瓜秧等为常见含有氢氰酸的植物。工业原料及农药中的氰化物也是动物氰化物中毒的来源。

（一）氰化物中毒的毒理

吸收进入组织的氰离子（CN⁻）能迅速与氧化型细胞色素氧化酶的 Fe^{3+} 结合，从而妨碍酶的还原，抑制酶的活性，使组织细胞不能得到足够的氧导致动物中毒。组织缺氧首先引起脑、心血管系统损害和电解质紊乱。对氰化物，牛最敏感，其次是羊、马和猪。氰化物中毒过程极快，病畜常见兴奋不安、流涎、呼吸加快、黏膜微血管鲜红，血液呈现鲜红色，全身肌无力，站立不稳，肌肉痉挛，呼吸浅表而微弱，以致死亡。

（二）常用解毒药

常用氰化物中毒的特异性解毒药是亚硝酸钠注射液，亚甲蓝注射液及硫代硫酸钠注射液。

亚硝酸钠（Sodium Nitrite）

亚硝酸钠易溶于水，不稳定。

【作用与应用】本品为氧化剂，主要用于氰化物中毒的解救。静脉注射时，可使部分血红蛋白氧化成高铁血红蛋白，后者中的 Fe^{3+} 与 CN⁻ 结合力比氧化型细胞色素氧化酶的 Fe^{3+} 强，可迅速与体内的游离氰离子以及与细胞色素氧化酶结合的氰离子形成较稳定的氰化高铁血红蛋白，使组织细胞色素氧化酶恢复活性，达到解毒的作用。但高铁血红蛋白与 CN⁻ 结合后形成的氰化高铁血红蛋白在数分钟后又逐渐解离，释出的 CN⁻ 又重现毒性，此时宜再注射硫代硫酸钠。

【制剂、用法与用量】

亚硝酸钠注射液　静脉注射，一次量，15～25 mg。

硫代硫酸钠（Sodium Thiosulfate）

本品又称次亚硫酯钠或大苏打，为无色晶体，极易溶于水，水溶液呈微碱性。

【作用与应用】本品用于氰化物中毒，静脉注射给药后，在硫氰化酶作用下，能与游离氰离子或氰化高铁血红蛋白中的氰离子结合，生成无毒可溶性硫氰化物，从尿中排出体外。

硫代硫酸钠还具有还原剂特性，在体内能与多种金属、类金属离子结合成无毒可溶性硫化物，由尿排出体外。因此，本品也可在砷、汞和铅等中毒时应用，但疗效不及二巯丙醇。

【注意】①本品解毒作用产生慢，应先静脉注射作用产生迅速的亚硝酸钠（或亚甲蓝）后，立即缓慢注射本品，不能将两种药混合后同时注射。②对内服中毒的动物，还应使用本品的5%溶液洗胃，并于洗胃后保留适量溶液于胃中。③硫代硫酸钠应用时应现用现配，常用其5%～20%的注射液。

【制剂、用法与用量】

硫代硫酸钠注射液　静脉或肌内注射，一次量，马、牛5～10 g；猪、羊1～3 g；犬、猫1～2 g。

四、金属与类金属中毒的毒理与解毒药

动物的金属及类金属中毒是指由金属的铅、铜、锑、钴、镉、镁、铁、钼、铊、锌、锡等与类金属砷、磷、汞等引起的中毒。这些毒物可经口、呼吸道和皮肤等途径侵入动物体内产生毒性反应。它们多数被吸收，能与细胞酶系统中有活性的基团结合，如氧化还原酶中的巯基（－SH）相结合，抑制酶的活性。临床上可表现出各种症状，严重时可导致死亡。

目前可作为金属及类金属中毒的特异性解毒药仅有少数，且都是这些金属或类金属的络合剂。药物进入体内后，能与这些有毒元素的离子螯合，形成可溶性无毒或低毒的螯合物，经肾脏排出，缓和或解除中毒症状，发挥特异解毒药物的作用。这类药物有含巯基的解毒剂及金属络合解毒剂。

二巯丙醇（Dimercaprol）

本品为无色或近无色油状液体，易溶于水，但不稳定。常制成10%的油状溶液（其含有9.6%的苯甲酸苄酯）。

【作用与应用】本品属巯基络合物，进入体内后，其一，与游离的上述金属离子结合，形成无毒的可溶性螯合物，迅速从肾脏排出，防止酶系内巯基中毒；其二，由于该药物与金属或类金属离子的亲和力要比酶与金属或类金属的离子亲和力大，因此该药进入体内后能夺取已结合在酶上的金属或类金属离子，使酶复活。但本品与金属离子结合后，仍有一定程度的解离。被解离的及尚未结合而游离的二巯丙醇，在体内也可很快被氧化失效，被解离下的金属离子仍有毒性。因此，在治疗过程中应反复给予注射。此外，对与金属离子结合过久的巯基酶，不易为二巯丙醇所解除，故应及早给药。

【不良反应】二巯丙醇对肝、肾有损害作用，并有收缩小动脉的作用。过量使用可使中枢神经系统和循环系统功能紊乱，出现呕吐，中枢性痉挛，血压升高，最后陷于昏迷、抽

搐而致死。由于药物排出迅速，大多数的不良反应为暂时性的。

【临床应用】本品主要用于治疗砷、汞中毒的解救。但对镉和锑中毒解救的效果不可靠，与依地酸钙钠合用，可治疗幼小动物的急性铅脑病。

【制剂、用法与用量】

二巯丙醇注射液　肌内注射，一次量，每 1 kg 体重，家畜 3.0 mg，犬、猫 2.5～5.0 mg。

五、有机氟中毒的毒理与解毒药

有机氟化合物常有氟乙酰胺(敌蚜胺)、氟乙酸钠(杀鼠药)。这些有机氟化物可由消化道、呼吸道及开放创伤面吸收进入血液，从而影响机体机能。

(一)有机氟中毒的毒理

有机氟化物氟乙酰胺或氟乙酸钠能阻断机体糖代谢中的三羧酸循环，使动物机体产生中毒。有机氟化物进入体内后，被转化为氟乙酸，随后与乙酰辅酶 A 的乙酰基结合，形成氟乙酰辅酶 A，阻断柠檬酸代谢，破坏体内三羧酸循环，从而阻断细胞内氧化能量代谢，对机体内脑、心等重要器官产生严重损害，导致机体死亡。

有机氟中毒时，动物临床表现除急性肠炎外，犬和豚鼠主要出现兴奋不安，过度激动，狂吠，强直性痉挛，最后因中枢抑制死亡；马、牛、羊、兔及猴等表现心律不齐，心动过速，心室纤维颤动，最后抽搐致死；上述兴奋和心律不齐猫、猪则兼有。

(二)常用解毒药

乙酰胺是有机氟化物中毒的有效解毒药。

乙酰胺(Acetamide)

本品又称解氟灵，为白色晶粉，易溶于水。

【作用与应用】乙酰胺能延长有机氟中毒的潜伏期及解除其中毒症状。乙酰胺的分子中有酰胺键(−CO−NH−)在体内可被酰胺酶水解，脱去氨基生成乙酸。后者以竞争的方式对抗有机氟形成的氟乙酸阻断三羧酸循环的作用，缓解或消除氟中毒。

有机氟化物氟乙酰胺和氟乙酸钠均属剧毒品，急性中毒时，发病急，病情重。解毒时宜早应用，应给足量。必要时配合镇静药，如氯丙嗪或苯巴比妥钠等治疗。

【制剂、用法与用量】

乙酰胺注射液　肌内注射，0.1 g/kg。

材料设备动物清单(每学习小组)

学习情境 2		药物治疗			学时		58
项目	序号	名称	作用	数量	型号	使用前	使用后
所用器械	1	天平	取药 称药 配药	1个			
	2	量筒		2个			
	3	漏斗架		1个			
	4	漏斗		1个			
	5	滤纸		1张			
	6	药匙		4个			
	7	药膏刀		1个			
	8	药筛		1个			
	9	研钵		1个			
	10	天平		1台			
	11	保定栏	保定动物	1个			
	12	盘秤	称重	1个			
	13	酒精灯	药敏实验	1个			
	14	微量注射器		1个			
	15	微量吸管		1个			
	16	恒温培养箱		1个			
	17	试管架	配伍禁忌	1个			
	18	试管		若干			
	19	吸量管		1个			
	20	研钵		1个			
	21	量筒		1个			
	22	天平		1个			
	23	药匙		若干			
	24	注射器	给药练习	6个			
	25	点滴管		6个			
	26	消毒棉球		若干			
所用药物	27	高锰酸钾	配制药物	1g			
	28	蒸馏水		100mL			
	29	乙醇		200mL	95%		
	30	碘		10g	AR		
	31	碘化钾		8 g	AR		
	32	甘油		100 mL	AR		
	33	植物油		35 mL			
	34	松节油		10 mL			
	35	凡士林		90 g			

续表

学习情境 2		药物治疗			学时	58	
项目	序号	名称	作用	数量	型号	使用前	使用后
所用药物	36	硫磺	配制药物	10 g	AR		
	37	硫酸镁		200 g	AR		
	38	鱼石脂		15 g			
	39	硫酸钠		250 g	AR		
	40	碳酸氢钠		40 g	AR		
	41	氯化钠		30 g	AR		
	42	硫酸钾		2 g	AR		
	43	葡萄糖		20 g	AR		
	44	氯化钾		2 g	AR		
	45	青霉素	药敏实验	1 支			
	46	链霉素		1 支			
	47	肉汤培养基		10 mL			
	48	新鲜金葡菌、大肠杆菌悬液		1 管			
	49	松节油	配制药物	1 瓶			
	50	液体石蜡		1 瓶			
	51	稀盐酸		1 瓶			
	52	樟脑		1 支			
	53	酒精		1 瓶			
	54	结晶碳酸钠		1 瓶			
	55	醋酸铅		1 支			
	56	水合氯醛		1 支			
	57	盐酸四环素		1 支			
	58	磺胺嘧啶钠		1 支			
	59	5%氯化钙		1 瓶			
	60	5%葡萄糖氯化钠		1 瓶			
	61	5%碳酸氢钠		1 支			
	62	10%氯化高铁		1 支			
	63	0.1%肾上腺素		1 支			
	64	鞣酸		1 瓶			
	65	青霉素粉针		1 支			
	66	生理盐水		1 瓶			
	67	红霉素粉针		1 支			
	68	氟苯尼考		1 支			
	69	生理盐水	给药练习	5 瓶			

续表

学习情境 2		药物治疗			学时		58
项目	序号	名称	作用	数量	型号	使用前	使用后
所用动物	70	家兔	药物作用试验、给药练习	3 只			
	71	鸡		2 只			
	72	牛	给药练习	1 头			
	73	犬		1 只			
	74	猪		1 头			
班　级			第　　组	组长签字		教师签字	

计划单

学习情境 2	药物治疗		学时	58
计划方式	小组讨论、同学间互相合作共同制订计划			
序号	实施步骤		使用资源	备注
制订计划说明				
计划评价	班　　级		第　　组	组长签字	
	教师签字		日　　期		
	评语：				

决策实施单

学习情境 2				药物治疗			

			计划书讨论				
计划 对比	组号	工作流程的 正确性	知识运用的 科学性	步骤的 完整性	方案的 可行性	人员安排的 合理性	综合评价
	1						
	2						
	3						
	4						
	5						
	6						

	制定实施方案		
序号	实施步骤		使用资源
1			
2			
3			
4			
5			
6			

实施说明：

班　　级		第　　组	组长签字	
教师签字		日　　期		

评语：

作业单

学习情境 2	药物治疗
作业完成方式	课余时间独立完成
作业题 1	解释概念：药物、制剂、剂型、药物直接作用、间接作用、局部作用、全身作用、副作用、毒性作用、过敏反应、半衰期、血药浓度、疗程、协同作用、拮抗作用、配伍禁忌、抗生素、抗菌谱、抗菌活性、耐药性、交叉耐药性、完全交叉耐药性、部分交叉耐药性。
作业解答	
作业题 2	绘制抗病原体药物、系统药物、影响新陈代谢的药物、解毒药分类思维导图。
作业解答	
作业题 3	75％酒精、1％碘甘油、5％碘酊、10％硫磺软膏、口服补液盐的配方、制法与用途。
作业解答	

作业评价	班　　级		第　　组	组长签字	
	学　　号		姓　　名		
	教师签字		教师评分		日　　期	
	评语：				

效果检查单

学习情境 2	药物治疗			
检查方式	以小组为单位，采用学生自检与教师检查相结合，成绩各占总分(100 分)的 50%。			

序号	检查项目	检查标准	学生自检	教师检查
1	开写处方	正确开写处方、分析处方		
2	配制药物制剂	正确配制药物制剂		
3	测定抗生素 MIC、MBC	会测定抗生素 MIC、MBC		
4	给药	正确应用注射、灌药、投药方法进行动物给药		

	班　　级		第　　组	组长签字	
检查评价	教师签字			日　　期	
	评语：				

评价反馈单

学习情境 2		药物治疗			
评价类别	项目	子项目	个人评价	组内评价	教师评价
专业能力 (60%)	资讯 (10%)	获取信息(5%)			
		引导问题回答(5%)			
	计划 (5%)	计划可执行度(3%)			
		用具材料准备(2%)			
	实施 (25%)	各项操作正确(10%)			
		完成的各项操作效果好(6%)			
		完成操作中注意安全(4%)			
		操作方法的创意性(5%)			
	检查 (5%)	全面性、准确性(3%)			
		生产中出现问题的处理(2%)			
	作业 (5%)	使用工具的规范性(2%)			
		操作过程规范性(2%)			
		工具和设备使用管理(1%)			
	结果(10%)	结果质量			
社会能力 (20%)	团队合作 (10%)	小组成员合作良好(5%)			
		对小组的贡献(5%)			
	敬业、吃苦 精神(10%)	学习纪律性(4%)			
		爱岗敬业和吃苦耐劳精神(6%)			
方法能力 (20%)	计划能力 (10%)	制订计划合理			
	决策能力 (10%)	计划选择正确			
意见反馈					
请写出你对本学习情境教学的建议和意见					

评价评语	班级		姓名		学号		总评	
	教师签字		第　组	组长签字			日期	
	评语：							

学习情境 3

外科手术治疗

●●●● 学习任务单

学习情境 3	外科手术治疗			学　时	66
布置任务					
学习目标	1. 掌握手术准备、组织分离、止血、缝合、包扎、兽医临床常用外科手术技术。 2. 以小组为单位，组内成员合作完成各类手术前的准备。 3. 在手术过程中，学会动物保定、麻醉、消毒、组织分离及止血、创口缝合和包扎技术。 4. 在进行兽医临床常用外科手术过程中学会牛的瘤胃切开术、犬胃切开术、幽门切开术、腹腔探查术、肠变位整复术及肠坏死切除术、皱胃变位整复术、剖腹产手术、阉割术的手术方法。 5. 在小组完成工作任务过程中，培养学生科学的世界观、爱护仪器设备、吃苦耐劳、团结协助、严谨的工作作风和创新意识。				
任务描述	在外科手术室，按规程进行操作，手术前准备、组织分离、止血、缝合、包扎、兽医临床常用外科手术技术。 具体任务： 1. 手术前准备：动物的保定、手术器械、动物手术部位、手术人员消毒及手术动物的麻醉技术。 2. 外科手术的基本操作技术：组织分离、止血和缝合技术。 3. 兽医常用外科手术：胃切开术、腹腔探查术、肠变位整复及肠坏死切除术、皱胃变位整复术、剖腹产手术、阉割术。				
学时分配	资讯 6 学时	计划 6 学时	决策 6 学时	实施 42 学时	考核 3 学时	评价 3 学时
提供资料	李玉冰. 兽医临床诊疗技术. 北京：中国农业出版社，2008				
对学生要求	1. 以小组为单位完成学习任务，充分体现团队合作精神。 2. 严格遵守无菌观念。 3. 严格遵守操作规程，规范操作。 4. 在操作中掌握兽医外科手术的操作技术。				

●●●●● 任务资讯单

学习情境 3	外科手术治疗
资讯方式	通过资讯引导，观看视频，到本课程的精品课网站、图书馆查询。向指导教师咨询。
资讯问题	1. 动物外科手术前动物的保定方式有哪几种？ 2. 麻醉方法有哪些？怎样进行麻醉？ 3. 怎样进行手术场所、动物手术部位、手术人员的消毒？ 4. 组织分离、止血、缝合的方法有哪些？各自的操作方法是什么？ 5. 如何进行瘤胃切开、犬胃切开及幽门切开的手术？ 6. 如何进行剖腹探查、肠变位及肠坏死切除的手术？ 7. 如何进行皱胃变位的整复固定手术？ 8. 如何进行剖腹产手术？ 9. 如何进行阉割术？
资讯引导	1. 在信息单中查询。 2. 在李玉冰主编的《兽医临床诊疗技术》中查询。 3. 进入动物疾病防治基本技术精品课网站查询。

●●●● **相关信息单**

【学习情境3】
外科手术治疗

项目1　胃切开术

任务1　瘤胃切开(牛)

适应症　食入不可消化异物、严重的瘤胃积食、严重的瘤胃臌气、瓣胃阻塞、创伤性网胃炎。

1. 保定与麻醉

取站立保定，腰旁神经干传导麻醉配合局部直线形浸润麻醉。

2. 手术通路

左肷部中切口：左肷部最后肋骨与髋结节水平连线的中点，腰椎横突下方 6～8 cm 处向下切开 20～25 cm，主要用于食入不可消化异物、严重的瘤胃积食、严重的瘤胃臌气和中等体型以下的牛的冲洗瓣胃及网胃探查术。

左肷部前切口：最后肋骨后 3～4 cm，腰椎横突下方 10～15 cm 处向下切开 20～25 cm，主要用于较大体型牛冲洗瓣胃及网胃探查术(图 3-1)。

3. 手术

(1)切开腹壁　常规方法依次切开皮肤、腹外斜肌、腹内斜肌、腹横肌、腹膜以显露瘤胃。

(2)固定瘤胃　显露瘤胃后，在瘤胃的后背盲囊上选择血管较少的部位拉出腹壁切口外，用三角缝针带 10 号丝线作瘤胃浆膜肌层与皮肤切口创缘之间环绕一周连续缝合，或用圆针带 10 号丝线作瘤胃浆膜肌层与腹外斜肌创缘之间环绕一周连续缝合，针距为 1.5～2 cm，每缝一针都要拉紧缝合线，使瘤胃壁与皮肤创缘紧密贴附在一起，固定瘤胃壁的宽度约为 8～10 cm，缝毕，检查切口下角是否严密，必要时作补充缝合。用三角缝针带 10 号丝线，在瘤胃预切开线两侧刺过瘤胃壁全层各作三个黏膜外翻固定线(水平钮扣缝合)，将瘤胃黏膜外翻固定线缝合在距同侧皮肤创缘 10～12 cm 的皮肤上，暂不抽紧打结，在瘤胃切开线两侧，用温生理盐水纱布垫覆盖(图 3-2)。

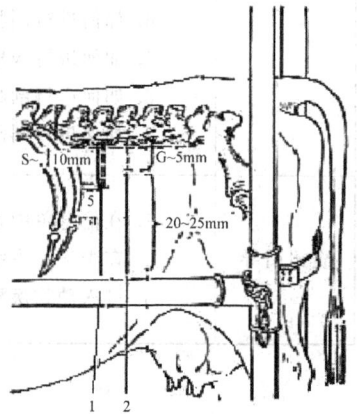

图 3-1　手术通路
1 左肷部前切口　2 左肷部中切口

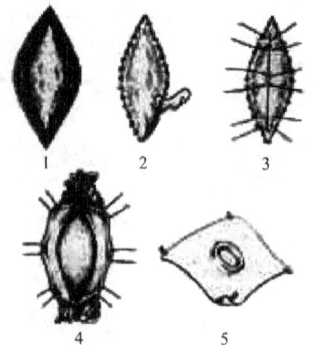

图 3-2　固定瘤胃
1 瘤胃凸出腹壁切口外　2 瘤胃与皮肤创缘缝合固定　3 预置黏膜外翻固定线　4 黏膜外翻　5 防水洞巾

（3）切开瘤胃　在瘤胃预定切开线上先用外科刀切一小口，慢慢放出瘤胃内气体，改用手术剪扩大瘤胃切口。瘤胃切开后，将切口创缘两侧的预置黏膜外翻，固定线抽紧打结，使瘤胃黏膜外翻并覆盖整个腹壁创口。

（4）安装防水洞巾　将防水洞巾的弹性环套入瘤胃腔内，再将洞巾展开，用创巾钳将洞巾的四角固定在皮肤上（图3-3）。

（5）探查胃内及处理病变　瘤胃切开后即可对瘤胃、网胃、网瓣胃孔、瓣胃及贲门等部位进行探查，并对各种类型的病变进行处理。

瘤胃腔内探查与处理　对于瘤胃积食，可取出胃内容物总量的 1/2 至 2/3，剩余部分掏松并分散在瘤胃各部。对于泡沫性瘤胃臌气，应在取出部分胃内容物后，冲洗胃腔，清除易发酵的胃内容物。对于中毒病例可将瘤胃内容物完全取出后再用大量温盐水冲洗胃腔，并放置相应的解毒药。

贲门的探查　贲门开口于前背盲囊的瘤胃前庭。贲门口可插入 3～4 个手指，黏膜光滑。当牛发生胸部食管梗塞时，其梗塞部多靠近贲门口或距贲门 5～6 cm 处的食管内。可经贲门用手直接取出梗塞物，或用异物钳经贲门取出梗塞物。

网胃腔内探查与处理　术者手自瘤胃前背盲囊向前下方，经瘤网胃孔进入网胃。首先检查网胃前壁和胃底部有无异物刺入（如针、钉、钢丝等），胃壁有无硬结和脓肿等。已刺入胃壁上或游离于胃底部的金属异物或其他非金属异物（如网胃结石、网胃底部的泥砂、塑料片及绳索等）都应全部取出。网胃壁上的硬结多为异物刺入点，应注意检查异物是否仍在硬结内。手抓住网胃前壁向网胃腔内提拉，可确定网胃与膈有无粘连。（图3-4、图3-5）

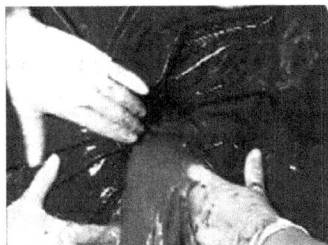

图3-3　安装防水洞巾　　　　图3-4　网胃腔探查　　　　图3-5　取出异物

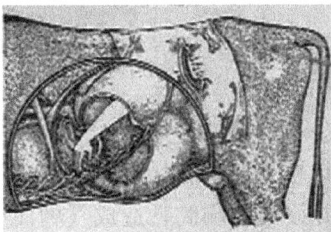

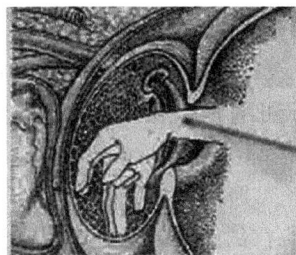

网瓣孔的探查与处理　网瓣孔位于网胃右侧稍下方，口径有 3～4 指宽，在开张状态下手可通过。手术中有时发现网瓣胃孔角质爪状乳头增生，增生的乳头似鸟爪状，棕色而硬如皮革，约 3 cm 长，其上半部粗硬，下半部稍软，易于拔除，乳头根部呈淡白色。异常生长的角质爪状乳头一般有 15～20 根，能引起网瓣胃孔狭窄，使瘤胃内容物通过受阻。对此增生的乳头应将其拔除。拔除后无出血或其他并发症，手术效果良好。

瓣胃梗塞的探查与处理　隔瘤胃壁触诊瓣胃，在瓣胃梗塞的情况下，体积较正常增大 2～3 倍，坚硬，指压无痕。网瓣胃孔呈开张状态，网瓣胃孔内与瓣胃沟中充满干涸胃内容物，瓣胃叶间嵌入大量干燥如豆饼样硬度的内容物，可用瓣胃冲洗术进行治疗。瓣胃冲洗前，先将瘤胃基本掏空，左手进入网瓣孔内取出网瓣孔内和瓣胃沟内部分干涸内容物后，然后术者左手持胃导管的一端带入网瓣胃孔内，导管另一端在体外连接漏斗向瓣胃内灌注大量温盐水，边注温水边隔着瘤胃壁按摩瓣胃，以泡软瓣胃内容物，泡软冲散下来的内容物随水返流至瘤胃腔内，经瘤胃切口排出体外。

（6）缝合胃壁　病区处理结束后，除去防水洞巾，用青霉素生理盐水溶液冲净附着在瘤胃壁上的胃内容物和血凝块。拆除黏膜外翻固定线，在瘤胃壁创口进行自下而上的全层螺旋缝合，缝合要求平整、严密，防止黏膜外翻。用青霉素生理盐水溶液再次冲洗胃壁浆膜上的血凝块，手术人员重新洗手消毒，更换手术器械，对瘤胃进行连续浆膜肌层内翻缝合。拆除瘤胃浆膜肌层与皮肤创缘的连续缝合线，再次冲洗后将瘤胃还回腹腔。

（7）缝合腹壁　用生理盐水冲洗腹腔，即向腹膜腔内注入生理盐水，再用灭菌纱布吸出，以清除渗入腹膜腔内的血液和纤维蛋白，用螺旋缝合法分别缝合腹膜、腹横肌、腹内斜肌和腹外斜肌，由于腹膜单独缝合时易撕裂，可以连同腹横肌一起缝合，并每缝合一层用青霉素生理盐水溶液冲洗一次，最后结节缝合皮肤，装结系绷带。

任务2　胃切开（犬）

适应症　用于胃内异物的取出，切除胃内肿瘤，急性胃扩张减压，坏死胃壁的切除，慢性胃炎或食物过敏时胃壁活组织检查等。

1. 术前准备

非紧急手术，术前应禁食24小时以上。在急性胃扩张、胃扭转病犬，术前应积极补充血容量和调整酸碱平衡。对已出现休克症状的犬应先急救，可静脉内注射林格尔氏液与5％的葡萄糖或等渗糖盐水，剂量为每千克体重80～100 mL，同时静脉注射氢化考地松和氟美松每千克体重各4～10 mg，氯霉素每千克体重50 mg。在静脉快速补液的同时，经口插入胃管以导出胃内蓄积的气体、液体或食物，以减轻胃内压力。

2. 麻醉与保定

仰卧保定，全身麻醉，气管内插入气管导管，以保证呼吸道通畅，减少呼吸道死腔和防止胃内容物逆流误咽。

3. 手术通路

脐前腹中线切口，即从剑状软骨突到脐之间作切口，但不可自剑突旁侧切开。犬的膈肌在剑突旁，切开时极易同时开放两侧胸腔，造成气胸而引起致命危险。

4. 手术

（1）切开腹壁　由剑状软骨突后缘开始在腹中线沿身体纵轴切开皮肤至脐部前缘，止血后切开皮下组织，用止血钳提起腹白线，用手术刀切一小切口，改用手术剪剪开腹白线及腹膜至需要的长度，剪除腹白线下方的镰状韧带。

（2）切开胃壁　切开腹壁后，将胃牵出腹壁切口外，在胃大弯与胃小弯之间的预定切开线两端，用艾利氏钳夹持胃壁的浆膜肌层，或用丝线在预定切开线的两端，通过浆膜肌层缝合二根牵引线。用艾利氏钳或两牵引线向后牵引胃壁，使胃壁显露在腹壁切口之外。用数块浸有温生理盐水的纱布垫填塞在胃和腹壁切口之间，以抬高胃壁并将胃壁与腹腔内其他器官隔离开，以减少胃切开时对腹腔和腹壁切口的污染。在胃大弯和胃小弯之间的无血管区内，纵向切开胃壁。先用外科刀在胃壁上向胃腔内戳一小口，退出手术刀，改用手术剪通过胃壁小切口扩大胃的切口。

（3）探查胃腔　胃壁切开后进行胃腔检查，包括胃体部、胃底部、幽门、幽门窦及贲门部。检查有无异物、肿瘤、溃疡、炎症及胃壁是否坏死。若胃壁发生了坏死，应将坏死的胃壁切除。

（4）缝合胃壁　用青霉素生理盐水溶液冲洗胃壁创缘，第一层用可吸收缝线或 1～4 号丝线进行全层螺旋缝合或康乃尔氏缝合，冲洗、更换手术器械、手术人员重新消毒，再进行第二层的浆膜肌层内翻缝合。冲洗胃壁，拆除胃壁上的牵引线或除去艾利氏钳，除去隔离纱布（图 3-6）。

（5）缝合腹壁　用螺旋缝合法将腹膜和腹白线一次缝合，再用螺旋缝合法缝合皮下组织，表皮下缝合法或结节缝合法缝合皮肤创口，整合皮肤创缘，涂碘酊，最后装结系绷带。

附：犬幽门肌成形术

适应症　用于消除犬顽固性幽门肌痉挛、幽门狭窄和促进胃的排空，避免发生胃扩张扭转综合征，或作为胃扩张扭转综合征治疗的一部分。

术前准备　麻醉、保定、手术通路同胃切开术。

手术方法　切开腹壁后，将胃、幽门及十二指肠牵引出腹壁切口外，用温生理盐水纱布将胃、幽门及十二指肠与腹腔隔离开来，以防幽门切开后胃内容物污染腹腔。由十二指肠的近心端经幽门窦、幽门至胃壁的远心端之间作一个足够长的直线切口，用青霉素生理盐水溶液冲洗幽门切口，用弯圆针带铬制肠线在纵行切口的一端的浆膜外进针，由黏膜层出针，然后到纵行切口的另一端的黏膜层进针，浆膜层出针，将该缝合线拉紧打结，使幽门部的纵向切口变为横向，从而使幽门管变短变粗，幽门管内径明显增大。用铬制肠线对已变成横向的切口进行全层结节缝合，用青霉素生理盐水冲洗，将胃还回腹腔。另一种缝合方法是二层缝合，第一层进行全层间断缝合，经生理盐水冲洗后，再进行第二层浆膜肌层内翻缝合。该缝合方法因造成了组织内翻，可能抵消了幽门成形术的目的——即扩大了的幽门排出道经缝合后又有变狭窄的趋向。如果所做的幽门部纵向切口有足够的长度，可避免缝合后的狭窄（图 3-7）。

图 3-6　胃的切开与缝合
1 切开胃壁　2 胃腔探查
3、4、5 第一层康乃尔氏缝合
6 第二层浆膜肌层内翻缝合

项目 2　肠侧切开及肠切除术

术前准备　牛若有瘤胃臌气、积液时，可行胃管放气、放液减压。犬如有因呕吐引起水、电解质和酸碱平衡失调时，应纠正。

手术通路　牛右䏚部中切口，髋结节与最后肋骨连线的中点，距腰椎横突下方 6～8 cm，垂直向下切开 20～25 cm。母犬、猫为脐后腹中线切口，公犬、猫为后腹部白线旁切口。常规切开腹壁。

保定与麻醉　牛选择站立或左侧卧保定，腰旁神经干传导麻醉配合局部浸润麻醉；犬、猫取仰卧保定，取全身麻醉。

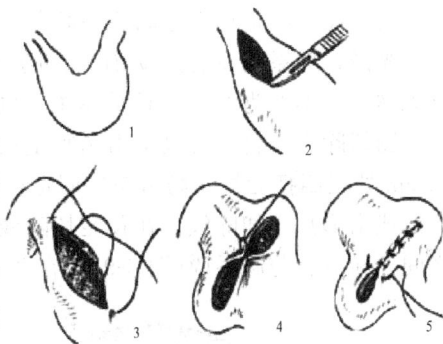

图 3-7　幽门切开与缝合

任务 1　肠侧切开术

适应症　小肠便秘、异物性阻塞(如毛球、纤维球等)。

探查腹腔　切开腹壁后,在牛将手经网膜间孔伸入网膜上隐窝内探查,可发现便秘点。手握住便秘点经网膜间孔牵引至切口外;在犬将手伸入腹腔向前推动犬的大网膜,即可显露小肠,将便秘点牵引至切口外。用生理盐水纱布隔离。

切开肠壁　用无损伤肠钳于便秘点两端钳夹固定,在对肠系膜侧平行肠管的纵轴切开肠壁,取出粪球或异物。

缝合肠壁　用青霉素生理盐水溶液冲洗肠壁切口缘,第一层用1~2号丝线或3~0号肠线进行全层单纯连续缝合,冲洗、更换手术器械、手术人员重新消毒,第二层用连续伦贝特氏缝合或库兴氏缝合。除去肠钳,检查有无渗漏后用生理盐水冲洗肠管,涂以抗生素油膏,将肠管还纳回腹腔内。

任务 2　肠套叠整复术

推压整复　用手指腹在套入的顶端将套入部缓慢逆行推挤复位。

扩张整复　可用小手指插入套叠鞘内扩张紧缩环,一边扩张,一边由牵套入的顶端将套入部缓慢逆行推挤复位。

切开整复　在对肠系膜侧平行肠管的纵轴切开套叠的鞘部肠壁使其复位(图 3-8)。禁止用牵引的方法整复。

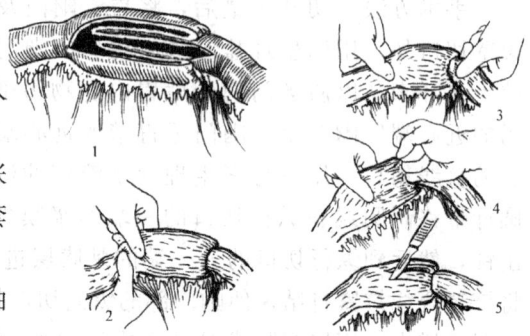

图 3-8　肠套叠整复术
1肠套叠示意图　2推挤整复　3错误整复法
4扩张整复　5切开整复

任务 3　肠切除术与肠吻合术

适应症　肠坏死、严重粘连、肠瘘、肿瘤等。肠坏死的判定标准是肠管呈暗紫色、黑红色、灰白色;肠壁菲薄、变软无弹性,浆膜失去光泽,肠系膜血管搏动消失;肠管失去蠕动能力,用生理盐水温敷肠管5~6分钟,仍无蠕动、不变为红色、肠系膜血管也无搏动。

肠切除术　将套叠肠段牵引出腹壁切口外,用生理盐水纱布隔离,在坏死肠段两端5~10 cm处用四把无损伤肠钳钳夹固定,展开肠系膜,在肠管切除范围上,对相应肠系膜作V形或扇形预定切除线,在预定切除线两侧,将肠系膜血管进行双重结扎,然后在结扎线之间切断血管与肠系膜(图 3-9),在两肠钳间切除坏死的肠管(图 3-10)。

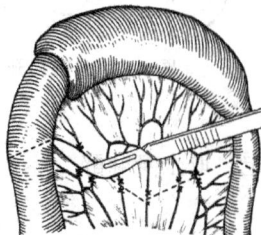

图 3-9　V形或扇形切除肠系膜

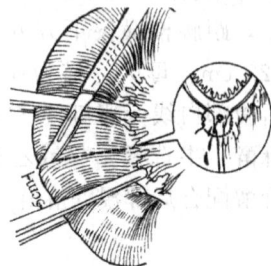

图 3-10　肠管切除

肠端吻合术　合拢两肠钳，肠断端对齐，在肠系膜侧和对肠系膜侧用 2～3 号丝线各作一牵引线(图 3-11)。用青霉素生理盐水溶液冲洗肠壁创缘，第一层缝合由对肠系膜侧开始用 3～0 号可吸收缝线单纯连续缝合内侧肠壁至肠系膜侧(图 3-12)，将缝合针由肠腔内穿至肠腔外(图 3-13)，对外侧肠壁进行单纯连续缝合(或康乃尔氏缝合)(图 3-14)，再用青霉素生理盐水溶液冲洗、更换手术器械，手术人员重新消毒，进行第二层浆膜肌层内翻缝合(图 3-15)，向肠腔内注入生理盐水检查缝合效果，当无异常后结节缝合肠系膜，除去肠钳，彻底冲洗后还回腹腔。

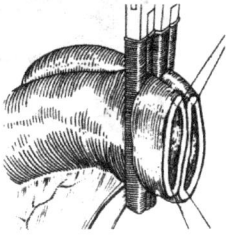

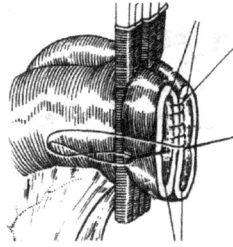

图 3-11　缝合牵引线　　　　　　　　图 3-12　单纯连续缝合内侧肠壁

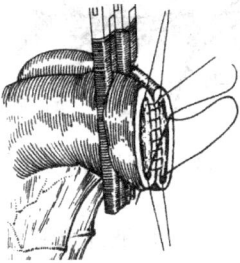

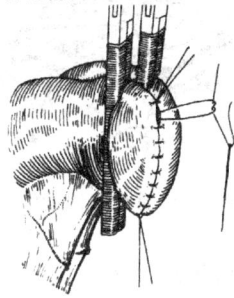

图 3-13　缝针穿出肠腔　　图 3-14　单纯连续缝合外侧肠壁　　图 3-15　第二层浆膜肌层内翻缝合

肠侧吻合术　用于肠腔较小的肠切除术，肠切除后用青霉素生理盐水溶液冲洗肠壁创缘，第一层用 3～0 号可吸收线分别单纯连续缝合两肠壁断端(图 3-16)，经冲洗后进行第二层的浆膜肌层内翻缝合(图 3-17)。

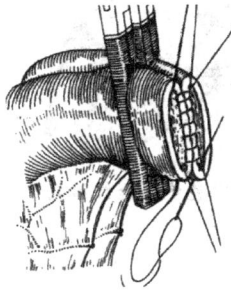

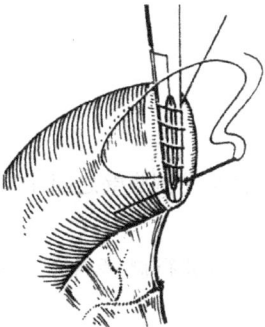

图 3-16　单纯连续缝合两肠壁断端　　　　　　图 3-17　第二层浆膜肌层内翻缝合

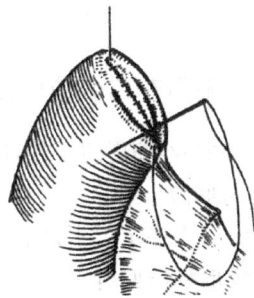

将两肠段盲端，以相对方向使肠壁交错重叠接近，用两把肠钳各在近盲端处，沿肠纵轴方向钳夹盲端肠管(图 3-18)。钳夹的水平位置要靠近肠系膜侧。检查两重叠肠段无扭转，然后将两肠钳并列靠拢，交助手固定，纱布垫隔离术部。于对肠系膜侧作肠侧壁的浆膜肌层内翻连续缝合，缝合长度应略超过切口长度，而切口的长度大于肠管直径 0.5～1 cm(图 3-19)。距此缝合线 0.5 cm 处，位于两侧肠壁中央部，各作一个肠壁切口，形成肠吻合切口(图 3-20)。吻合口内侧壁作全层单纯连续缝合(图 3-21)，缝至内、外侧壁折转处，将缝针由肠腔内穿出，进行外侧壁全层连续缝合(图 3-22)。最后在作外侧壁浆膜肌层内翻缝合；撤去肠钳，重叠肠系膜游离缘作间断缝合(图 3-23)。

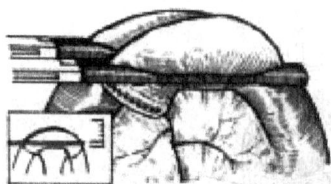

图 3-18　钳夹固定盲端肠管　　　图 3-19　内侧壁内翻缝合　　　图 3-20　肠吻合切口

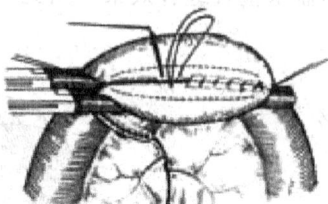

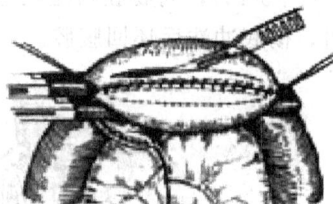

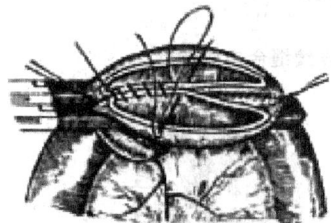

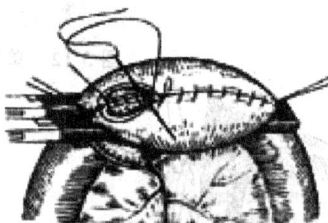

图 3-21　内侧壁全层连续缝合　　　图 3-22　外侧壁全层连续缝合　　　图 3-23　间断缝合

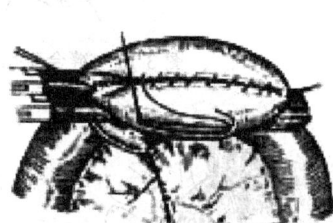

术后护理　术后及时静脉补充水、电解质，并注意酸碱平衡。补液量和补液速度在中心静脉压监护下进行。术后一周内使用足量的抗生素和糖皮质激素类药物，以预防腹膜炎的发生。手术后禁饲，只有当动物肠蠕动音恢复、排粪、排气正常，全身情况恢复后方可给予优质易于消化的饲料，开始量小，逐日增大饲喂量至正常饲养量。术后早期牵遛运动，对胃肠机能的恢复很有帮助。

项目 3　皱胃变位整复术

任务 1　皱胃左方变位整复术

皱胃(图 3-24)经瘤胃的下方向左移至瘤胃的左方，夹于瘤胃与左侧腹壁之间(图 3-25)。

1. 保定与麻醉

六柱栏内站立保定，术部剃毛、清洗与消毒，在牛体左侧进行腰旁神经干传导麻醉，配合术部直线形浸润麻醉。

2. 切口定位

采用左肷部前下切口，即自腰椎横突向下移 15～20 cm，再由最后肋骨向后移 3～4 cm，再垂直向下切开 18～20 cm；固定线穿出部位为右下腹壁的小切口，即右侧腹壁第 8 或第 9 肋骨对应的肋骨弓的下向，仅切开皮肤 0.5～1 cm。

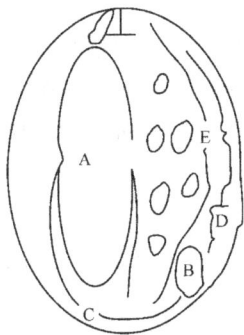

图 3-24　正常皱胃位置图

A 瘤胃　B 皱胃　C 浅层大网膜

D 浅层小网膜　E 深层网膜

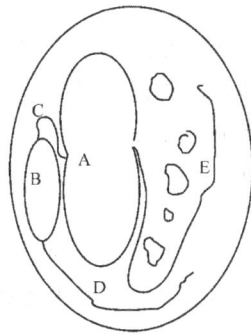

图 3-25　皱胃左方变位

A 瘤胃　B 皱胃　C 浅层大网膜

D 浅层小网膜　E 深层网膜

3. 切开腹壁

术部隔离，切开皮肤 18~20 cm，切开皮下组织，对出血点钳夹止血、结扎止血。切开腹外斜肌、腹内斜肌，按肌纤维方向分离腹横肌。用镊子夹持腹膜，剪开腹膜，显露腹腔。皱胃位于切口的前方，左侧腹壁和瘤胃之间，呈囊状（图 3-26）。

4. 穿刺减压

将连有输液管的 20 号静脉注射针头刺入皱胃，输液管的另一端置于腹壁切口外，排净皱胃内的气体。

5. 预置固定线

术者手伸入腹腔内，用生理盐水纱布包在皱胃壁上并用手抓住皱胃壁轻轻向切口外牵引，以显露皱胃大弯及大网膜

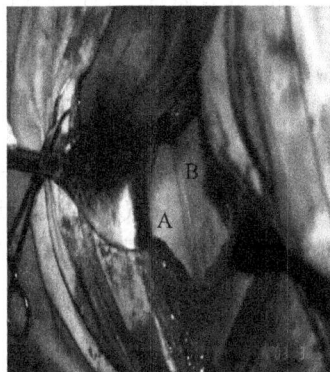

图 3-26　皱胃在瘤胃的左侧

A 皱胃　　　B 瘤胃

浅层（皱胃大弯在上方）。用弯圆针系 18 号 1.5 m 长的缝合线，在距皱胃大弯 3~5 cm 的浅层大网膜上做第一个袋口缝合预置固定线，方法是先缝合一结节缝合，再围绕结节缝合做一周的袋口缝合并在网膜上打结，线尾暂时固定在创巾上。在第一个预置固定线后方 3~5 cm 处的浅层网膜上，再做第二个袋口缝合预置固定线（图 3-27）。

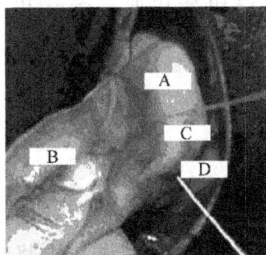

图 3-27　预置固定线

A 浅层大大网膜　B 皱胃　C 第一固定线

D 第二固定线

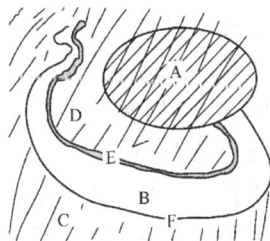

图 3-28　正常皱胃位置

A 瓣胃　B 皱胃　C 大网膜　D 小网膜

E 皱胃小弯　F 皱胃大弯

6. 整复皱胃及瓣胃

术者手伸入腹腔内，用手掌压住皱胃，经瘤胃下方向右侧腹腔推挤皱胃，将皱胃推回右侧腹腔底部，同时将瓣胃向后上方抬，使瓣胃中心点接近肩关节水平线附近，再将手经瘤胃后背盲囊的上方伸入腹腔右半部网膜与腹膜之间，抓住幽门部向上提，使其位于肩关节水平线附近。

7. 固定皱胃

术者将手经瘤胃的下方伸至皱胃的下方，用手指尖于两固定点之间向右侧腹壁推顶，指导助手切开穿出固定线的皮肤切口。将第一针固定点的两根固定线纫在一根针上，术者用手指掐持缝合针伸至皱胃的下向，由腹腔内于右侧皮肤切口的前方斜向后经皮肤切口穿出，再将第二根预置固定线在右侧皮肤切口的后方斜向前经皮肤切口穿出，助手拉紧缝合线打结并剪断缝合线，结节缝合皮肤小切口。

8. 缝合腹壁 （同瘤胃切开术）

任务 2　皱胃右方逆时针扭转整复术

皱胃右方逆时针扭转是皱胃在瓣胃的下方向前向上移至瓣胃的前上方并有 180°的扭转（图 3-29），有时是由于皱胃左方变位，当皱胃气体窜入肠道后，由于皱胃体积变小使其向前下方移动至瓣胃的前方，当再次积气后由于浮力的作用使其变为右方逆时针扭转。

1. 保定与麻醉

六柱栏内站立保定，术部剃毛、清洗与消毒，在牛体右侧进行腰旁神经干传导麻醉，配合术部直线形浸润麻醉。

2. 切口定位

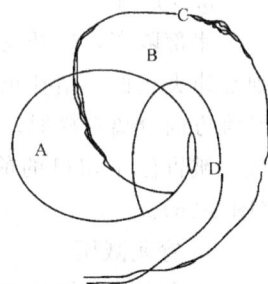

图 3-29　皱胃右方逆时针扭转
A 瓣胃　B 皱胃
C 皱胃大弯　D 皱胃小弯

采用右肷部前下切口，即自腰椎横突向下移 15～20 cm，再由最后肋骨向后移 3～4 cm，垂直向下切开 18～20 cm；固定线穿出部位为右下腹壁的小切口，即右侧腹壁第 8 或第 9 根肋骨对应的肋骨弓的下方，仅切开皮肤 0.5～1 cm。

3. 切开腹壁

术部隔离，切开皮肤 18～20 cm，切开皮下组织，对出血点钳夹止血、结扎止血。切开腹外斜肌、腹内斜肌，按肌纤维方向分离腹横肌。用镊子夹持腹膜，剪开腹膜，显露腹腔。皱胃位于切口的前方，呈囊状。

4. 穿刺减压 （同皱胃左方变位）

5. 整复皱胃及瓣胃

术者将手伸入腹腔，用手掌压住皱胃向前向下并顺时针方向翻转，再经瓣胃的下方向后牵引使其复位，并将瓣胃向后上方移动使瓣胃的中心点接近肩关节水平线，再将幽门提到关节水平线附近。

6. 预置固定线

术者手伸入腹腔内，用生理盐水纱布包在皱胃壁上并用手抓住皱胃壁轻轻向切口外牵引，以显露皱胃大弯及大网膜浅层（皱胃大弯在下方）。用弯圆针纫 18 号 1.5 m 长的缝合线，在距皱胃大弯 3～5 cm 的浅层大网膜上做第一个袋口缝合预置固定线，方法是先缝合一结节缝合，再围绕结节缝合做一周的袋口缝合并在网膜上打结，线尾暂时固定在创巾上。在第一个预置固定线后方 3～5 cm 处的浅层网膜上，再做第二个袋口缝合预置固定线。

7. 其他同皱胃左方变位

任务 3　皱胃右方顺时针扭转整复术

皱胃右方顺时针扭转是皱胃在瓣胃的下方向后向上移至瓣胃的后上方并有 180°的扭转（图 3-30），保定、麻醉、切口定位及切开腹壁同逆时针扭转。

穿刺减压　切开腹壁后将皱胃的一部分牵引出腹壁切口外，将连有长 1 m 胶管的直径为 1 cm、长度为 10 cm 的金属管在皱胃壁上血管分布较少的部位刺入皱胃，排净皱胃内的积气、积液，冲洗皱胃壁创口后全层螺旋缝合皱胃壁创口，再次冲洗后进行浆膜肌层内翻缝合。

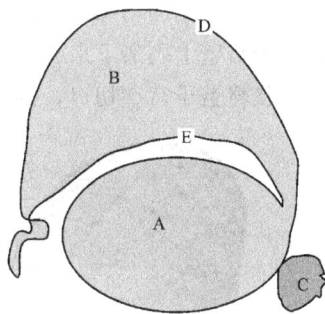

图 3-30　皱胃右方顺时针扭转
A 瓣胃　B 皱胃　C 网胃
D 皱胃大弯　E 胃小弯

整复皱胃及瓣胃　术者将手伸入腹腔用手掌压住皱胃向后向下并顺时针方向翻转皱胃，有时由于受上移皱胃的牵引使瓣胃发生 180°逆时针扭转，应将扭转的瓣胃顺时针翻转，再将瓣胃向后上方移动使瓣胃的中心点接近关节水平线，再将幽门提到关节水平线附近。其他同皱胃右方逆时针扭转。

项目 4　剖腹产手术

适应症　用于各种原因引起的难产，如胎儿严重过大，胎儿的胎势、胎向、胎位不正，胎儿畸形，产道狭窄等。

任务 1　牛剖腹产手术

1. 保定与麻醉

取左侧卧保定，全身麻醉或腰旁神经干传导麻醉配合局部浸润麻醉。

2. 切口定位

右侧腹壁髋结节至脐部连线上，自髋结节前下方 10～15 cm 处开始沿预定切开线切开 30～35 cm（图 3-31）。

3. 切开腹壁

自髋结节前下方 10～15cm 处开始向脐部方向切开皮肤 30～35 cm。再依次切开腹外斜肌、腹内斜肌、腹横肌，对出血点进行压迫止血、钳夹止血、结扎止血，用止血钳将腹膜捏起，用手术剪剪开腹膜 30～35 cm。用网膜包裹肠管向前推压以显露子宫。

图 3-31　腹壁切口定位

4. 切开子宫

术者双手伸入腹腔隔着子宫壁握住胎儿的两前肢或两后肢，将子宫角大弯搬出腹壁切口外，两边围以大块浸有生理盐水的纱布，防止血液和羊水流入腹腔。在子宫角大弯上避开子宫肉阜切开子宫壁，不切开绒毛膜（图 3-32），用四把舌钳垫上浸有生理盐水的纱布分别在子宫壁两侧的切缘上夹住子宫壁，使子宫壁外翻覆盖腹壁创口，将子宫壁切口附近的绒毛膜从子宫壁上剥离下来（图 3-33），使羊膜囊突出于子宫壁切口外（图 3-34），撕破绒毛膜并使绒毛膜覆盖子宫壁切口，排出部分胎水拉出胎儿（图 3-35），剪除子宫壁切口附近的胎膜。

图 3-32 切开子宫

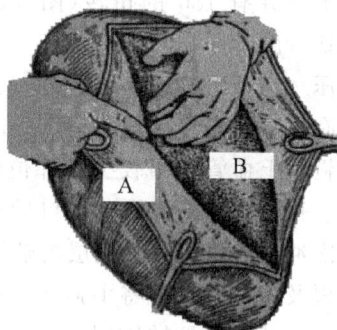

图 3-33 剥离胎膜

A 子宫壁 B 绒毛

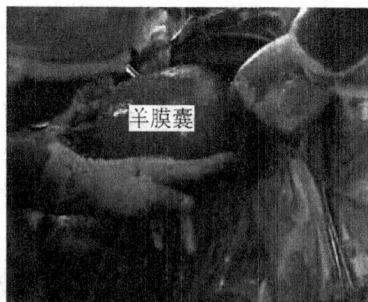

图 3-34 羊膜囊突出

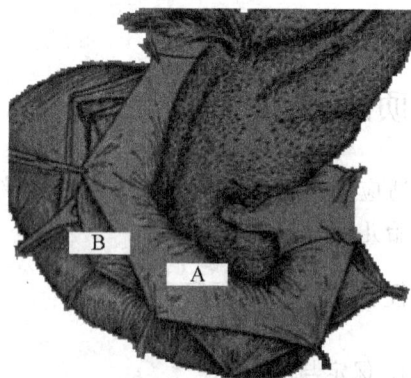

图 3-35 子宫壁和绒毛膜外翻

A 绒毛膜外翻 B 子宫壁外翻

5. 缝合子宫

用青霉素生理盐水冲洗子宫壁创口，进行全层螺旋缝合；再冲洗进行浆膜肌层内翻缝合，再次冲洗后将子宫还回腹腔，将网膜复原使其覆盖所有的肠管和子宫。

6. 缝合腹壁

依次螺旋缝合腹膜与腹横肌、腹内斜肌、腹外斜肌，结节缝合皮肤，装结系绷带。

任务 2 猪剖腹产手术

1. 保定与麻醉

取左或右侧卧保定，全身麻醉。

2. 切口定位

左或右侧腹壁髋结节至脐部连线上，腰椎横突下方 5～8 cm 处开始沿预定切开线切开 15～20 cm（图 3-36）。

3. 切开腹壁

在腰椎横突下方 5～8 cm 处开始向脐部方向切开皮肤 15～20 cm。再依次切开腹外斜肌、腹内斜肌、腹横肌，对出血点进行压迫止血、钳夹止血、结扎止血。剪除腹膜外的脂肪，用两把止血钳于切口两侧将腹膜提起，用手术剪剪开腹膜 15～20 cm，切口两边围以大块浸有生理盐水的纱布以防止肠管脱出。

4. 切开子宫

术者一手伸入腹腔握住胎猪将两侧子宫角牵出腹壁切口外，前端显露卵巢，后端显露子宫角分叉处。

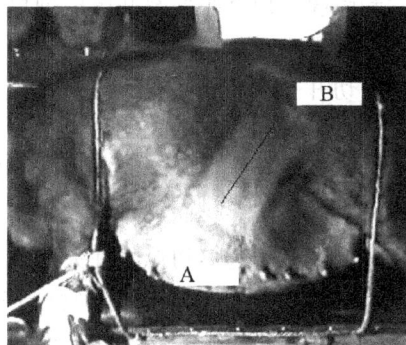

图 3-36　猪剖腹产腹壁切口

A 脐部　B 腰椎横突

在子宫体与子宫角交界处平行子宫角切开 10～15 cm，术者将手伸入子宫切口内取出切口附近的胎猪，对于远离切口的胎猪可用一手在子宫外抵住胎猪的臀部向子宫切口方向推送的同时，另一手在子宫外握住子宫向胎猪方向窜动子宫壁，直到由子宫壁切口暴露出胎猪为止，用此方法将两侧子宫角内的胎猪完全取出。通过挤压子宫角将胎衣由子宫黏膜上分离下来并取出，用 0.1% 的高锰酸钾溶液冲洗子宫腔，排净冲洗液并投放抗生素。

5. 缝合子宫、缝合腹壁

参照牛剖腹产手术。

任务 3　犬剖腹产手术

1. 保定与麻醉

取仰卧保定，全身麻醉。

2. 切口定位

下腹壁，腹白线正中切口，由脐部至耻骨前缘之间，切口长度为 10～15cm（图 3-37、图 3-38）。

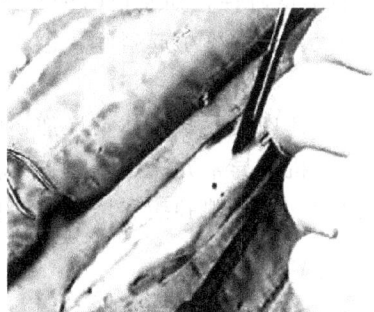

图 3-37　腹白线切口

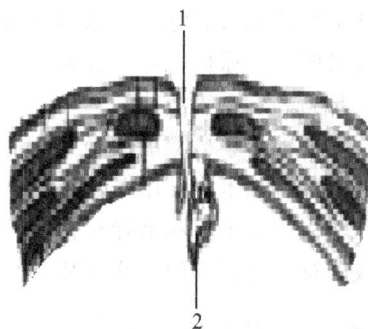

图 3-38　腹白线切口

3．切开腹壁

自脐部后方开始，沿腹白线向耻骨方向直线形切开皮肤 10～15 cm。及时止血后再切开皮下组织，用两把止血钳分别在腹白线预定切口线两侧将腹膜提起，用手术剪剪开腹白线和腹膜。用牵张器牵开腹壁创口，以显露腹腔。剪除镰状韧带，术者的中指和食指伸入腹腔将子宫角拉出腹壁切口外，在子宫壁与腹壁创口之间围以大块浸有生理盐水的纱布，防止切开子宫后胎水流入腹腔。

4．切开子宫

在子宫体与子宫角交界处的两端各缝一牵引线，将牵引线拉紧并用止血钳固定在皮肤上，在两牵引线之间平行子宫角切开 10～15 cm，术者将手伸入子宫切口内取出切口附近的仔犬，对于远离切口的仔犬可用一手在子宫外抵住仔犬的臀部向子宫切口方向推送的同时，另一手在子宫外握住子宫向仔犬方向窜动子宫壁，直到由子宫壁切口暴露出仔犬为止，用此方法将两侧子宫角内的仔犬完全取出。通过挤压子宫角将胎衣由子宫黏膜上分离下来并取出，用 0.1％的高锰酸钾溶液冲洗子宫腔，排净冲洗液并投放抗生素。

5．缝合子宫

参照牛剖腹产手术。

6．缝合腹壁

将子宫还回腹腔后用螺旋缝合法分别缝合腹膜和腹白线，再用结节缝合法缝合皮肤创口，装结系绷带。

项目 5　阉割术

除去或破坏公畜的睾丸、母畜的卵巢使其失去性机能的措施称阉割术。其中除去或破坏公畜的睾丸使其失去性机能的措施称为去势术，除去母畜的卵巢使其失去性机能的措施称为卵巢摘除术。

雄性动物去势术能使性情恶劣的公畜变得温顺，易于管理和使役；选育优良品种淘汰不良畜种；提高肉用家畜的皮毛质量和使肉质变细嫩、味美，并能加速肥育、节约饲料。另外，也可用于用其他方法治疗无效时的睾丸炎、睾丸肿瘤、睾丸创伤、鞘膜积水等疾病。公犬、猫去势术适用于犬、猫的睾丸癌或经一般治疗无效的睾丸炎。两侧睾丸都切除用于良性前列腺肥大和绝育。去势术又用于改变公犬的不良习性，如发情时的野外游走、与别的公犬咬斗、尿标记等。公犬去势后不改变公犬的兴奋性，不引起嗜睡，也不改变犬的护卫、狩猎和玩耍表演能力。

雌性动物的卵巢摘除能改变家畜的各种内分泌状态，使肉质柔嫩，体重增加；以治疗为目的的卵巢摘除术，常用于治疗因卵巢疾患而引起的性机能异常亢进的母畜。犬猫卵巢子宫切除术以用于绝育和治疗子宫积脓、感染、生殖道肿瘤、乳腺肿瘤和增生症，也用于糖尿病或因难产而伴发的子宫坏死。

任务 1　去势公牛、羊

公畜阴囊、睾丸的局部解剖。

阴囊　牛、羊的阴囊较大，悬吊于耻骨部下方、两后肢之间。是由皮肤、肉膜、睾外提肌和鞘膜组成的袋状囊，内含有睾丸、附睾和一部分精索。阴囊上方狭窄部为阴囊颈，中间粗大的部分为阴囊体，远端游离的部分为阴囊底。阴囊表面正中线上有一条阴囊缝际。将阴囊分成左右两半。在阉割手术时，阴囊缝际是切口的定位标志。肉膜位于皮肤内面，肉膜沿阴囊缝际形成一隔膜，叫做阴囊中隔，阴囊中隔将阴囊分为左右两个腔，各有一睾丸、附睾和一部分精索。鞘膜是腹膜经腹股沟管延伸至阴囊内，腹膜的壁层为总鞘膜附着于肉膜，腹膜的脏层为固有鞘膜，呈灰白色坚韧有弹性的薄膜，包在睾丸外面。总鞘膜与固有鞘膜之间形成鞘膜腔，在阴囊颈部和腹股沟管内形成鞘膜管，精索由鞘膜管通过。由总鞘膜折转到固有鞘膜的腹膜褶称为阴囊韧带，在去势手术中只有剪断阴囊韧带才能充分显露精索。

睾丸与附睾 牛、羊的睾丸呈长椭圆形，附睾体紧贴在睾丸上，附睾尾部分游离，并移行为输精管。睾丸垂直地位于阴囊内，附睾附着在睾丸的后面，附睾尾在下。

精索 精索为一索状组织，呈扁平的圆锥形，由血管、神经、输精管、淋巴管和睾内提肌等组成，上起腹股沟管内口（内环），下止于睾丸的附睾（图 3-39）。

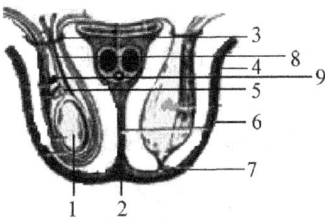

图 3-39 阴囊解剖
1 睾丸 2 阴囊缝迹
3 腹股沟内环 4 阴囊颈
5 附睾 6 阴囊体

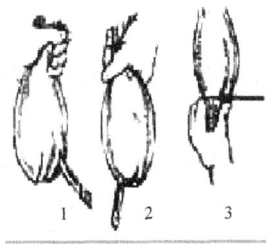

图 3-40 切开阴囊
1 纵切法 2 横切法
3 横断法

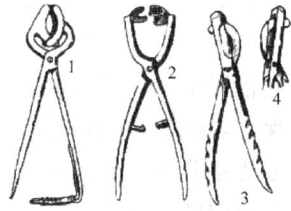

图 3-41 去势器械
1 捻转去势器—固定钳
2 捻转钳 3 挫切去势器—固定钳
4 挫切钳

保定与麻醉 取侧卧保定，一般不麻醉，对性情暴烈的公牛可采用全身麻醉。

切开阴囊 方法有三种（图 3-40），纵切法为术者左手握住牛、羊的阴囊颈部，将睾丸挤向阴囊底部，在阴囊的后面或前面距阴囊缝际外侧 1.5～2.0 cm 处，平行缝际各作一个纵切口，一刀切开阴囊各层；横切法为术者左手握住牛、羊的阴囊颈部，将睾丸挤向阴囊底部，在阴囊的底部横向一刀切开阴囊腔；横断法为术者左手捏住牛、羊的阴囊底部向下牵引使睾丸远离阴囊底，另一手持刀横向切断阴囊底。

显露精索 切开阴囊壁后挤出睾丸，剪断阴囊韧带，一手捏住睾丸，另一手向腹部方向推压阴囊壁以充分显露精索。

除去睾丸 有四种方法。常用器械见图 3-41。

结扎法 是在睾丸上方 6～8 cm 处的精索上，用弯圆针带 18 号丝线进行单纯贯穿结扎，结扎精索的结扣要求确实打紧，为此，在第一结扣系紧后，助手用止血钳立即将结扣夹住，术者再打第二结扣，当第二结扣打紧的瞬间，助手迅即将止血钳撤除，这种操作可防止结扣的松脱。在结扎线的下方 1.5～2.0 cm 处切断精索。在确定精索断端不出血后，对断端用碘酊消毒，将精索断端缩回到鞘膜管内。该法的优点是安全、迅速、止血确实。

捻转法 是在充分显露精索后，先用固定钳在睾丸上方 6～8 cm 处的精索上垂直地钳住精索，将其紧靠腹壁确实固定后，助手在距固定钳下方 2～4 cm 处装好捻转钳，慢慢地从左向右捻转精索，由慢渐快直至完全捻断为止，但不可强行拉断。断端用碘酊消毒，缓慢地除去固定钳。用同样的方法捻断另一侧精索，除去睾丸。该法安全可靠，止血确实。

挫切法　是在充分显露精索后，先在精索上装好固定钳，再紧靠固定钳装着挫切钳，钳嘴应与精索垂直。"挫齿"向腹壁侧，"切刀"向睾丸侧。然后逐渐加大压力，徐徐紧闭钳嘴，挫断精索。断端涂碘酊，经过 2～3 分钟取下挫切钳和固定钳。再按同样的操作方法去掉另侧睾丸。该去势法切口容易愈合，但止血常不够理想，容易引起术后出血。

捋断法　是在充分显露精索后，术者左手抓持睾丸，使精索处于半紧张状态，右手拇指、中指和食指夹住精索，用拇指和食指的指端反复地刮捋精索，手指向精索近心端推时用力稍重，退回时用力稍轻，采用先慢后快的手法刮捋精索，经过反复地刮捋以后，精索逐渐变细变长，直至精索被刮断为止。此法术后不易引起感染，但常常止血不够确实，容易引起术后出血。

任务 2　去势公猪

公猪阴囊、睾丸的局部解剖

猪的阴囊位于肛门下方，距肛门很近，无明显阴囊颈，在靠近肛门的一端称阴囊基部，其他同牛、羊局部解剖。

保定与麻醉　可不麻醉，左侧卧，术者位于猪的背侧，用左脚踩住颈部，右脚踩住尾根。

去势小公猪　术者用左手腕部按压猪右后肢股后，使该肢向前紧靠腹壁，以充分显露两侧的睾丸。用左手中指、食指和拇指捏住阴囊基部，把睾丸推挤入阴囊底部，使阴囊皮肤紧张，将睾丸固定在手指之间。术者右手持刀，在距离阴囊缝际 1～1.5 cm 处平行缝际切开阴囊皮肤和总鞘膜，显露出睾丸，撕断阴囊韧带，右手向肛门方向推阴囊壁，以分显露精索，然后左手捏住精索，右手固定睾丸向同一方向先慢后快捻转精索至捻断为止，断端涂 5％的碘酊。再用同样的方法除去另一侧的睾丸。切口涂碘酊消毒，切口不缝合(图 3-42)。

图 3-42　小公猪去势术保定与切口

去势大公猪　左侧卧保定，在距离阴囊缝际 1～1.5 cm 处平行阴囊缝际切开阴囊皮肤和总鞘膜，切断阴囊韧带，充分显露精索，用结扎法除去睾丸，皮肤切口一般不缝合。

任务 3　去势公犬

术前准备　术前对去势犬进行全身检查，注意有无全身变化，如体温升高、呼吸异常等，如有应待恢复正常后再行去势。还应对阴囊、睾丸、前列腺、泌尿道进行检查。若泌尿道、前列腺有感染，应在去势前一周进行抗生素药物治疗。直到感染被控制后再行去势。去势前剃去阴囊部及阴茎包皮鞘后 2/3 区域内的被毛。

麻醉与保定　全身麻醉。仰卧保定，两后肢向后外方伸展固定，充分显露阴囊部。

手术术式　术者用两手将两侧的睾丸推挤到阴囊底部，使睾丸位于阴囊缝际两侧的阴囊最低部位。从阴囊最低部位的阴囊缝际开始平行腹中线向前切开皮肤 5～6 cm，依次切开皮下组织(图 3-43)。术者左手食指、中指推顶一侧阴囊后方，使睾丸连同总鞘膜向切口外突出，并使包裹睾丸的鞘膜绷紧，固定睾丸，切开总鞘膜(图 3-44)，使睾丸从鞘膜切口内露出。术者左手抓住睾丸，右手用止血钳夹持阴囊韧带，并将阴囊韧带从附睾尾部撕下，右手将睾丸系膜撕开，左手继续牵引睾丸，充分显露精索。在精索的近心端钳夹第一把止血钳，在第一把止血钳的近睾丸侧的精索上，紧靠第一把止血钳钳夹第二、第三把止血钳。用 4 号丝线，紧靠第一把止血钳钳夹精索处进行结扎(图 3-45)，当结扎线第一个结扣接近打紧时，松去第一把止血钳，并使线结恰位于第一把止血钳的精索压痕处，然后打紧第一个结扣和第二个结扣，完成对精索的结扎，剪去线尾。在第二把与第三把钳夹精索的止血钳之间，切断精索(图 3-46)。用镊子夹持少许精索断端组织，松开第二把钳夹精索的止血钳，观察精索断端有无出血(图 3-47)，在确认精索断端无出血时，方可松去镊子，将精索断端还纳回鞘膜管内。在同一皮肤切口内，按上述同样的操作，切除另一侧的睾丸。结节缝合皮下组织和皮肤切口，装置结系绷带。

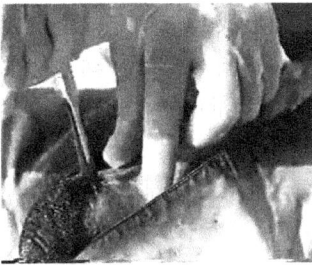

图 3-43 公犬去势术

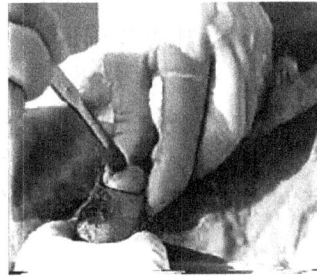

图 3-44 切开总鞘膜

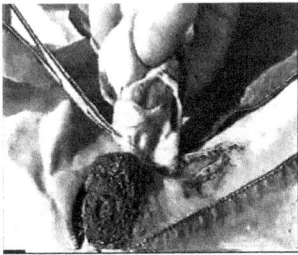

图 3-45 撕断阴囊韧带

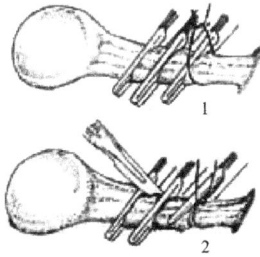

图 3-46 三钳法切断精索
1 结扎精索 2 切断精索

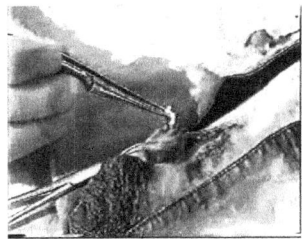

图 3-47 检查精索断端有无出血

任务 4 去势公猫

目的是为了防止猫的乱交配和对猫进行选育，对不能作为种用的公猫进行去势。公猫去势后可减少其本身特有的臭气，减少公猫发情时的性行为，如猫在夜间的叫声对周围环境的污染等。

术前准备 剃去阴囊部被毛和进行常规消毒。

保定与麻醉 全身麻醉，左侧或右侧卧保定，两后肢向腹前方伸展，猫尾要反向背部提举固定，充分显露肛门下方的阴囊。

手术术式 将两侧睾丸同时用手推挤到阴囊底部，用食指、中指和拇指固定一侧睾丸，并使阴囊皮肤绷紧。在距阴囊缝际一侧 0.5～0.7 cm 处平行阴囊缝际作一 3～4 cm 长的皮肤切口，切开肉膜和总鞘膜，显露睾丸。术者左手抓住睾丸，右手用剪刀剪断阴囊韧带，向上撕开睾丸系膜，然后将睾丸引出阴囊切口外，充分显露精索。结扎精索和去掉睾丸的方法同公犬去势术。两侧阴囊切口开放。

术后治疗与护理　一般不需治疗，但应注意阴囊区有无明显的肿胀。若阴囊切口有感染倾向，可以广谱抗生素给予治疗。

任务5　摘除猪卵巢

局部解剖　（图 3-48）猪的卵巢位于骨盆腔入口顶部两侧，其位置因年龄大小不同而稍有差异。一般小母猪靠上，大母猪稍靠下，性成熟前，即生后 2～4 个月龄小猪的卵巢呈卵圆形或肾形，小豆大，表面光滑，颜色淡红，位于骨盆腔入口两侧的上部，接近性成熟期，即大约 5～6 个月龄的母猪，卵巢表面有高低不平的小卵泡，形似桑椹，卵巢位置也稍下垂前移，在第六腰椎前缘或髋结节前端的断面上。达性成熟以后，根据性周期的不同时期，卵巢有大的卵泡、红体或黄体凸出于卵巢表面，因而形成结节状。卵巢游离地连于卵巢系膜上。在性成熟以后，卵巢系膜加长，致使卵巢位置又稍向前向下移动；从前后来看，卵巢在髋结节前缘之前约 4 cm 的横断面附近。输卵管为位于卵巢和子宫角之间的一条细管，呈粉红色。子宫为双角子宫中的长角子宫，位于骨盆腔入口两侧，游离地连于子宫阔韧带上。包括子宫角、子宫体和子宫颈三部分。两个子宫角会合的粗短部分叫子宫体。

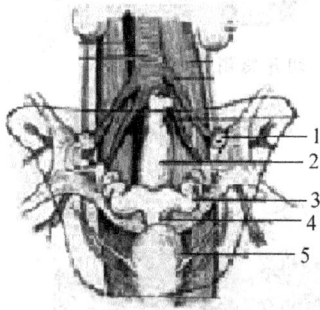

图 3-48　母猪局部解剖
1 卵巢　2 直肠　3 子宫角　4 子宫颈　5 膀胱

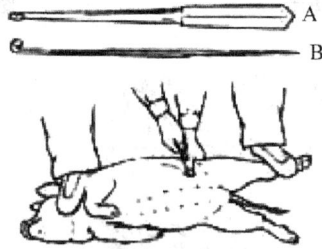

图 3-49　小挑花的保定与切口定位

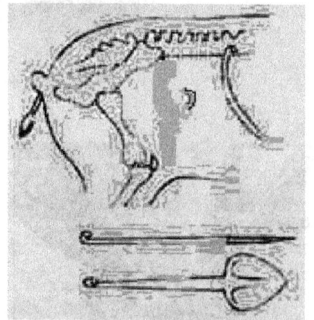

图 3-50　大挑花切口位置

1. 小挑花（切除卵巢及子宫）

适用于 1～1.5 月龄、体重 5～15 kg 的小母猪。术前禁饲 8～12 小时。

保定　取右侧卧，术者左手提起小母猪的左后肢，右手抓住猪左膝前皱襞轻轻摆动猪体，使猪头在术者右侧，尾在术者左侧，背向术者。当猪头右侧着地后，术者右脚立即踩住猪的颈部，脚跟着地，脚尖用力，以限制猪的活动，与此同时，将猪的左后肢向后伸直，左脚踩住猪左后肢的跗部，使猪的头部、颈部及胸部呈侧卧，腹部呈仰卧姿势（图 3-49）。

切口定位　由左侧髋结节向腹中线所引的垂线交于左侧乳头外侧 2 cm 处为基本切口位置，由于猪的营养、发育和饥饱状况不同，切口位置也略有不同。猪只营养良好，发育早，子宫角也相应地增长快而粗大，因而切口也稍偏前；猪只营养差，发育慢，子宫角也相应增长慢而细小，因而切口可稍偏后；饱饲而腹腔内容物多时，切口可稍偏向腹中线侧，空腹时切口可适当偏向侧腹壁侧。即所谓"肥朝前、瘦朝后、饱朝内、饥朝外"。

手术术式　术者以左手中指顶住猪左侧髋结，然后以拇指压在左乳头外 2 cm 的腹壁上，使中指与拇指的连线垂直地面，拇指用力向下压，使左手拇指所压迫的腹壁与中指所顶住的髋结尽可能地接近，术者右手持刀，用拇指和食指控制刀刃的深度，在左手拇指的前方靠近拇指平行体轴方向垂直切开皮肤，退出手术刀，将刀柄游离端放入皮肤切口内，用力向下戳破腹壁，子宫角随腹水涌出切口外，若子宫角不能自动涌出，可将小挑刀柄伸入切口内，使刀柄钩端在腹腔内呈弧形划动，子宫角可随刀柄的划动而涌出切口外。当部分子宫角涌出切口外后，术者左手拇指仍用力下压腹壁切口边缘，防止过早抬手，以免子宫角缩回入腹腔内。术者右手拇指、食指捏住涌出切口外的部分子宫角，并用右手的拇指、中指和无名指背部下压腹壁，以替换下压腹壁切口的左手拇指。再用左手拇指、食指捏住子宫角，手指背部下压腹壁，两手交替地导引出两侧子的宫角、卵巢和部分子宫体。然后用手指钝性挫断子宫体，术者提起猪的后肢使猪头下垂，并稍稍摆动一下猪体后松解保定，让猪自由活动。

2. 大挑花（单纯摘除卵巢）

适用于 3 月龄以上、体重在 17 kg 以上的母猪。在发情期最好不进行手术，因发情时卵巢、子宫充血，容易造成出血。手术前禁饲 6 小时以上。

保定　左侧或右侧卧均可。术者位于猪的背侧，用右脚踩住猪颈部，助手将两后肢向后下方伸直。50 kg 以上的母猪应增加保定人员，由保定人员保定猪头部和控制两后肢。

切口定位　欹部三角区中央切口（图 3-50）。

手术术式　术者左手拇指按压切口边缘，并使术部皮肤紧张。右手持刀将术部皮肤作半月形切口，长约 3～4cm。经皮肤切口内伸入左手食指，垂直地钝性刺透腹肌和腹膜，若手指不易刺破腹肌和腹膜时，可用刀柄先刺透一个小孔，然后再用食指扩大腹肌和腹膜切口，左手中指、无名指和小指屈曲下压腹壁，食指经切口伸入腹腔内探查卵巢，卵巢一般在第二腰椎下方骨盆腔入口处的两旁（个别的在骨盆腔内），当食指端触及到卵巢后，用指端将卵巢压在腹壁上的同时慢慢地将卵巢沿腹壁移动至切口处，右手用大挑刀柄插入切口内，将钩端与左手食指指端相对将卵巢拉出切口外。卵巢一旦引出切口外，术者左手食指迅即伸入切口内，堵住切口以防卵巢回缩入腹腔内。左手中指、无名指和小手指屈曲下压腹壁的同时，食指越过直肠下方进入对侧腹腔探查另一个卵巢，同法取出卵巢。两侧卵巢都导引出切口外后，结扎输卵管和卵巢悬吊韧带，用手术刀切断输卵管和卵巢悬吊韧带。对腹膜、肌肉、皮肤进行全层连续缝合。

任务 6　摘除犬、猫卵巢及子宫

局部解剖　卵巢细长而表面光滑，犬卵巢长约 2 cm，猫卵巢长约 1 cm。卵巢位于同侧肾脏后方 1～2 cm 处。右侧卵巢在降十二指肠和外侧腹壁之间，左卵巢在降结肠和外侧腹壁之间或位于脾脏中部与腹壁之间，通过卵巢悬吊韧带与肾脏相连。输卵管前端与卵巢相连后端与子宫角相连。犬和猫的子宫很细小，甚至经产的母犬、母猫子宫也较细。子宫由颈、体和两个长的角构成。子宫角几乎是向前伸直的。子宫阔韧带为把卵巢、输卵管和子宫附着于腰下外侧壁上的脏层腹膜褶。子宫阔韧带悬吊除阴道后部之外的所有内生殖器官，可区分为相连续的三部分：子宫系膜，来自骨盆腔外侧壁和腰下部腹腔外侧壁，至阴道前半部、子宫颈、子宫体和子宫角等器官的外侧部；卵巢系膜，为阔韧带的前部，自腰下部腹腔外侧壁，至卵巢和固定卵巢的韧带；输卵管系膜，附着于卵巢系膜并与卵巢系膜一起组成卵巢囊。卵巢动脉起自肾动脉至髂外动脉之间的中点，它的大小、位置和弯曲的程度随子宫的发育情况而定。在接近卵巢系膜内，分作两支或多支，分布于卵巢、卵巢囊、输卵管和子宫角。至子宫角的一支，在子宫系膜内与子宫动脉相吻合。子宫动脉起自阴部内动脉，分布于子宫阔韧带内，沿子宫体、子宫颈向前延伸，并且与卵巢动脉的子宫支相吻合(图3-51)。

术前准备　术前禁饲12小时以上，禁水2小时以上。对犬进行全身检查，对因子宫疾病进行手术的动物，术前应纠正水、电解质代谢紊乱和酸碱平衡失调。

麻醉与保定　全身麻醉，仰卧保定。

手术通路　脐后腹中线切口，根据动物体型的大小，切口长约4～10 cm(图3-52)。

手术术式　沿切口线切开皮肤、皮下组织及腹白线、腹膜，显露腹腔。术者持卵巢子宫切除钩或米氏钳或弯嘴止血钳等器械，伸入腹壁切口内探查右侧子宫角。先探查右侧子宫角，可避免探查左侧子宫角时脾脏对卵巢的干扰。术者将子宫切除钩或米氏钳或弯嘴止血钳的钩端对着腹腔内面，沿着腹壁将钩伸入腹腔背侧壁，当钩到达腹腔内脊背部时，将钩旋转180°角，钩端对着腹壁面，从脊背部沿着腹壁向切口处探查子宫角，将子宫角拉出切口外，用生理盐水纱布覆盖在子宫角上，用手抓持固定，以防缩回到腹腔内(图3-53)。

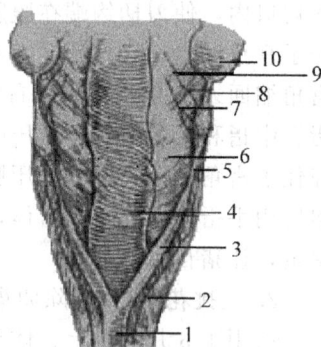

图 3-51　犬局部解剖
1 子宫体　2 子宫动脉　3 子宫角
4 直肠　5 输卵管　6 子宫阔韧带
7 卵巢动脉　8 悬吊韧带
9 卵巢静脉　10 肾脏

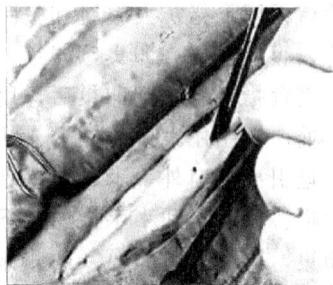

图 3-52　腹壁切口

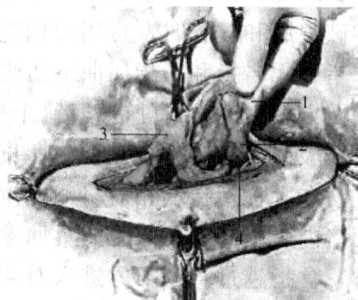

图 3-53　导出子宫角
1 子宫角卵巢悬吊韧带　2 卵巢　3 子宫体　4 子宫阔韧带

术者继续向切口外牵引子宫角，可显露出子宫角前端的卵巢。继续向外牵引子宫角和卵巢，即可显露卵巢悬吊韧带。左手牵引子宫角，右手的食指端向卵巢悬吊韧带的前方和背面进行钝性分离，以便显露足够长度的卵巢悬吊韧带。分离时应仔细，以防撕破卵巢动脉、静脉血管。在卵巢悬吊韧带被充分显露后，用"三钳法"切断卵巢悬吊韧带，方法是在卵巢系膜无血管区切一小口，经此切口对卵巢悬吊韧带装置三把止血钳。第一把止血钳在紧靠卵巢的悬吊韧带上钳夹，依次在第一钳的外侧(即肾脏侧)的悬吊韧带上装置第二把、第三把止血钳。这样就完全夹闭了卵巢悬吊韧带内的动脉、静脉血管。在第三把止血钳的外侧紧靠第三把止血钳的近肾脏侧的悬吊韧带上，用4～7号丝线集束结扎卵巢悬吊韧带、卵巢动脉、卵巢静脉，当第一个结扣接近拉紧时，松去第三把止血钳，使线结恰位于钳痕处，迅即拉紧结扎线并完成结扣，剪去线尾。在第一与第二把止血钳之间切断卵巢悬吊韧带和卵巢动、静脉血管，用镊子夹持卵巢悬吊韧带断端的少许组织，再松开第二把止血钳，在确信断端无出血情况下松去镊子，卵巢悬吊韧带肾脏端的断端迅即缩回到腹腔内。将另一侧子宫角和卵巢全部拉出切口外，用同样的方法截断另一侧的卵巢悬吊韧带、卵巢动脉、卵巢静脉(图 3-54)。

　　两侧卵巢和子宫角完全拉出切口外后，显露子宫体。成年犬子宫体两侧的子宫动脉应进行双重结扎后切断(图 3-55)，在子宫颈侧的子宫体上先安装第一把止血钳，再在第一把止血钳的子宫角侧依次安装第二把、第三把止血钳，在第一把止血钳的子宫颈侧靠近第一把止血钳结扎子宫体，在第二把与第三把止血钳之间切断子宫体(图 3-56、图 3-57)，用镊子夹持子宫体侧子宫体断端的少许组织，再松开第二把止血钳，在确信断端无出血情况下松去镊子，对幼犬可将子宫体及其子宫体两侧的子宫动脉一起进行集束结扎后切断。子宫体切断的部位对健康犬可在子宫体稍前方经结扎后切断；当子宫内感染时，子宫体切断的部位尽量靠后，以便尽量除去感染的子宫内膜组织。切断子宫角外侧的子宫阔韧带和输卵管系膜(图 3-58)，这样就可将子宫角和卵巢切除。

　　如果是单纯绝育手术，只需要摘除卵巢而不必做子宫切除术，方法是在卵巢侧输卵管对应的输卵管系膜上切一小切口(图 3-54)，经此切口用三钳法切断输卵管，再切断与卵巢相连的输卵管系膜，卵巢即被切除，再用同样的方法切除另一侧的卵巢，而保留完整的子宫。

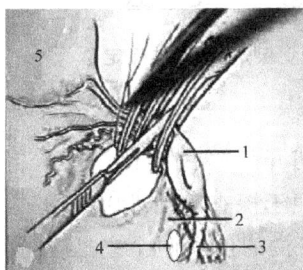

图 3-54　切断卵巢悬吊韧带
1 卵巢　2 子宫阔韧带
3 输卵管　4 切断输卵管
的输卵管系膜切口　5 肾脏

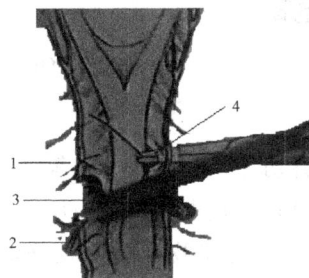

图 3-55　结扎子宫动脉
1 结扎子宫动脉第一点　2 结扎子
宫动脉第二点　3 切断子宫
动脉　4 结扎另一侧子宫动脉

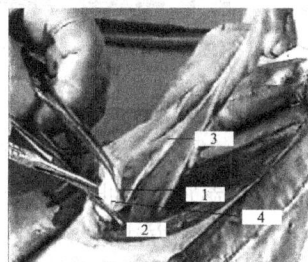

图 3-56　切断子宫体
1 第三把止血钳　2 第二把止血钳
3 子宫角　4 剪断子宫

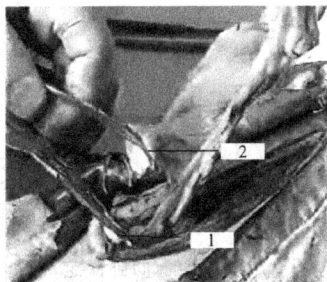

图 3-57　切断子宫体
1 子宫颈侧断端　2 子宫角侧断端

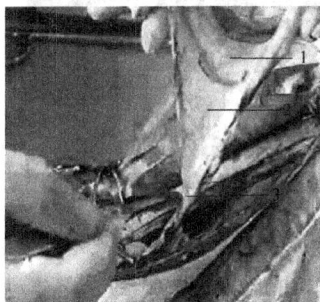

图 3-58　切断子宫阔韧带
1 子宫角　2 子宫阔韧带　3 手术刀

腹壁切口按常规缝合。

术后治疗与护理 术后 10～12 天内限制动物剧烈活动，手术切口用绷带包扎，防止动物自身舔切口。术后 6～8 天拆除缝线。术后 6～7 天全身应用抗生素以防止感染。

●●●● 必备知识

外科手术基本操作

一、保定手术动物

1. 站立保定

主要用于牛的瘤胃切开术、剖腹探查术、肠变位整复及肠坏死切除术。优点是腹内压力小便于探查和处理病变；便于手术过程中的渗出液、血液及胃肠切开时的内容物排出体外，以防止污染腹膜腔(图 3-59、图 3-60)。

图 3-59 柱栏内站立保定

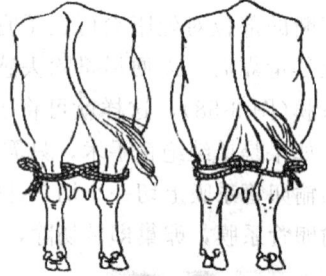

图 3-60 柱栏外站立保定(两后肢保定)

2. 侧卧保定

主要用于牛的剖腹产手术、皱胃切开术和脐疝手术等。优点是切开腹壁后便于护理腹腔内器官，防止肠管脱出于腹壁切口外。缺点是腹腔内压力大，不便于探查和处理腹腔内的病变。方法是将病牛横卧于地面上，两前肢和两后肢分别系于柱栏的前后两个立柱上(如图 3-61)。

3. 仰卧保定

主要用于小动物的腹部手术。优点是切开腹壁后腹腔内脏器不易脱出腹壁切口外，并且便于探查和处理腹腔内的病变器官(如图 3-62)。

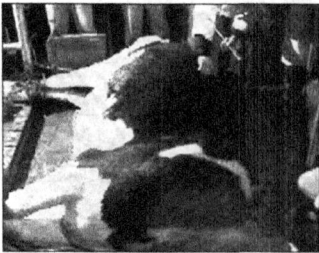

图 3-61 侧卧保定

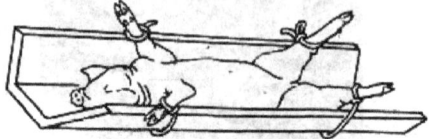

图 3-62 仰卧保定

二、术前消毒

灭菌术是在外科范围内防止伤口(包括手术创)，发生感染的综合性预防性技术，是指用物理方法彻底杀灭一切微生物，如高压蒸气灭菌。而使用各种化学消毒剂达到抗感染的目的称为抗菌术。在手术过程中通常把灭菌术和抗菌术配合起来应用，以达到抗感染的目的。

（一）消毒手术器械

1. 煮沸灭菌

用一般铝锅、铁锅或特制的煮沸消毒器，用前应刷洗干净，灭菌器盖应严密。在煮沸灭菌器内加入蒸馏水或沉淀开水至淹没所有器械，加热煮沸 3～5 分钟后将器械放到灭菌器内，待第二次水沸时开始计算时间，15 分钟可将一般的细菌杀死，60 分钟以上可将细菌芽胞杀死，如果是消毒玻璃器械，应在加热前的冷水中放入，以防玻璃猛然遇热而破裂。可广泛地应用于手术器械和常用物品的消毒。如金属器械、玻璃器械、橡胶制品的消毒。

2. 高压蒸气灭菌法

高压蒸气灭菌需用特制的灭菌器，灭菌的原理是利用蒸气在容器内的积聚而产生压力，使容器内的温度高于常压下水沸腾的温度。通常使用的蒸气压大约为 0.1～0.137 Mpa，温度可达 121.6 ℃～126.6 ℃。老式的高压蒸气灭菌器的压力表以磅/英寸^{2}为单位，所需蒸气压为 15～20 磅/英寸^2，温度在 121.6 ℃～126.6 ℃范围内。维持 30 分钟左右，能杀灭所有的细菌，包括具有顽强抵抗力的细菌芽胞。

在消毒前应向灭菌器内加水，水应浸过加热管，然后放入套桶和装入待消毒的物品。手术器械应分门别类，清点装于袋内，各种敷料、缝合材料清点后用布袋包好。向灭菌器内装入应有顺序，应将手术中最先用的物品放在锅的上面，如衣服、手套、创巾等。装好后拧紧锅盖上的螺丝通电加热，待锅内水沸腾，压力表上升时，打开排气阀，放掉锅内的冷空气后，关闭排气阀，继续加热，待温度表指示的温度达到 121.6 ℃～126.6℃时，维持 30 分钟。在加热过程中，由于锅内压力过大，排气减压阀会自动放气。消毒完毕，打开排气阀立即放气，待气压表指示至 0 处，打开灭菌器盖及时取出锅内物品，放入器械托盘内，准备手术。切记不可待其自然降温冷却后再取出，否则物品变湿，妨碍使用。

3. 化学消毒法

作为消毒手段，化学药品消毒效果并不理想，尤其是对细菌的芽胞难于杀灭。化学药品的消毒能力受到药物浓度、温度、作用时间等因素的影响。常用于金属器械、玻璃器械、橡胶制品的消毒。

（1）新洁尔灭浸泡法　使用时配成 0.1％的溶液，市售的为 5％的水溶液，使用时 50 倍稀释即成 0.1％溶液。手术器械浸泡 30 分钟，不用灭菌水冲洗，可直接应用，对组织无损害，使用方便；新洁尔灭不可与肥皂、碘酊、升汞、高锰酸钾和碱类药物混合应用。

（2）酒精浸泡法　一般采用 70％的酒精，浸泡不少于 30 分钟，可达理想的消毒效果，但消毒后需用灭菌生理盐水冲洗后方可使用。

（3）煤酚皂溶液（又称来苏儿）浸泡法　用 5％的来苏儿溶液浸泡器械 30 分钟，使用前需用灭菌生理盐水冲洗干净。

（4）甲醛溶液（福尔马林）浸泡法　用 10％的甲醛溶液浸泡 30 分钟，使用前须用灭菌生理盐水充分清洗后方可应用。

4. 火焰灭菌

主要用于大型或紧急使用的器械及搪瓷盘等的消毒。大型或紧急使用的器械用镊子夹取酒清棉球点燃烧烤即可；搪瓷盘擦净后，倒入 95％酒清适量，点燃后转动使其均匀燃烧。

(二)消毒手术人员

1. 消毒前的准备

手术人员在术前应穿着清洁的衣服和鞋套，上衣最好是短袖衫以充分裸露手臂，并戴好手术帽和口罩。手术帽应把头发全部遮住，要求帽的下缘应达到眉毛上缘和耳根顶端。手术口罩应完全遮住口和鼻，防止手术中发生飞沫污染和滴入污染。手、臂用肥皂反复擦刷和用流水充分冲洗以进行初步的机械性清洁处理。擦刷顺序为先对指甲缝、指端进行仔细地擦刷，然后按手指端、指间、手掌、掌背、腕背、前臂、肘部及以上顺序擦刷，刷洗5～10 分钟，然后用流水将肥皂沫充分洗去。

2. 消毒手臂

将擦刷过的手臂浸泡在以下的化学药品内，可选用其中一种进行浸泡。

用70％的酒精浸泡或拭洗 5 分钟，浸泡前应将手、臂上的水分拭干，以免降低酒精浓度；0.1％的新洁尔灭溶液浸泡 5 分钟，浸泡完毕后，用无菌巾拭干。用酒精浸泡消毒后，用2％的碘酊涂擦指甲缘、指端后，再用 70％的酒精脱碘，穿手术衣和戴灭菌手套（图 3-63、图 3-64）；用新洁尔灭浸泡消毒后的手臂，自然干燥后穿手术衣。

穿手术衣时用两手拎起衣领部，放于胸前将衣服向上抖动，双手趁机伸入上衣的两衣袖内，助手协助手术人员在背后系上衣带，然后再戴灭菌手套，双手放在胸前轻轻举起妥善保护手臂，准备进行手术。

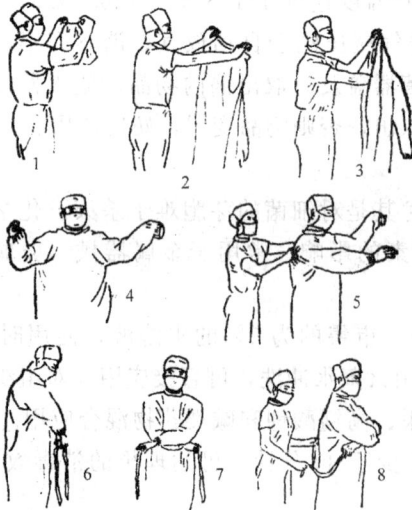

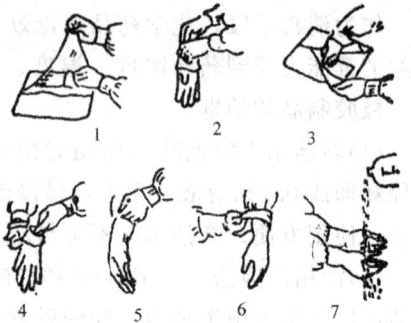

图 3-63　穿手术衣　　　　图 3-64　戴灭菌手套

(三)消毒手术部位

1. 清除术部被毛

家畜的被毛浓密，容易沾染污物，并藏有大量的微生物，因此手术前必须用肥皂水刷洗术部及周围大面积的被毛，然后剪毛、剃毛，范围要超出切口周围20～25 cm，剃完毛后，用肥皂反复擦刷并用清水冲净，最后用灭菌纱布拭干。

2. 消毒术部

术部的皮肤消毒，是先涂擦 5% 的碘酊再涂擦 70% 的酒精，在消毒时要注意：无菌手术，应由手术区中心部向四周涂擦，如是已感染的创口，则应由外围向中心涂擦（图 3-65）。消毒的范围要相当于剃毛区。碘酊消毒后必须稍待片刻，待完全干后，再以 70% 的酒精将碘酊擦去，以免碘沾及手术器械，带入创内造成不必要的刺激。

3. 隔离术部

采用大块有孔手术巾覆盖于手术区，仅在中间露出切口部位，使术部与周围完全隔离（图 3-66）。

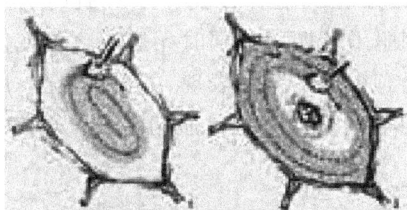

图 3-65　术部消毒
左图：无菌手术创　右图：化脓感染创

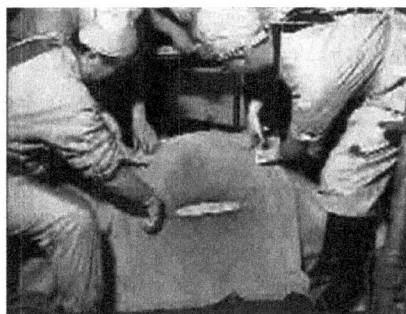

图 3-66　术部隔离

（四）消毒手术场所

手术室的基本要求是有足够的面积，一般在 25～40 m² 之间；有良好的排水系统；配有无影灯和其他照明设备；配备手术台、保定架及保定绳；齐全的麻醉药品和止血药品。

1. 紫外线灯照射消毒

仅用于空气的消毒，可明显减少空气中细菌的数量，同时也可杀灭物体表面上附着的微生物。手术前照射 2 小时，有明显的杀菌作用。但光线照射不到之处则无杀菌作用，照射距离以 1 m 以内最好。

2. 化学药物熏蒸消毒

这类方法效果可靠，消毒彻底。首先应对手术室进行清洁扫除，然后将门窗关闭，做到较好的密封，然后再施以消毒药的蒸气熏蒸。

甲醛熏蒸法（福尔马林加热法）　在一个抗腐蚀的容器中（多用陶瓷器皿）加入 40% 的甲醛水溶液，每立方米的空间用 2 mL，加入等量的常水，就可以加热蒸发。使其蒸持续熏蒸 4 小时，可杀灭细菌芽胞、细菌繁殖体、病毒和真菌等。

福尔马林加氧化剂消毒　按计算量准备好所需的 40% 甲醛溶液，放置于耐腐蚀的容器中，按其毫升数值的一半称取高锰酸钾粉。使用时，将高锰酸钾粉直接小心地加入甲醛溶液中，然后人员立刻退出手术室，数秒钟之后便可产生大量烟雾状的甲醛蒸气，消毒持续 4 小时。

乳酸熏蒸法　乳酸用于消毒室内的空气早已被人们所知。使用乳酸原液 10～20 mL/100 m³，加入等量的常水加热蒸发，持续加热 60 分钟，效果可靠。

三、术前麻醉

(一)全身麻醉

应用全身麻醉剂对中枢神经系统的广泛性产生抑制作用,从而暂时使机体的意识、感觉、反射和肌肉张力部分或完全丧失的一种麻醉方法称为全身麻醉。

1. 全身麻醉牛

为防止麻醉后发生呕吐,应在麻醉前禁食 24 小时;为了减少唾液腺和支气管腺等腺体的分泌,常采用小剂量(每千克体重 0.4 mg)的阿托品作为麻醉前用药;为了预防瘤胃臌胀,可在麻醉前 30 分钟灌服食醋 0.5~1 kg,或灌适量的鱼石脂酒精,同时也应备有胃管和瘤胃放气套管针。

隆朋或静松灵每千克体重 0.2~0.6 mg,速眠新每 100 千克体重 0.6 mL,肌肉注射,一般可于 7~15 分钟内进入麻醉状态。表现为精神沉郁、嗜眠、头颈下垂、眼半闭、唇下垂、大量流涎,绝大多数牛只站立不稳,俯卧,头部多扭向躯体一侧,全身肌肉明显松弛,少数牛只可见舌肌松弛并伸出口腔外。此时针刺躯干及四肢上部时无痛感,可在侧卧保定下进行各种手术,但前肢末端、鼻镜等处有时仍有镇痛不全的表现。此种情况一般可维持 1 小时以上。如手术完毕而使牛尽快苏醒,用同等剂量的苏醒灵肌肉注射,可在 1~2 分钟苏醒。

2. 全身麻醉羊

麻醉时的注意点及所需采用的措施基本同牛。

隆朋或静松灵,肌肉注射一次量每千克体重 1~2 mg。速眠新,每 100 千克体重 0.1~0.15 mL。

3. 全身麻醉猪

戊巴比妥钠　静脉内注射一次量每千克体重 10~25 mg,麻醉约 30~60 分钟,苏醒时间约 4~6 小时,此剂量也可采用腹腔注射。一般大猪(50 kg 以上)采用小剂量(每千克体重 10 mg),小猪(20 kg 以下)采用大剂量(每千克体重 25 mg)。

硫贲妥钠　静脉内注射一次量每千克体重 10~25 mg(小猪用高剂量即每千克体重 25 mg)。麻醉时间 10~25 分钟,维持时间 0.5~2 小时。腹腔注射一次量每千克体重 20 mg,麻醉时间 15 分钟,苏醒时间约 3 小时。限于短小手术,或作为吸入麻醉的诱导。

噻胺酮(复方氯胺酮)效果较好,其中含有一定量的苯乙哌酯,故可以减少腺体的分泌,并减轻对心血管的副作用。噻胺酮的给药方法与猪只体重的大小有关系,体重在 50 kg 以下的猪,在颈部耳根后方处肌肉注射。一般肌肉注射的剂量是每千克体重 10~15 mg。给药后动物没有兴奋现象,大约 5 分钟后会失去平衡,然后自己侧卧,呼吸平稳而均匀,肌松好,平稳进入麻醉状态,持续 60~90 分钟不等。但苏醒后的恢复期较长,可达 7~8 小时之久,有时甚至更长。体重在 50 kg 以上的猪应采用静脉给药,剂量为每千克体重 5~7 mg,缓慢静注。在静注前按每千克体重 0.2 mg 肌肉注射咪唑安定效果更好。

4. 全身麻醉犬

隆朋、静松灵、速眠新麻醉　在全身麻醉前,肌肉注射阿托品每千克体重 0.5~5 mg。隆朋或静松灵每千克体重 1.5~1.8 mg,速眠新纯种犬每千克体重 0.05~0.1 mL,杂种犬每千克体重 0.1~0.15 mL,肌肉注射,可在 5 分钟左右进入麻醉状态,麻醉持续时间 1~2 小时。如手术完毕而犬尚未苏醒，可用同等剂量的苏醒灵肌肉注射。

氯胺酮　注射阿托品后 15 分钟，肌肉注射氯胺酮每千克体重 10~15 mg，5 分钟后产生药效。麻醉时间 90 分钟。

氯丙嗪与氯胺酮复合麻醉　麻醉前肌肉注射阿托品，10~15 分钟后肌肉注射氯丙嗪每千克体重 3~4 mg，15 分钟后再肌肉注射氯胺酮每千克体重 5~9 mg，麻醉平稳，麻醉时间 30 分钟。

隆朋与氯胺酮复合麻醉　麻醉前肌肉注射阿托品，先肌注隆朋每千克体重 1~2 mg，15 分钟后肌注氯胺酮每千克体重 5~15 mg。持续 20~30 分钟。

安定与氯胺酮复合麻醉　安定每千克体重 1~2 mg，肌肉注射，15 分钟后再肌注氯胺酮每千克体重 5~15 mg 也能产生平稳的全身麻醉。

5. 全身麻醉猫

隆朋、静松灵、速眠新　麻醉前肌肉注射阿托品，10~15 分钟后肌肉注射隆朋或静松灵每千克体重 1.8~2.1 mg，纯种猫剂量稍减。速眠新纯种猫每千克体重 0.1 mL，杂种猫每千克体重 0.1~0.15 mL，个别猫剂量增加到每千克体重 0.2~0.3 mL，肌肉注射。

氯胺酮　麻醉前肌注阿托品，10~15 分钟后肌肉注射氯胺酮每千克体重 10~30 mg，可使猫产生麻醉，麻醉时间 30 分钟左右。

隆朋与氯胺酮复合麻醉　麻醉前肌肉注射阿托品，15 分钟后先肌注隆朋每千克体重 1~2 mg，再经 15 分钟，肌注氯胺酮每千克体重 5~15 mg。

氯丙嗪与氯胺酮复合麻醉　首先以盐酸氯丙嗪肌肉注射，剂量为每千克体重 1 mg，15 分钟后再肌肉注射氯胺酮，每千克体重 15~20 mg。

（二）局部麻醉

应用局部麻醉剂有选择性的暂时阻断神经末梢、神经纤维以及神经干的冲动传导，从而使其分布或支配的区域内的痛觉暂时减弱或消失的一种麻醉方法。

1. 表面麻醉

将麻醉剂直接与组织表面接触，以麻醉其神经末梢，使该区域失去痛觉的方法。眼结膜和角膜用 0.5% 的丁卡因或 2% 的利多卡因；鼻、口腔、直肠黏膜用 1%~2% 的丁卡因或 2%~4% 的利多卡因；每隔 5 分钟用药一次，共 2~3 次。一般采用滴入、涂抹、填塞或喷雾等方法，将局部麻醉药作用于局部组织黏膜而达到麻醉效果。

2. 浸润麻醉

沿手术预切口皮下或深部分层注射局部麻醉剂，以麻醉神经末梢或神经干，使该区域失去痛觉的方法。常用浓度为 0.5%~1% 的盐酸普鲁卡因或利多卡因。麻醉方法是将针头刺至皮下，边注药边推进针头至所需的深度及长度。分为直线浸润、菱形浸润、扇形浸润、基部浸润、分层浸润（图 3-67）。

3. 传导麻醉

在神经干周围注射局部麻醉药，使其所支配的区域失去痛觉的方法。

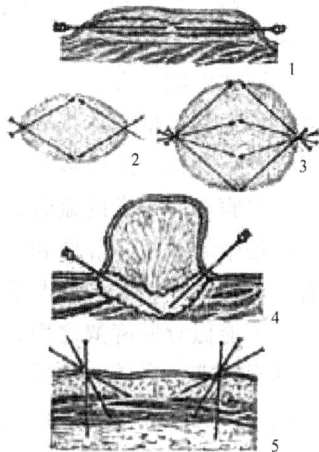

图 3-67　浸润麻醉
1 直线浸润　2 菱形浸润
3 扇形浸润　4 基部浸润
5 分层浸润

腰旁神经干传导麻醉牛：是同时麻醉最后肋间神经、髂下腹神经与髂腹股沟神经。最后肋间神经刺入点：用手触摸第一腰椎横突游离端前角，在前角附近将针头刺入，深达腰椎横突前角骨面，将针尖沿前角骨缘再向下方刺入 0.5～0.7 cm，注射 2%～3% 的盐酸普鲁卡因注射液 10 mL，以麻醉最后肋间神经的深侧支。注射时应左右摆动针头，使药液在组织内扩散。然后将针头提至皮下，再注入 10 mL，以麻醉最后肋间神经的浅侧支。髂下腹神经的刺入点：用手触摸第二腰椎横突游离端后角，将针头垂直皮肤刺入，深达横突骨面，将针沿横突后角骨缘，再向下刺入 0.7～1 cm；注射药液 10 mL，然后将针退至皮下注射 10 mL。髂腹股沟神经刺入点：于第四腰椎横突游离端前角进针，深达腰骨面，将针尖沿前角骨缘再向下方刺入 0.7～1 cm，注射 2%～3% 的盐酸普鲁卡因注射液 10 mL，然后将针头提至皮下，再注入 10 mL。每次注药前均应回抽，无血无气方可注药，以免将药液注入血管或腹腔（图 3-68）。

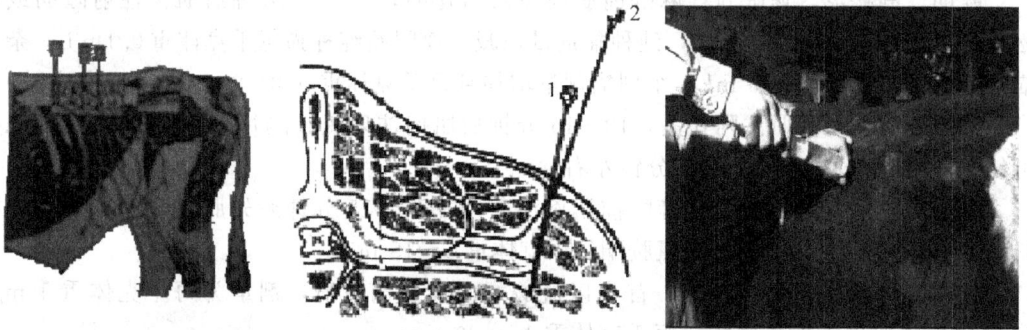

图 3-68   牛腰旁神经干传导麻醉

左图：麻醉部位　　　　中图：刺入深度（1 骨缘下注射部位　2 皮下注射部位）　　右图：注射药物

4. 脊髓麻醉

将局部麻醉药注射到椎管内，阻滞脊神经的传导，使其所支配的区域失去痛觉的方法。

局部解剖　脊柱由很多椎骨连接而成，各个椎骨的椎孔贯连构成椎管。脊髓位于椎管之中。在两个椎骨连接处的两侧各有一孔，称椎间孔，为脊神经通过的地方。

脊髓外被三层膜包裹：外层为脊硬膜，厚而坚韧；中层为脊蛛网膜，薄而透明；内层为脊软膜，有丰富的血管。在脊硬膜与椎管的骨膜之间有一较宽的间隙称为硬膜外腔，内含疏松结缔组织、静脉和大量脂肪，两侧脊神经即在此经过，向腔内注入麻醉药，可阻滞若干对脊神经；脊硬膜与脊蛛网膜之间有一狭窄的腔，称为硬膜下腔。此腔往往紧贴一处，不能做脊髓麻醉之用；脊蛛网膜与脊软膜之间形成一较大腔隙，称为蛛网膜下腔，内含脑脊髓液，向前与脑蛛网膜下腔相通，麻醉药注入此腔可向前、后扩散，阻滞若干对在此经过的脊神经根（图 3-69、图 3-70）。

5. 硬膜外腔麻醉

腰荐部硬膜外腔麻醉：在最后腰椎与第一荐椎间隙中点的背中线上垂直刺针 5～7 cm，当阻力明显减小时在穿刺针的针尾上滴一滴生理盐水，若水滴被吸进去即证明已刺入硬膜外腔，连接注射器注射 2% 的盐酸普鲁卡因 20～25 mL，可用于牛的开腹术以及后肢、尾等的手术。

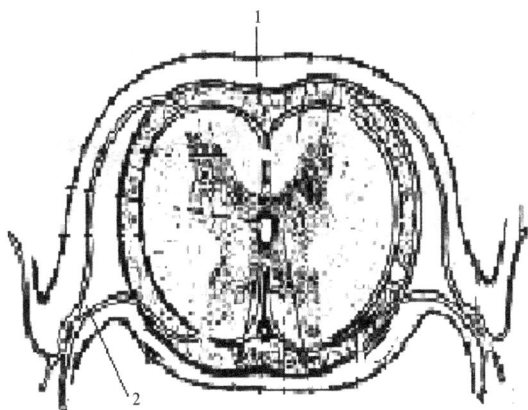

图 3-69　脊髓局部解剖
1 硬膜外腔　2 脊神经

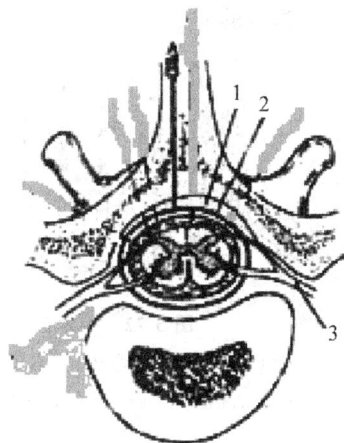

图 3-70　脊髓麻醉
1 硬膜外腔　2 硬膜　3 脊神经根

荐尾硬膜外腔麻醉：在尾的背中线于第一、二尾椎间隙或荐椎与第一尾椎间隙的交点刺针，连接注射器注射 2% 的盐酸普鲁卡因 8～10 mL，可用于尾、直肠和阴道的手术。

蛛网膜下腔麻醉：在腰荐间隙，与牛的硬膜外腔麻醉穿刺点相同，按硬膜外腔麻醉方法进针，在穿刺过程中出现第一个阻力突然消失后，继续缓慢地向深部刺入针头，感到二次阻力消失时回抽，透明清亮的脑脊髓液即可流出，证明已刺入蛛网膜下腔，连接注射器注射 2% 的盐酸普鲁卡因 20～25 mL。

脊髓麻醉的注意事项：注入大量药液时要保持动物前高后低的体位，防止药液向前扩散，麻醉胸神经，引起呼吸困难或窒息；注入药液需加温至 35 ℃～38 ℃，若注入药液过凉，可引起动物全身反应；动物应确切保定，进针操作要谨慎，防止损伤脊髓，导致尾麻痹或截瘫等后遗症；要求严格消毒，否则有可能引起脑脊髓的感染(图 3-71)。

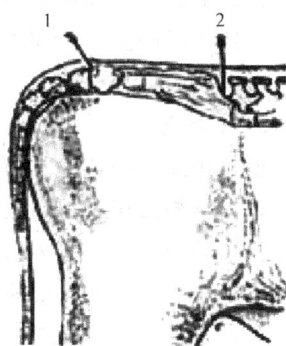

图 3-71　脊髓麻醉
1 荐尾间隙麻醉　2 腰荐间隙麻醉

四、分离组织

(一)识别及使用常用外科手术器械

1. 手术刀

主要用于切开和分离组织，有固定刀柄和活动刀柄两种。目前常用的是活动刀柄手术刀，由刀柄和刀片两部分构成。常用的刀柄规格为 4、6、8 号，这三种型号刀柄只安装 19、20、21、22、23、24 号大刀片，3、5、7 号刀柄安装 10、11、12、15 号小刀片。刀片有不同大小和外形，按刀刃的形状可分为圆刃手术刀、尖刃手术刀和弯形尖刃手术刀等(图 3-72)。装刀方法是将刀片装置于刀柄前端的槽缝内(图 3-73)。

执刀的方法有：

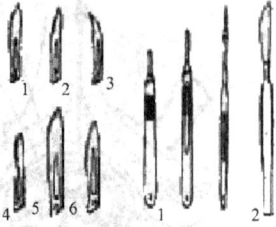

图 3-72　手术刀
左 1、2 尖刃　3 弯刃　4、5、6 圆刃
右 1 活柄手术刀柄　右 2 连柄手术刀

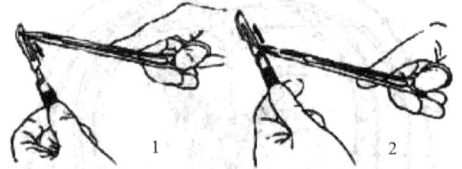

图 3-73　装拆手术刀片
1 安装手术刀片
2 拆除手术刀片

指压式　为常用的一种执刀法，以手指按刀背后 1/3 处，用腕与手指力量切割，适用于切开皮肤等。

执笔式　如同执钢笔，用于小力量短距离精细操作，如切割短小切口，分离血管、神经等。

全握式　用于切割范围广，用力较大的切开，如切开较长的皮肤切口、筋膜、慢性增生组织等。

反挑式（挑起式）　即刀刃由组织内向外面挑开，以免损伤深部组织，如腹膜切开（图 3-74）。

2. 手术剪

依据用途不同，手术剪可分为两种：一种是剪断组织的，叫组织剪；另一种是用于剪断缝线，叫剪线剪。组织剪的尖端较薄，剪刃要求锐利而精细。直刃剪用于浅部手术操作；弯刃剪用于深部组织分离，使手和剪柄不妨碍视线，从而达到安全操作之目的。剪线剪头钝而直，刃较厚，这种剪有时也用于剪断较硬或较厚的组织。正确的执剪法是以拇指和第四指插入剪柄的两环内，但不宜插入过深；食指轻压在剪柄和剪刀交界的关节处，中指放在第四指环的前处剪柄上，准确地控制剪的方向和剪开的长度（图 3-75）。

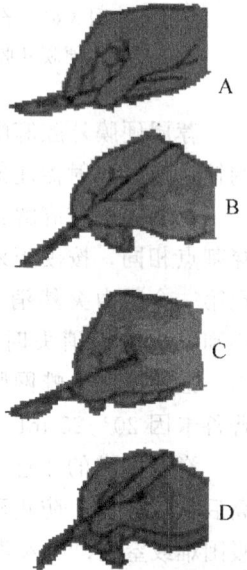

图 3-74　执刀的方法
A 指压式　B 执笔式
C 全握式　D 反挑式

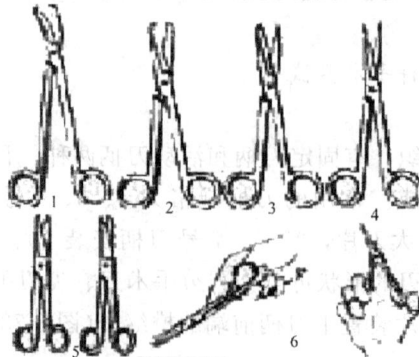

图 3-75　手术剪及执剪方法
1 弯刃剪　2 双钝尖直刃剪　3 单钝尖直刃剪
4 双锐尖直刃剪　5 拆线剪　6 持剪方法

3. 手术镊

用于夹持、稳定或提起组织以利切开及缝合。镊的尖端分有齿及无齿(平镊)之分，可按需要选择。有齿镊损伤性大，用于夹持坚硬组织。无齿镊损伤性小，用于夹持脆弱的组织及脏器。精细的尖头平镊对组织损伤较轻，用于血管、神经、黏膜手术。执镊方法是用拇指对食指和中指执拿(图 3-76)，执夹力量应适中。

图 3-76　执镊方法

4. 止血钳

止血钳又叫血管钳(图 3-77)，主要用于夹住出血部位的血管或出血点，以达到直接钳夹止血，有时也用于分离组织、牵引缝线。止血钳一般有弯、直两种，直钳用于浅表组织和皮下止血，弯钳用于深部止血，止血钳尖端带齿者，叫有齿止血钳，多用于夹持较厚的坚韧组织，无齿者叫无齿止血钳，是钳夹血管止血的常规止血钳。执拿止血钳的方式与手术剪相同，松钳方法是将拇指及第四指插入柄环内捏紧，第四指及中指向回勾的同时拇指向外推挤使卡扣分开。左手松止血钳的方法是用拇指和食指捏住一侧柄环固定，用中指和第四指指尖顶压另一侧柄环，即可使卡扣分开。

5. 持针钳

持针钳又叫持针器，用于夹持缝合针，有握式持针钳和钳式持针钳两种(图3-78)，使用持针钳夹持缝针时，缝针应夹在靠近持针钳的尖端，并夹缝针的后1/3处，持钳法见图3-79。

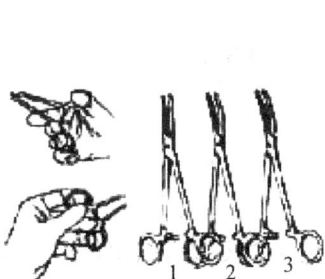

图 3-77　止血钳
左图为持止血钳的方式
右图 1 弯嘴止血钳　2、3 直嘴止血钳

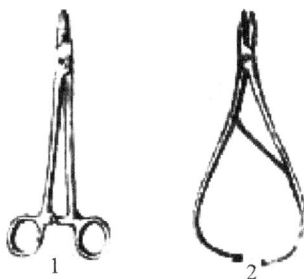

图 3-78　持针器
1 钳式持针器　2 握式持针器

图 3-79　持钳法

6. 牵开器

牵开器又称拉钩，用于牵开术部表面组织，加强深部组织的显露，以利于手术操作。根据需要有各种不同的类型，可分为手持牵开器(图 3-80)和固定牵开器两种(图 3-81)。

7. 巾钳

用以固定手术巾，有数种样式，但常用的巾钳如图 3-82 所示。使用方法是将手术巾夹在皮肤上，防止手术巾移动。

8. 肠钳

用于肠管手术，以阻断肠内容物的移动、溢出或肠壁出血。肠钳结构的特点是齿槽薄，弹性好，对组织损伤小，使用时须外套乳胶管或在肠管上垫数层灭菌纱布，以减少对组织的损伤。

图 3-80 手持牵开器　　　　图 3-81 固定牵开器　　　　图 3-82 巾钳

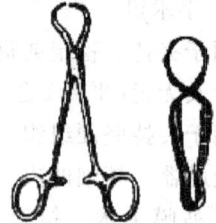

9. 缝合针

用于闭合组织或贯穿结扎。缝合针按形状可分为直针、弯针、半弯针，按其尖端断面形状可分为圆针及角针。直圆针用于胃肠壁、子宫壁等的缝合；弯圆针用于较深的肌肉组织的缝合，弯角针用于深在的腱、筋膜及瘢痕组织及皮肤缝合；半弯针用于皮肤的缝合（图 3-83、图 3-84）。

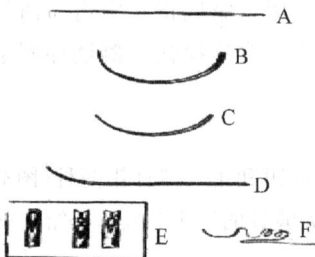

图 3-83 缝合针
A 直针　B、C 弯针　D 半弯针

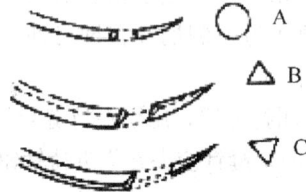

图 3-84 缝合针
A 圆针　B、C 角针

（二）分离组织

1. 切开皮肤

（1）紧张切开　由于皮肤的活动性比较大，切皮时易造成皮肤和皮下组织切口不一致，为了防止上述现象的发生，较大的皮肤切口应由术者与助手用手在切口两旁或上、下将皮肤展开固定（图 3-85），或由术者用拇指及食指在切口两旁将皮肤撑紧并固定，手术刀垂直刺入皮肤，倾斜 30°～45°角运刀，用力均匀地一刀切开皮肤至所需要的长度和深度，再向运刀方向探入刀尖，使刀刃与皮肤垂直提出手术刀，必要时也可补充运刀，但要避免多次切割，重复刀痕，以免切口边缘参差不齐，出现锯齿状的切口，影响创缘对合和愈合。

（2）皱襞切开　当切口的下面有大血管、大神经、腺体分泌管等重要器官，而皮下组织甚为疏松时，为了不误伤其下部组织，术者和助手应在预定切线的两侧，用手指或镊子提拉皮肤呈垂直皱襞，并垂直皱襞切开（图 3-86）。

2. 分离肌肉组织

原则上按肌纤维方向作钝性分离，方法是先用手术刀平行肌纤维方向切开浅层肌膜至需要的长度，再用刀柄、止血钳或手指平行肌纤维方向剥离，最后用手术刀切开深层肌膜扩大到所需要的长度（图 3-87），必要时可横切断或斜切断肌纤维。

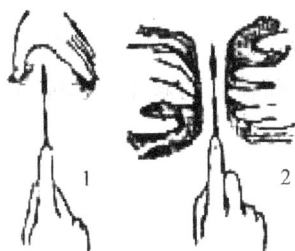

图 3-85　皮肤紧张切开
1 切口较小　2 切口较大

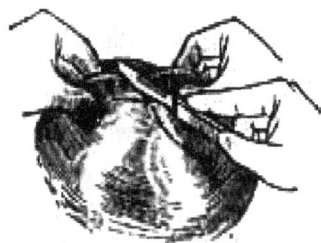

图 3-86　皮肤皱襞切开

图 3-87　肌肉钝性分离

3. 切开腹膜

为了避免伤及内脏，可用组织钳或止血钳提起腹膜作一小切口，利用食指和中指伸入切口引导手术剪剪开腹膜至需要的长度；或插入有钩探针引导，再用反挑式持刀法切开腹膜至需要的长度(图 3-88)。

4. 分离索状组织

索状组织(如精索)的分割有挫断法、捻转法、结扎法、结扎切断法、烙断法等。

5. 切开肠、胃及子宫

小肠的切开多选择血管分布较少的对肠系膜侧且平行肠管的纵轴切开；大肠一般于肠管纵带上纵行切开；瘤胃的切开应在瘤胃的后背盲囊血管分布较少处直线形切开；犬胃的切开应在胃大弯与胃小弯之间平行胃的纵轴切开；子宫的切开在子宫角大弯上平行子宫的纵轴切开，切口的长度应略大于胎儿身体最粗部分直径的长度。

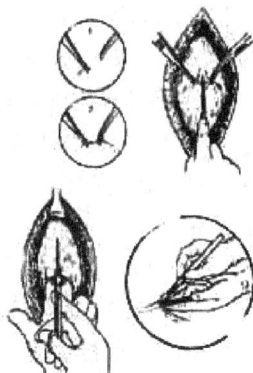

图 3-88　腹膜的切开

五、止血

止血是手术过程中自始至终经常遇到而又必须立即处理的基本操作技术。手术中完善的止血，可以预防失血的危险和保证术部良好的显露，止血效果直接关系到施术动物的健康。因此要求手术中的止血必须迅速而可靠，并在手术前采取积极有效的预防性止血措施，以减少手术中出血。

(一)手术中出血的种类及特点

1. 动脉出血

由于动脉管壁含有大量的弹力纤维，动脉压力大，血液含氧量丰富，所以动脉出血的特征为血液鲜红，呈喷射状流出，喷射线出现规律性起伏并与心脏搏动一致，不能自然止血。

2. 静脉出血

血液以较缓慢的速度从血管中呈均匀不断地泉涌状流出，颜色为暗红，小静脉出血一般能自然止血，大静脉出血则不能自然止血。

3. 毛细血管出血

其色泽介于动脉血液与静脉血液之间，为混合色，多呈渗出性点状出血。一般可自行止血。

4. 实质出血

见于实质器官、骨松质及海绵组织的损伤，为混合性出血，即血液自动脉与小静脉内流出，血液颜色和静脉血相似。由于实质器官中含有丰富的血窦，而血管的断端又不能自行缩入组织内，因此不易于断端形成血栓，不能自然止血。

(二)预防性止血

1. 全身预防性止血

在术前 30～60 分钟，输入同种健康动物且血型相同的血液，大动物 500～1 000 mL，小动物 200～300 mL。以增高施术动物血液的凝固性，刺激血管运动中枢反射性地引起血管的痉挛性收缩，以减少手术中的出血；肌肉注射 0.3% 的凝血质注射液，以促进血液凝固，大动物 10～20 mL；肌肉注射维生素 K 注射液，以促进血液凝固，增加凝血酶原，大动物 100～400 mg；小动物 2～10 mg；肌肉注射安络血注射液，以增强毛细血管的收缩力，降低毛细血管的渗透性，大动物 30～60 mg；小动物 5～10 mg；肌肉注射止血敏注射液，以增强血小板的机能及黏合力，减少毛细血管渗透性，大动物 1.25～2.5 g；小动物 0.25～0.5 g；肌注或静注对羧基苄胺(抗血纤溶芳酸)，以拮抗纤维蛋白的溶解，抑制纤维蛋白原的激活因子，使纤维蛋白溶酶原不能转变成纤维蛋白溶解酶，从而减少纤维蛋白的溶解而发挥止血作用。大动物 1～2 g；小动物 0.2～0.4 g。

2. 局部预防性止血

将 0.1% 的肾上腺素溶液 1 mL 混入 100 mL 普鲁卡因溶液中进行局部麻醉，利用肾上腺素收缩血管的作用，达到减少手术局部出血之目的，其作用可维持20 分钟至 2 小时。但手术局部有炎症病灶时，因高度的酸性反应，可减弱肾上腺素的作用。此外，在肾上腺素作用消失后，小动脉管扩张，若血管内血栓形成不牢固，可能发生二次出血。

对于四肢、阴茎和尾部手术可应用止血带暂时阻断血流，减少手术中的失血，有利于手术操作。用橡皮管、绳索、绷带时，局部应垫以纱布或手术巾，以防损伤软组织、血管及神经。装置止血带要有足够的压力(以止血带远心端的脉搏消失为度)，于手术部位上 1/3 处缠绕数周固定，其保留时间不得超过 2～3 小时，冬季不超过 40～60 分钟，在此时间内如手术尚未完成，可将止血带临时松开 10～30 秒，然后重新缠扎。松开止血带时，宜用多次"松、紧、松、紧"的办法，严禁一次松开。

(三)手术中止血

1. 压迫止血

压迫止血是用止血纱布压迫出血的部位，可用于毛细血管出血和小静脉出血的止血。以清除术部的血液，辨清组织和出血径路及出血点，以便进行止血措施。此时，如机体凝血机能正常，压迫片刻，出血即可自行停止(图 3-89)。为了提高压迫止血的效果，可选用温生理盐水、1%～2% 的麻黄素、0.1% 的肾上腺素、2% 的氯化钙溶液浸湿扭干后的纱布块作压迫止血。

2. 钳夹止血

单纯钳夹止血是利用止血钳最前端夹住血管的断端，钳夹方向应尽量与血管垂直，钳住的组织要少，切不可作大面积钳夹，夹持 10～20 秒后去钳以完成止血，可用于小静脉出血的止血；钳夹捻转止血是用止血钳夹住血管断端，扭转止血钳 1～2 周，轻轻去钳，则断端闭合止血(图 3-90)，可用于较大静脉出血的止血；钳夹结扎止血是先用止血钳夹住血管的断端，再用缝合线于止血钳的血管侧结扎，此种方法为可靠的止血法，多用于明显而较大血管出血的止血。

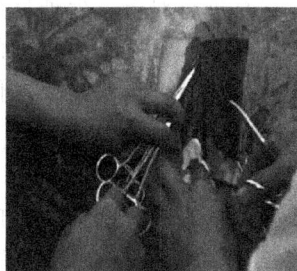

图 3-89　压迫止血

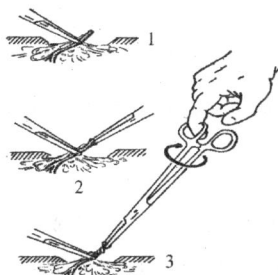

图 3-90　钳夹捻转止血

3. 结扎止血

在止血钳止血的基础上进行结扎，方法有单纯结扎止血、贯穿结扎止血和双重结扎止血。单纯结扎止血是用结扎线绕过止血钳所夹住的血管及少量组织结扎，在收紧第一个单结后取下止血钳，若不出血再完成第二个单结（图 3-91）；贯穿结扎止血是将结扎线用缝针穿过所钳夹组织（勿穿透血管）后进行结扎（图 3-92）；双重结扎止血有两种情况，一是在血管断端的同一侧结扎两道，另一种是在预切断血管的切断线的两侧各结扎一道，再切断血管，起到预防出血的目的（图 3-93）。

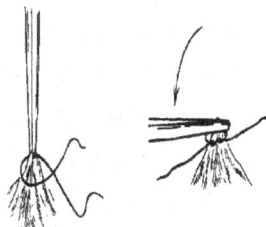

图 3-91　单纯结扎止血

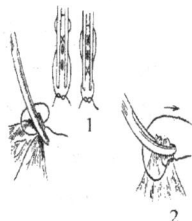

图 3-92　贯穿结扎止血

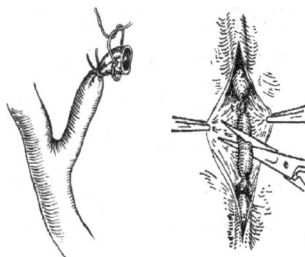

图 3-93　双重结扎止血

4. 缝合止血

在创伤内出现弥漫出血，找不到明显的出血点时，可将创伤进行缝合，使创面产生压力达到止血的目的。

5. 填塞止血

填塞止血是在深部有大血管出血，一时找不到血管断端，钳夹或结扎止血困难时，用灭菌纱布紧塞于出血的创腔或解剖腔内，压迫血管断端以达到止血的目的。在填入纱布时，必须将创腔填满，要有足够的压力压迫血管断端。填塞止血留置的敷料通常是在 12～48 小时后取出（图 3-94）。

6. 烧烙止血

烧烙止血是用电烧烙器或烙铁烧烙创面使血管断端收缩封闭而止血。

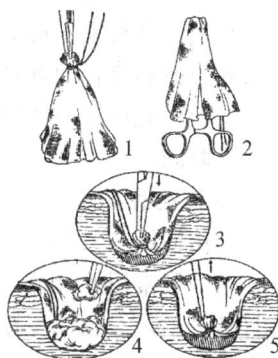

图 3-94　填塞止血

六、缝合创口

(一)缝合的基本原则及缝合材料

缝合是将已切开、切断或因外伤而分离的组织、器官进行对合，保证良好愈合的基本操作技术。缝合的目的是为手术或外伤性损伤而分离的组织或器官予以安静的环境，给组织的再生和愈合创造良好条件；保护无菌创免受感染；加速肉芽创的愈合；促进止血和创面对合以防裂开。

1. 缝合原则

严格遵守无菌操作；缝合前必须彻底止血，清除凝血块、异物及无生机的组织。为了使创缘均匀接近，在两针孔之间要有相当距离，以防拉穿组织。缝针刺入和穿出部位应彼此相对，针距相等，否则易使创伤形成皱襞和裂隙。凡无菌手术创或非污染的新鲜创经外科常规处理后，可作对合密闭缝合。具有化脓腐败过程以及具有深创囊的创伤可不缝合，必要时作部分缝合。在组织缝合时，一般是同层组织相缝合，除非特殊需要，不允许把不同类的组织缝合在一起。缝合、打结应有利于创伤愈合，如打结时既要适当收紧，又要防止拉穿组织，缝合时不宜过紧，否则将造成组织缺血。创缘、创壁应互相均匀对合，皮肤创缘不得内翻，创伤深部不应留有死腔、积血和积液。缝合的创伤，若在手术后出现感染症状，应迅速拆除部分缝线，以便排出创液。

2. 缝合材料

用于闭合组织和结扎血管。一种是可吸收缝线，肠线是由羊肠黏膜下组织或牛的小肠浆膜组织制成。有四种类型，A 型为普通肠线，植入体内 7 天被吸收；B 型为轻铬肠线，植入体内 10 天被吸收；C 型为中铬肠线，植入体内 20 天被吸收；D 型为重铬肠线，植入体内 40 天被吸收，在外科手术中应根据组织特点选择恰当的肠线，如缝合肠、子宫、胃时应选择 A、B 型，缝合肌肉时选择 C、D 型肠线。另一种是非吸收线——丝线，是蚕茧的连续性蛋白质纤维，是传统的、广泛应用的非吸收性缝线。丝线有型号编制，使用时应根据不同的型号，用于缝合不同的组织。粗线为 7～18 号，抗张力为 2.7～20 kg，适用于大血管结扎，筋膜、肌肉、皮肤或张力较大的组织缝合；中等线为 3～4 号，抗张力为 1.65 kg，适用于结扎小血管，缝合肌肉、肌腱等组织缝合；细线为 0～1 号，抗张力为 0.9 kg，适用于皮下、胃肠道组织的缝合；最细线为 000～0000 号，抗张力为 0.5 kg，适用于血管、神经缝合。

(二)线结种类、应用及打结方法

打结是外科手术最基本的操作之一，正确而牢固地打结是结扎止血和缝合的重要环节，熟练地打结，不仅可以防止结扎线的松脱而造成的创伤裂开和继发性出血，而且可以缩短手术时间。

1. 结的种类及应用

常用的结有方结、三叠结和外科结。方结，又称平结。是手术中最常用的一种，用于结扎较小的血管和各种缝合时的打结，不易滑脱。三叠结，又称加强结。是在方结的基础上再加一个结，共 3 个单结。较牢固，结扎后即使松脱一道

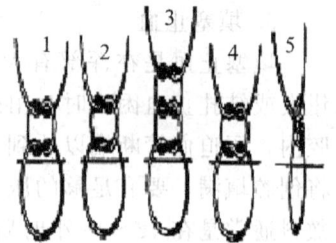

图 3-95　各种线结
1 方结　2 外科结　3 三叠结
4 假结　5 滑结

也无妨；但遗留于组织中的结扎线较多。三叠结常用于有张力部位的缝合，大血管和肠线

的结扎。外科结，打第一个结时绕两次，使摩擦面增大，故打第二个结时不易滑脱和松动。此结牢固可靠，多用于大血管、张力较大的组织和皮肤缝合。在打结过程中常产生的错误结，有假结和滑结两种。假结（斜结），此结易松脱。滑结，打方结时，两手用力不均，只拉紧一根线，虽则两手交叉打结，结果仍形成滑结，而非方结，亦易滑脱，应尽量避免发生。各种结如图 3-95 所示。

2. 打结方法

常用的有三种，即单手打结、双手打结和器械打结。

（1）单手打结　为常用的一种方法，简便迅速。左右手均可打结。虽各人打结的习惯常有不同，但基本动作相似（图 3-96 左图）。

（2）双手打结　除了用于一般结扎外，对深部或张力大的组织缝合，结扎较为方便可靠（图 3-96 右图）。

（3）器械打结　用持针钳或止血钳打结。适用于结扎线过短、狭窄的术部、创伤深处和某些精细手术的打结。方法是把持针钳或止血钳放在缝线的较长端与短线尾之间，用长线头端缝线环绕血管钳一圈后，用血管钳夹持短线尾打结即可完成第一结，打第二结时用相反方向环绕持针钳一圈后拉紧，成为方结（图 3-97）。

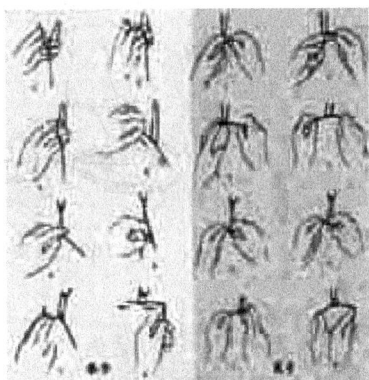

图 3-96　徒手打结法
左图为单手打结　右图为双手打结

图 3-97　器械打结

（三）缝合的种类

1. 对接缝合

单纯间断缝合（结节缝合），缝合时，于创缘一侧垂直刺入，于对侧相应的部位穿出打结。每缝一针，打一次结（图 3-98）。缝合要求创缘密切对合。缝线距创缘距离为一至两个皮厚的距离。缝线间距要根据创缘张力来决定，使创缘彼此对合，一般间距为 0.5～1.5 cm。线结打在切口一侧，防止压迫切口。主要用于皮肤，也可用于皮下组织、筋膜、黏膜、血管、神经、胃肠道较小创口的缝合。

单纯连续缝合（螺旋缝合），是用一条长的缝线自始至终连续地缝合一个创口，最后打结。第一针缝合打结同结节缝合，用带针的缝线垂直创口线连续缝合至切口下角，缝最后一针时将线尾留在创口的一侧，再将带双线的缝针穿至创口的另一侧后完成打结。要求每缝合一针拉紧一针（图 3-99）。用于肌肉、皮下组织、筋膜、胃肠道和子宫的缝合。

　　表皮下缝合，这种缝合如图 3-100 所示，适用于小动物皮肤的缝合，缝合时由切口一端开始，缝针由表皮下刺入真皮下，由真皮下穿出，再翻转缝针刺入另一侧真皮，在组织深处打结。应用连续水平褥式缝合平行切口。最后缝针翻转刺向对侧真皮下打结，埋置在深部组织内。一般选择可吸收性缝合线。

　　2. 内翻缝合

　　伦勃特氏缝合法，又称为垂直褥式内翻缝合法。分为间断与连续两种，以间断伦勃特氏缝合法较常用，方法是在创缘的一侧刺入浆膜及肌肉层后刺出，再在创缘的另一侧刺入浆膜肌肉层后刺出，打结后剪断(图 3-101)。连续伦勃特氏缝合如图 3-102 所示。

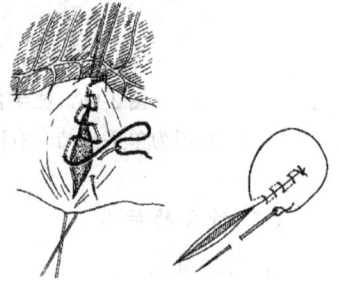

　　库兴氏缝合法，又称连续水平褥式内翻缝合法，缝合方法是于切口一端开始先做间断伦勃特氏缝合，在创缘的一侧平行创缘穿过浆膜肌肉层再于创缘的另一侧穿过浆膜肌肉层，每缝合一针拉紧一针至切口的另一端，最后用间断伦勃特氏缝合结束(图 3-103)，适用于胃、子宫的浆膜肌肉层缝合。

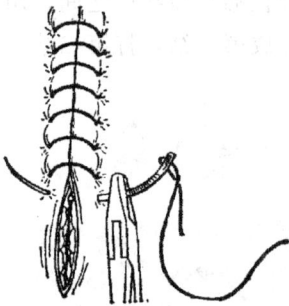

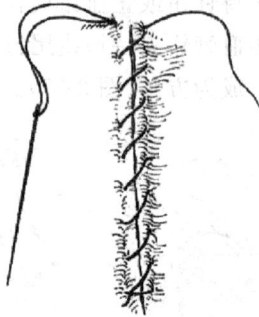

| 图 3-98　结节缝合 | 图 3-99　螺旋缝合 | 图 3-100　表皮下缝合 |

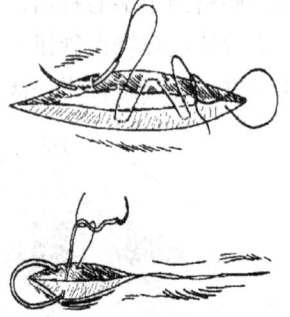

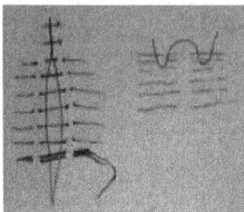

| 图 3-101　间断伦勃特氏缝合 | 图 3-102　连续伦勃特氏缝合 | 图 3-103　库兴氏缝合 |

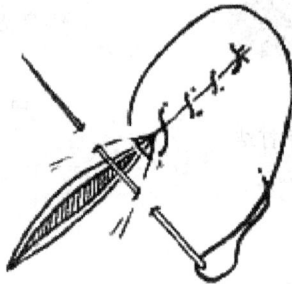

　　3. 外翻缝合

　　在创口的一侧由外向内垂直刺入，再于创口的另一侧由内向外垂直刺出，平行创缘一段距离再由外向内垂直刺入，再于创口的另一侧由内向外垂直刺出，拉紧缝合线打结使创缘向外翻出，主要用于疝轮的缝合(图 3-104)。

　　(四)各种软组织的缝合技术

　　1. 缝合皮肤

　　缝合前创缘必须对好，采用单纯间断缝合法缝合，缝线要在同一深度将两侧皮下组织拉拢，以免皮下组织内遗留空隙，滞留血液或渗出液易引起感染。两侧刺入与刺出点离创缘 1～2 个皮厚的距离，距离要相等，线结打在创缘的同一侧，打结不能过紧。缝合完毕后必须再次将创缘对好。

2. 缝合肌肉

采用单纯连续缝合（螺旋缝合），缝针距离创缘 1～1.5 cm，每针之间的距离在保证缝合严密的基础上所用针数越小越好，多层肌肉的缝合应分层进行。

3. 缝合腹膜

采用单纯连续缝合（螺旋缝合），牛的腹膜薄且不易耐受缝合，应连同腹横肌一起缝合以防止撕裂腹膜。犬的腹膜单层缝合，腹膜缝合必须完全闭合，不能使网膜或肠管漏出或嵌闭在缝合切口处。

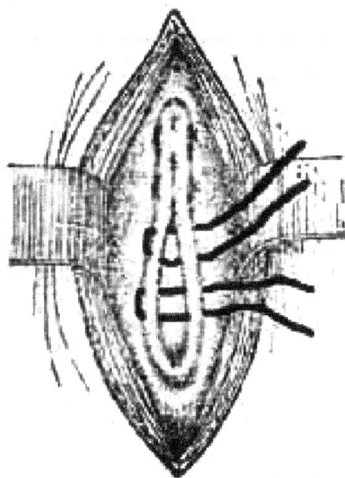

图 3-104　外翻缝合

4. 缝合胃、肠及子宫

采用二层缝合法，即第一层采用全层的单纯连续缝合（螺旋缝合）使其对接，第二层是在第一层缝合的基础上进行浆膜肌肉层内翻缝合（伦勃特氏缝合或库兴氏缝合）。

（五）组织缝合的注意事项

目前外科临床中所用的缝线（可吸收或不吸收的）对肌体来讲均为异物，因此在缝合过程中要尽可能地减少缝线的用量。以减少伤口内的异物量，缝合的针数不宜过多。

缝合时不可过紧或过松，过紧引起组织缺氧，过松引起对合不良，以致影响组织愈合。皮肤缝合后应将积存的液体排出，以免造成皮下感染和线结脓肿。连续缝合虽有力量分布均匀，抗张力较用间断缝合强的优点，但一处断裂则全部缝线松脱，伤口裂开。

多层组织应按层次进行缝合，较大的创伤要由深而浅逐层缝合，以免影响愈合或裂开。浅而小的伤口，一般只作单层缝合，但缝线必须通过各层组织。

材料设备动物清单

学习情境3			外科手术治疗	学时	66
项　目	序号	名　称	作　用	使用前	使用后
所用设备和材料	1	手术刀	用于切开和分离组织		
	2	手术剪(组织剪)	剪断组织		
	3	手术剪(剪线剪)	剪断缝线		
	4	手术镊(有齿及无齿)	有齿镊夹持坚硬组织，无齿镊夹持脆弱的组织及脏器		
	5	止血钳	夹住出血部位的血管或出血点		
	6	持针钳(握式持针钳、钳式持针钳)	夹持缝针		
	7	牵开器	牵开术部表面组织		
	8	巾钳	固定手术巾		
	9	肠钳	阻断肠内容物的移动、溢出或肠壁出血		
	10	缝合针	闭合组织或贯穿结扎		
	11	缝合线(可吸收缝线、非吸收线)	闭合组织或贯穿结扎		
	12	纱布	止血		
所用动物	13	牛	动物手术		
	14	羊	动物手术		
	15	猪	动物手术		
	16	犬	动物手术		
	17	猫	动物手术		
班　级			第　组　组长签字	教师签字	

计划单

学习情境 3	外科手术治疗		学时	66
计划方式	小组讨论、同学间互相合作共同制订计划			
序号	实施步骤		使用资源	备注
制订计划说明				
计划评价	班　级		第　　组	组长签字	
	教师签字		日　期		
	评语：				

决策实施单

学习情境 3		外科手术治疗					

<table>
<tr><td colspan="8" align="center">计划书讨论</td></tr>
<tr><td rowspan="7">计划对比</td><td>组号</td><td>工作流程的正确性</td><td>知识运用的科学性</td><td>步骤的完整性</td><td>方案的可行性</td><td>人员安排的合理性</td><td>综合评价</td></tr>
<tr><td>1</td><td></td><td></td><td></td><td></td><td></td><td></td></tr>
<tr><td>2</td><td></td><td></td><td></td><td></td><td></td><td></td></tr>
<tr><td>3</td><td></td><td></td><td></td><td></td><td></td><td></td></tr>
<tr><td>4</td><td></td><td></td><td></td><td></td><td></td><td></td></tr>
<tr><td>5</td><td></td><td></td><td></td><td></td><td></td><td></td></tr>
<tr><td>6</td><td></td><td></td><td></td><td></td><td></td><td></td></tr>
</table>

<table>
<tr><td colspan="3" align="center">制定实施方案</td></tr>
<tr><td>序号</td><td>实施步骤</td><td>使用资源</td></tr>
<tr><td>1</td><td></td><td></td></tr>
<tr><td>2</td><td></td><td></td></tr>
<tr><td>3</td><td></td><td></td></tr>
<tr><td>4</td><td></td><td></td></tr>
<tr><td>5</td><td></td><td></td></tr>
<tr><td>6</td><td></td><td></td></tr>
</table>

实施说明：

班　级		第　组	组长签字	
教师签字			日　期	

评语：

作业单

学习情境 3	外科手术治疗
作业完成方式	课余时间完成计划制订，由教师指导实施计划。
作业题 1	制订一个羊瘤胃切开术的计划并实施。
作业解答	
作业题 2	制订一个羊剖腹产手术计划并实施。
作业解答	
作业题 3	总结打结与缝合的种类并进行操作。
作业解答	

作业评价	班　　级		第　　组	组长签字		
	学　　号		姓　　名			
	教师签字		教师评分		日　　期	
	评语：					

效果检查单

学习情境 3	外科手术治疗			
检查方式	以小组为单位，采用学生自检与教师检查相结合，成绩各占总分(100 分)的 50%。			
序号	检查项目	检查标准	学生自检	教师检查
1	保定	会正确保定手术动物		
2	术部、器械及人员消毒	正确消毒术部、手术器械及人员		
3	麻醉	对不同动物会选择合适的麻醉药，并合理应用麻醉方式		
4	分离组织	会使用锐性、钝性分离法分离组织		
5	识别及使用手术器械	正确识别及使用手术器械		
6	止血	针对术中出血，会应用合理的方法止血		
7	缝合	针对不同的组织，会采用合理的方法缝合		
8	打结	针对不同组织，采用合理的方法打结		
9	包扎绷带	会结系绷带及包扎绷带		

	班　　级		第　　组	组长签字	
检查评价	教师签字			日　　期	
	评语：				

评价反馈单

学习情境 3		外科手术治疗			
评价类别	项目	子项目	个人评价	组内评价	教师评价
专业能力 (60%)	资讯 (10%)	获取信息(5%)			
		引导问题回答(5%)			
	计划 (5%)	计划可执行度(3%)			
		用具材料准备(2%)			
	实施 (25%)	各项操作正确(10%)			
		完成的各项操作效果好(6%)			
		完成操作中注意安全(4%)			
		操作方法的创意性(5%)			
	检查 (5%)	全面性、准确性(3%)			
		生产中出现问题的处理(2%)			
	作业 (5%)	使用工具的规范性(2%)			
		操作过程规范性(2%)			
		工具和设备使用管理(1%)			
	结果 (10%)	结果质量			
社会能力 (20%)	团队合作 (10%)	小组成员合作良好(5%)			
		对小组的贡献(5%)			
	敬业、吃苦精神 (10%)	学习纪律性(4%)			
		爱岗敬业和吃苦耐劳精神(6%)			
方法能力 (20%)	计划能力(10%)	制订计划合理			
	决策能力(10%)	计划选择正确			

意见反馈
请写出你对本学习情境教学的建议和意见

评价评语	班级		姓名		学号		总评	
	教师签字		第 组		组长签字		日期	
	评语:							

学习情境 4

物理治疗

●●●● 学习任务单

学习情境 4	物理治疗			学时	6
布置任务					
学习目标	1. 了解物理治疗的种类及特点。 2. 学会对患病动物进行保定。 3. 学会冷却、温热治疗的操作方法。 4. 学会光、电及激光治疗的操作方法。 5. 培养自己的团队合作、爱护患病动物、吃苦耐劳、不怕脏不怕累的精神。				
任务描述	在动物理疗室进行物理治疗时，按规程对患畜进行物理治疗，使患畜患部产生明显好转。 具体任务： 1. 冷却治疗与温热治疗。 2. 光、电治疗。 3. 激光治疗。				
学时分配	资讯 1 学时	计划 0.5 学时	决策 0.5 学时	实施 3 学时	考核 0.5 学时 评价 0.5 学时
提供资料	1. 李玉冰. 兽医临床诊疗技术. 北京：中国农业出版社，2006 2. 李国江. 动物普通病. 北京：中国农业出版社，2008 3. 王相友，吴凌，付世新. 实用兽医外科学. 哈尔滨：东北林业大学出版社，2005				
对学生要求	1. 以小组为单位完成任务，体现团队合作精神。 2. 严格遵守动物理疗室的各项制度，注意患病动物的保定，防止出现意外。 3. 严格遵守操作规程，避免安全事故的发生。 4. 严格遵守生产劳动纪律，爱护劳动工具。				

●●●●● **任务资讯单**

学习情境 4	物理治疗
资讯方式	通过资讯引导，观看视频，到图书馆查询。向指导教师咨询。
资讯问题	1. 什么叫冷却治疗？应用冷却治疗时有哪些注意事项？ 2. 温热治疗有哪几种常用的操作方法？有哪些注意事项？ 3. 什么叫光治疗？兽医临床常用的光治疗有哪几种？ 4. 应用红外线进行理疗时应注意的事项是什么？应用禁忌有哪些？ 5. 简述直流电离子透入治疗在兽医临床上的应用。 6. 简述氦—氖激光在兽医临床上的治疗作用。 7. 激光治疗应注意的事项有哪些？
资讯引导	1. 在信息单中查询。 2. 在李玉冰主编《兽医临床诊疗技术》查询。 3. 在李国江主编《动物普通病》查询。 4. 在王相友主编《实用兽医外科学》查询。 5. 在相关教材和报刊以及网站资讯中查询。

●●●●●相关信息单

【学习情境 4】
物理治疗

项目1 冷却与温热治疗

任务1 冷却治疗

1. 冷敷

用厚毛巾、棉布或脱脂棉浸蘸冷水或冷药液（如 2% 的复方醋酸铅溶液）敷于患部，用绷带固定。因患部皮温较高，经常更换或浇注冷水或冷的药液，可使患部保持冷却状态，以达到冷敷的目的。此外，还可用冰袋、冰垫、冰囊或者装有冷水、冰块或雪的胶皮袋冷敷于患部，用绷带固定。每日更换数次，每次 20～30 分钟，冷敷后最好配合压迫绷带和适当休息。

2. 冷浴

又称冷蹄浴法。常用于治疗蹄和指（趾）关节疾病。在蹄浴桶内（或帆布筒、塑料桶或木桶）放入冷水，让患肢浸泡在桶内，不断更换桶内冷水，每次浸泡 30 分钟。为了保护蹄角质不受影响，可在蹄壁抹一层油脂。

注意事项　冷却时间不宜过长，以免引起冻伤。冬季使用冷却治疗时，加强保温，防治患畜感冒。在进行冰贴治疗时，防治溶化后的冰水浸湿其他部位的被毛、皮肤。

适应症　常用于止痛、止血、抗炎、抗渗出等。如腹痛、关节痛、烧灼痛、创伤痛外伤性血管运动障碍、急性浅表性静脉炎、蹄叶炎、肌肉和韧带扭伤、挫伤、手术后出血、鼻衄、胃出血以及胃溃疡、十二指肠溃疡、热烧伤、烫伤、急性炎症、早期蛇咬伤、胃胀、局限性急性皮炎。

禁忌症　对于慢性炎症、化脓性炎症、末梢循环障碍、麻痹等病症应禁用冷却治疗。

任务2　温热治疗

1. 温敷

温敷法的敷料由 4 层组成：第一层为湿润层，直接贴覆于患部，一般用 2 层毛巾或 4 层布片或脱脂棉等做敷布，要求比患部稍大一些。第二层为隔离层，不透水，防止散热，最好用塑料布制成，也可用油纸、油布，稍大于第一层。第三层为保温层，也称不良导热层，可用普通棉花做成棉垫，其大小同第二层。第四层为固定层，用绷带将上述三层固定于患部即可。实施温敷时，先将患部洗净擦干，然后将湿润层敷料浸蘸温水或温药液，适当拧挤后覆于患部，并加以固定，松紧适宜，不宜过松或过紧。过松易滑脱，过紧妨碍局部血液循环，易引起局部疼痛。一般每 4～8 小时更换一次。

2. 温浴

具体方法与冷浴法相同，只是将冷水换成温水，温度控制在 42 ℃左右。

3. 热敷

具体方法与温敷法相同，只是用热水浸润层。如要加强热敷效果，可选用10％的硫酸镁溶液热药液，或用如栀子等中药煎汤热敷，效果更好。还可将麸皮、酒糟或沙子炒热后装入布袋内，置于患部进行热敷。

4. 热熨

以醋或酒浸蘸纱布敷于患部，再用烧热的烙铁热熨，每次20分钟。

5. 酒精热绷带

酒精热绷带又称酒精热敷法。将酒精100 mL、鱼石脂10～20 g，放入可加热容器中（如铝制饭盒），充分溶解后，再放入脱脂棉浸泡，并盖上容器盖以免引起酒精燃烧，在火上加热。然后将加热的浸有鱼石脂酒精的脱脂棉，覆盖患部，外敷以塑料布和脱脂棉，包扎绷带。必要时每日两次向塑料布内加入热的酒精或白酒50～80 mL，以保持其温度。

适应症　各种炎症的后期以及亚急性和慢性炎症。如急性和慢性腱炎、肌炎、关节炎以及尚未出现组织化脓溶解的化脓性炎症的初期等。此外，风湿病应用温热疗法效果也较好。

禁忌症　急性无菌性炎症的初期、组织内有出血倾向、炎症肿胀剧烈、急性化脓坏死以及恶性肿瘤等禁用温热疗法。另外，有伤口的炎症禁用水和酒精温敷，否则可使病情恶化。

项目 2　光、电治疗

任务 1　光疗

1. 红外线治疗

动物保定确实，使拟照射部位清洁无污物，用厚纸板或红黑布遮挡动物头部，以保护眼睛。

将红外线灯移至治疗部位的斜上方或旁侧，照射时距离患部30～50 cm。每次治疗时间为15～30分钟，每日1～2次，连续10～15次为1个疗程。

根据治疗部位的厚度、病情严重的程度、皮肤的反应及操作者手试照射相结合，调节红外线剂量。经验表明，当人手被照射5分钟内有热感但无灼痛感时，照射剂量较为合适。或由小至大调节，以动物安静为度。

注意事项　当皮肤经红外线反复照射后，可形成明显的色素沉着，在被照射部位的皮肤表层出现黑色沉着斑。大剂量红外线照射可导致机体脱水和局部组织灼伤，照射时掌握最佳剂量，防止烫伤。红外线照射还可引起视力障碍，避免红外线直接照射动物眼部。

临床应用

适应症　红外线主要用于镇痛、改善局部血液循环、缓解肌肉痉挛及消炎等目的。在慢性炎症及亚急性炎症、软组织扭伤恢复期、肌肉痉挛、风湿性关节炎、后躯瘫痪、慢性胃炎、慢性溃疡、子宫内膜炎、乳房炎后期、扭伤、挫伤、压疮、冻伤、骨折、术后粘连、关节纤维性痉挛等疾病的治疗中使用。

禁忌症　高热病例、恶性肿瘤、活动性肺结核、出血性疾病、循环障碍等。

2. 紫外线治疗

准备　护目镜、卷尺、遮盖毛巾及紫外灯。治疗部位剪毛、消毒。动物保定确实，用毛巾或布遮盖非照射部位。

照射方法　临床上多用局部照射。紫外灯距患部 30～50 cm，每次照射 5 分钟，以后每天增加 5 分钟，连续 6 天为 1 个疗程。

注意事项　灯管开启预热 3 分钟后，方可进行治疗。治疗时，操作人员应戴上护目镜，防止紫外线照射引起结膜炎。当照射部位出现水疱时，表面剂量过大，应立即停止照射。

适应症　紫外线治疗的适应症较广，包括急性化脓性炎症、蜂窝织炎、乳腺炎、软组织创伤、烫伤、奶牛褥疮、风湿性关节炎、佝偻病、骨软症、皮癣、毛囊炎。集约化舍饲动物或宠物，用紫外线灯进行定时定量照射，具有增强抵抗力、预防钙磷代谢性疾病和保健作用，效果良好。

禁忌症　皮肤光过敏、肝功能不全、急性心肌炎、肾炎等。

任务 2　电疗

1. 直流电治疗

电极放置分为 3 种：①对置法，即将两个电极置于患部同一水平的，例如膝关节内外侧对置；②并置法，即将两个电极置于患部同一侧，例如左后肢前面的并置；③斜置法，即将两个电极置于肢体两面。

当电流的强度相同时，其电极上的电流密度大小与电极面积大小成反比。一般小电极为有效电极，大电极为无效电极。

治疗前先将放置电极部位剃毛，清洗干净，于患部放置有效电极，避开损伤面，在其他部位放置无效电极。用清洁的水湿润皮肤和衬垫，将衬垫置于皮肤上，于衬垫上再放铅板，铅板要小于衬垫边缘 1～2 cm，然后压平铅板并以绷带固定妥当，用输出导线和电极连接，接通电源开始治疗。

直流电疗时的剂量按有效电极的作用面积计算，每平方厘米 0.3～0.5 mA，比如 100 cm² 的衬垫则应给以 30～50 mA 电流。治疗时间一般为 20～30 分钟，每日或隔日 1 次，1 个疗程最多 25～30 次。

适应症　用于治疗亚急性和慢性炎症，如风湿病、肌腱损伤、腱鞘炎、黏液囊炎、关节周围炎及神经麻痹。

禁忌症　湿疹、皮炎、溃疡、化脓性炎症、恶性肿瘤、恶性血液系统疾病、重要脏器病变及急性炎症等。

2. 直流电离子透入治疗

当选用治疗电极时，应根据药物离子的电荷，且将药物配成各种不同的浓度浸润衬垫以代替生理盐水。当有效药物成分为阳离子时，从阳极透入，即将有效药物的衬垫与阳极相连；当有效药物成分为阴离子时，从阴极透入；无效电极则以 1% 的氯化钠溶液浸润衬垫。为了避免杂质离子混入，应以蒸馏水配制药物电极溶液，并于清洁玻璃瓶中保存。衬垫要保持清洁，不同药物要使用专用衬垫，各种药物间不得混用，每次使用后必须用温水洗净，并煮沸消毒。治疗前，病畜皮肤须仔细清洗干净。

临床应用　与直流电治疗基本相似，但用离子透入法时主要应考虑药物离子的药理作用：碘离子透入适用于治疗腱炎、腱鞘炎、韧带拉伤、黏液囊炎、纤维性关节周围炎、骨膜炎及外伤性肌炎。钙离子透入适用于炎症的初期，治疗佝偻病、骨软症、促进骨折的骨痂形成。水杨酸离子适用于抗风湿、镇痛。铜离子和锌离子适用于系凹部疣状皮肤炎、愈合迟缓创。士地宁离子适用于神经麻痹、神经不全麻痹。普鲁卡因离子适用于消除疼痛。青霉素、链霉素、磺胺具有消炎、杀菌作用。

禁忌症　与直流电治疗相同。

项目 3　激光治疗

1. 照射

照射是激光治疗中最常见的一种方法，简便易行，效果确实。根据注射部位可分为以下 3 种：

局部照射　是激光疗法中最常采用的也是最方便的一种方法。应用激光原光束直接对准病变部位进行照射，也可以采用散焦或用光导纤维。

穴位照射　是将激光聚焦或用光导纤维对准穴位进行照射治疗的一种方法，故又称为激光针灸。

神经、经络照射　是将激光束用原光束、聚焦后或用光导纤维，对准一神经经络进行照射的一种方法。如氦—氖激光麻醉即选用 7 mW 以上的氦—氖激光照射马、牛、羊、猪及犬的正中神经或胫神经，照射 20～30 分钟，即可达到麻醉作用。

照射距离是指从激光器射出窗口到照射部位之间的距离，一般应控制在 50～100 cm。照射时间、照射剂量迄今尚无统一标准，一般应根据输出功率大小制定照射时间。每次照射 5～20 分钟，二氧化碳激光烧灼每次 0.5～1.0 分钟。每天照射 1 次，连续照射 8～12 天为 1 个疗程，2 个疗程之间应间隔 1 周。

2. 烧灼、止血

应用大功率激光，如选用二氧化碳激光经聚焦后，其光点处能量高度集中，在几毫秒时间内可引起局部高温，使组织凝固、碳化和气化，组织细胞被破坏，从而达到烧灼、止血的目的。

注意事项　激光器的使用严格按生产厂家所提供的说明书中的使用操作方法和注意事项进行操作，以免发生意外。激光器必须合理放置，避免激光束直射人的眼睛，操作人员戴上防护眼镜。照射前，对病畜要进行必要的保定，注意人畜以及机器的安全。照射创面前，需用生理盐水清创，创面周围要剪毛。穴位照射前，应先准确定位穴位，局部剪毛，除去皮垢污物，清拭干净并以龙胆紫液画线做好标记。照射距离一般为 40～100 cm 以局部皮肤有适宜温热感为宜，勿使过热，以防烫伤。如用二氧化碳激光器进行照射时，需采用扩焦照射。如为烧灼，则必须聚焦照射，越接近焦点越好。激光束(光斑)与被照射部位尽量保持垂直照射，使光斑呈圆形，准确地照射在病变部位或穴位上，不便直接照射部位，可通过导光纤维或反射镜以保证准确垂直照射在治疗部位。照射应在专人监护下进行。照射时间是指准确地照射在被照射部位的时间。因此，病畜移动使光斑移开的时间应扣除，以确保足够的照射时间。激光器一般可连续工作 4 小时以上，连续治疗时，可不必关机。

临床应用　激光治疗外科疾病，如各种创伤、炎性乳肿、挫伤、脓肿、蜂窝织炎、溃疡、瘘管、窦道、神经麻痹、关节挫伤、关节扭伤、关节炎、关节周围炎、黏液囊炎、腱及腱鞘炎、蹄钉伤、蹄创、褥疮、阴囊水肿、风湿病、皮肤湿疹、皮炎、皮肤瘙痒症、疱疹、瘤胃迟缓、肠炎、消化不良、仔猪黄痢、白痢，羔羊下痢等。利用二氧化碳激光还可治疗黑色素瘤、皮肤疣、乳头状瘤以及体表各部位的肿瘤等。

氦—氖激光照射治疗奶牛疾病性不育症，如卵巢机能不全、卵泡囊肿、黄体囊肿、持久黄体、卡他性及化脓性子宫内膜炎、隐性及显性乳房炎、阴道炎、阴道脱。

●●●● 必备知识

一、冷却与温热治疗

（一）冷却治疗

冷却治疗是应用比动物体温低的冷水、冰等物理因子刺激机体，以达到治疗目的的一种传统治疗。近些年来，冷却治疗的应用研究日益增多，例如低温麻醉、冷却手术治疗和低温治疗肿瘤。其治疗作用主要有以下几点。

1. 对局部组织温度的影响

冷却刺激可使组织温度下降。

2. 对神经系统的影响

冷却刺激可降低神经系统的兴奋性和传导性，从而产生镇痛效果。但瞬时的冷却刺激具有兴奋神经的作用，例如用冷水喷淋头部，可使昏迷动物苏醒等。

3. 对血液循环和组织代谢的影响

冷却刺激促使被作用部位血管收缩，局部血液量显著减少，并降低血管壁的通透性；同时血液中的红、白细胞的数量也增多，血液比重、黏稠度及碱储均增高，这有利于使存在组织里的渗出液加速进入血液。冷却使局部组织细胞代谢活动降低，组织需氧量下降，可用于治疗某些微循环障碍性疾病。

4. 对胃肠道的影响

冷敷腹部可引起大部分肠道反射性蠕动增加，促进肠液分泌。胃部冷却则显著抑制胃动力，延缓胃排空时间，抑制胃酸及胃蛋白酶原分泌。

（二）温热治疗

温热治疗是用稍高于体温的温度（40 ℃～50 ℃）刺激局部。温热治疗可使患部温度立即提高，温度的增加，可使局部组织血管扩张，血液循环加速，加强细胞氧化作用，促进机体的新陈代谢，并加强局部白细胞的吞噬作用。由于毛细血管、淋巴管在温热条件下明显扩张，有利于新陈代谢产物、炎性产物及渗出产物的吸收。用于治疗各种急性炎症的后期和慢性症状，一般在发病 24～48 小时后应用，也可用于尚未出现组织化脓溶解的化脓性炎症的初期。

温热治疗可提高局部组织的新陈代谢和酶的活性，从而改善局部组织的代谢过程，加速组织的修复。温热治疗也具有一定的镇痛作用。当温热作用于感觉神经末梢，从而降低或代替了疼痛因子的刺激，实验证明，40 ℃左右的温度镇痛作用最好。

二、光、电治疗

（一）光治疗

光治疗是指采用自然光或人工产生的各种光辐射能（红外线、可见光、紫外线）作用于局部或全身，以治疗疾病的一种物理治疗方法。一般临床常用的有红外线、紫外线两种。红外线波长范围为 760～4 000 nm，而在临床上用于治疗的红外线波长范围是 760～3 000 nm，用于治疗的紫外线波长范围是 200～400 nm。

1. 红外线治疗

红外线照射对机体局部具升温作用，使各种物理、化学过程加速，而起到温热疗法的作用：促进机体组织的炎症产物、代谢产物和渗出物吸收，由于其局部温热效应，有利于改善微循环，促进血液循环，提高局部组织的新陈代谢水平。

（1）对血液循环和组织代谢的作用　由于红外线的温热作用使局部皮肤毛细血管扩张充血，血流加快，形成红斑。照射后 1～2 分钟即可出现红斑，照射停止约 30 分钟后即可消失，但其毛细血管扩张现象可持续 1～2 天。由于组织温度升高，新陈代谢加强，加速了组织的营养、再生能力，组织细胞活力提高，促进了炎症产物和代谢产物的吸收，可起到消肿止痛的治疗作用。

（2）消炎作用　红外线照射作用后，改善局部血液循环，可促进白细胞游走和吞噬，提高巨噬细胞系统的功能，提高其免疫能力，具有消炎作用。

（3）镇痛解痉作用　红外线能降低机体神经末梢的兴奋性，对肌肉有松弛作用，可解除肌肉痉挛，起到镇痛作用。另外，对患畜实施长期和反复的温热刺激，可引起大脑皮层的抑制，甚至使动物熟睡。

2. 紫外线治疗

紫外线位于可见光谱中紫色光线之外故称紫外线，是光疗中应用比较广泛的一种光线，其生物学作用比较活泼。用于医学上的紫外光包括短波紫外线（波长为 200～275 nm）和中波紫外线（波长为 275～300 nm）两种。中波紫外线预防和治疗疾病效果最高，对皮肤作用较大，可使皮肤内血管扩张，改善血液循环和新陈代谢。短波紫外线杀菌作用较好，可用于室内空气消毒。

（1）促进肉芽及上皮的形成　照射适当剂量的紫外线可加速炎性净化，促进组织修复，且有镇痛和止痒作用。

（2）增强造血机能　紫外线对正常动物的红细胞影响不大，但对贫血动物红细胞的再生有刺激作用。对白细胞数量的影响不显著，其中对淋巴细胞及嗜酸性粒细胞影响极小。此外，还使血色素、血小板增加，因此可缩短凝血时间。

（3）抗维生素 D 缺乏作用　紫外线照射动物皮肤，皮肤中的 7-脱氢胆固醇转化成维生素 D_3，进入血管内，经肝、肾进一步代谢生成活性维生素 D，参与体内钙、磷代谢，维持骨、牙正常生长发育和代谢，起到预防和治疗维生素 D 缺乏症的作用。

（4）杀菌作用　一定强度的紫外线照射，对细菌和病毒具有抑制甚至杀灭作用。紫外线的波长越短，杀菌作用越强。在细菌中，链球菌对紫外线较为敏感，金黄色葡萄球菌、大肠杆菌次之，结核杆菌则有较强的抵抗力。紫外线的杀菌作用可用于环境消毒和局部浅表消毒，尤其对皮肤浅层组织的急性炎症效果显著。

（5）脱敏与保健作用　紫外线多次照射有脱敏作用。由于紫外线能加强中枢神经系统的活动功能和提高机体的代谢功能，同时具有免疫和保健作用。

(6)其他作用　浅色皮肤经一定量紫外线照射 2～6 小时后，照射局部皮肤逐渐潮红，出现红斑。对神经系统，以红斑剂量的紫外线照射具有镇静效果，大剂量照射则有兴奋作用。对消化系统，小剂量照射对胃肠分泌有兴奋作用，大剂量则引起抑制。

(二)电治疗

电治疗是利用电流或电场作用于机体以达到治疗疾病的目的。临床上常用的有直流电治疗、直流电离子透入治疗两种。

直流电治疗是使用低电压的平稳直流电通过畜体一定部位以治疗疾病的方法。在直流电的阴极下具有提高细胞渗透性和兴奋性的作用，增加神经的应激性，同时能改变组织的酸碱度，使向碱性转变。因此在阴极下面具有兴奋、促进吸收的作用，促进伤口肉芽组织生长，刺激神经机能恢复和再生，促进骨的再生和修复。在阳极下面能使细胞兴奋性和渗透性降低，降低神经应激性，使组织的酸碱度向酸性转移。因此在阳极下面具有镇静、减少渗出和镇痛作用。

直流电离子透入治疗是直流电治疗的一种。它除了有直流电的治疗作用外，还加上药物离子的作用，是利用直流电能电离的药物溶液，使带有正电荷或负电荷的离子向相反极性方向移动，从而使药物离子透入机体组织内。在治疗部位组织中浓度较高、作用时间长。直流电导入的药量是很少的，就全身来说，浓度是很低的；但是就局部组织来说，比其他用药方法的浓度高，集中发挥疗效，药效维持时间长，从而减少用药量，提高疗效。

三、激光治疗

激光治疗是目前被越来越重视的一种新的治疗方法。在我国兽医领域，畜牧生产和科学研究方面，激光新技术是从 1977 年开始应用的，三十多年来取得了不少可喜的成果，具有广阔前景。激光对生物体的作用主要表现在热效应、光化效应、压强效应及电磁场效应四个方面，至于对组织发生作用时，哪个起主要作用，则需视激光器的种类和输出功率的大小而定。兽医临床上常用的激光有氦—氖激光和二氧化碳激光。

(一)氦—氖激光的治疗作用

1.生物刺激和调节作用

应用小剂量时具有刺激和调节作用，大剂量则起抑制作用。激光照射可影响细胞膜的通透性，影响组织中一些酶的活性，进而可调节或增强组织代谢；可影响内分泌腺的功能，改善全身的代谢过程；可改善和调节生殖激素的分泌；还可改善全身状况，调节一些系统和器官的功能。

2.刺激组织再生和修复作用

激光照射能增强和加速结缔组织细胞核上皮的增殖，刺激肉芽组织形成，并加速其成熟；加速血管新生，促进肉芽组织和上皮的再生，加速伤口、溃疡、烧伤、骨折的愈合，还能促进离断神经组织再生和功能的恢复。

3.消炎镇痛作用

激光照射可提高痛阈并具有明显的镇痛作用，这是治疗疼痛性疾病和激光麻醉的生理基础。

4.提高机体免疫机能

低功率氦—氖激光不能直接杀灭微生物，但可加强机体的细胞和体液免疫机能，如加强白细胞的吞噬功能，使 γ 球蛋白及补体滴度增加，因而具有消炎、消肿、镇痛、脱敏、止痒、收敛作用。

(二)二氧化碳激光的治疗作用

高功率二氧化碳激光主要作为"激光刀"，用以进行手术切割和气化。小功率的二氧化碳激光(10 W 以下)扩焦照射，可使局部组织血管扩张，加快血液循环速度，加强新陈代谢，改善局部营养，也具有刺激、消炎、镇痛的作用。

计划单

学习情境 4	物理治疗		学时	6
计划方式	小组讨论、同学间互相合作共同制订计划			
序号	实施步骤		使用资源	备注
制订计划说明				

计划评价	班　　级		第　　组	组长签字	
	教师签字			日　　期	
	评语：				

决策实施单

学习情境 4		物理治疗					
计划书讨论							
计划对比	组号	工作流程的正确性	知识运用的科学性	步骤的完整性	方案的可行性	人员安排的合理性	综合评价
	1						
	2						
	3						
	4						
	5						
	6						

制定实施方案

序号	实施步骤	使用资源
1		
2		
3		
4		
5		
6		

实施说明：

班　级		第　　组	组长签字	
教师签字		日　　期		

评语：

作业单

学习情境 4	物理治疗				
作业完成方式	课余时间独立完成				
作业题 1	冷却治疗与温热治疗的适应症与禁忌症有哪些？				
作业解答					
作业题 2	光电治疗的适应症与禁忌症有哪些？				
作业解答					
作业题 3	激光治疗的适应症与禁忌症有哪些？				
作业解答					
作业评价	班　级		第　　组	组长签字	
	学　号		姓　名		
	教师签字		教师评分		日　期
	评语：				

效果检查单

学习情境 4	物理治疗			
检查方式	以小组为单位，采用学生自检与教师检查相结合，成绩各占总分(100 分)的 50%。			
序号	检查项目	检查标准	学生自检	教师检查
1	冷却治疗	操作正确		
2	温热治疗	操作正确		
3	光疗	操作正确		
4	电疗	操作正确		
5	激光治疗	操作正确		

检查评价	班　　级		第　　组	组长签字	
	教师签字			日　　期	
	评语：				

评价反馈单

学习情境 4		物理治疗			
评价类别	项目	子项目	个人评价	组内评价	教师评价
专业能力 (60%)	资讯 (10%)	获取信息(5%)			
		引导问题回答(5%)			
	计划 (5%)	计划可执行度(3%)			
		用具材料准备(2%)			
	实施 (25%)	各项操作正确(10%)			
		完成的各项操作效果好(6%)			
		完成操作中注意安全(4%)			
		操作方法的创意性(5%)			
	检查 (5%)	全面性、准确性(3%)			
		生产中出现问题的处理(2%)			
	作业 (5%)	使用工具的规范性(2%)			
		操作过程规范性(2%)			
		工具和设备使用管理(1%)			
	结果 (10%)	结果质量			
社会能力 (20%)	团队 合作 (10%)	小组成员合作良好(5%)			
		对小组的贡献(5%)			
	敬业、吃 苦精神 (10%)	学习纪律性(4%)			
		爱岗敬业和吃苦耐劳精神(6%)			
方法能力 (20%)	计划能 力(10%)	制订计划合理			
	决策能 力(10%)	计划选择正确			
意见反馈					
请写出你对本学习情境教学的建议和意见					

评价评语	班级		姓　名		学　号		总评	
	教师 签字		第　组	组长签字			日期	
	评语：							